Indikatoren in Entscheidungsprozessen

Julia Mörtel · Alfred Nordmann · Oliver Schlaudt
(Hrsg.)

Indikatoren in Entscheidungsprozessen

Stärken und strukturelle Schwächen

Springer VS

Hrsg.
Julia Mörtel
Technische Universität Darmstadt
Darmstadt, Deutschland

Alfred Nordmann
Technische Universität Darmstadt
Darmstadt, Deutschland

Oliver Schlaudt
HfGG – Hochschule für
Gesellschaftsgestaltung
Koblenz, Deutschland

ISBN 978-3-658-40637-0   ISBN 978-3-658-40638-7   (eBook)
https://doi.org/10.1007/978-3-658-40638-7

Die Deutsche Nationalbibliothek verzeichnet diese Publikation in der Deutschen Nationalbibliografie; detaillierte bibliografische Daten sind im Internet über http://dnb.d-nb.de abrufbar.

Planung/Lektorat: Frank Schindler
Springer VS ist ein Imprint der eingetragenen Gesellschaft Springer Fachmedien Wiesbaden GmbH und ist ein Teil von Springer Nature.
Die Anschrift der Gesellschaft ist: Abraham-Lincoln-Str. 46, 65189 Wiesbaden, Germany

Inhaltsverzeichnis

Einleitung der Herausgeber

Julia Mörtel, Alfred Nordmann und Oliver Schlaudt

1 Von der langen Geschichte der Indikatorik…

Der Gebrauch von Kennzahlen als Grundlage von Entscheidungsfindungen in Politik und Wirtschaft hat eine lange und eine kurze Geschichte. Die lange Geschichte ist so alt wie die der Zahlen selbst. Vor über 5000 Jahren tauchten in Mesopotamien die ersten Zahlzeichen der Alten Welt auf, und sie waren damit zugleich auch die ersten Schriftzeichen überhaupt. Das Schreiben begann mit den Zahlen. Und diese Zahlen hatten eine unmittelbare praktische Bedeutung, sie dienten nämlich dazu, ökonomische Transaktionen schriftlich zu fixieren. Die Zahlen entstanden mithin – nüchtern betrachtet – als Instrumente der Buchhaltung und somit der Bürokratie. Mesopotamien, welches wir als eine der frühesten sogenannten Hochkulturen kennen, war in der Tat eines der ersten großen, zentral regierten und zentralistisch organisierten Reiche. Die neue soziale und ökonomische Komplexität sowie die neue Dimension der geographischen und zeitlichen Planungstiefe erheischten neue Instrumente ihrer Bewältigung (vgl. Nissen et al. 1993).

Die Zahlen spielten eben diese Rolle – und anfänglich auch nur diese. Ihre atemberaubende Karriere sollte einige Jahrtausende in Anspruch nehmen. In Mesopotamien noch erlernten die angehenden Verwaltungsbeamten allmählich den Umgang mit

J. Mörtel · A. Nordmann
Technische Universität Darmstadt, Darmstadt, Deutschland
E-Mail: juliamoertel@web.de

A. Nordmann
E-Mail: nordmann@phil.tu-darmstadt.de

O. Schlaudt (✉)
HfGG – Hochschule für Gesellschaftsgestaltung, Koblenz, Deutschland
E-Mail: oliver.schlaudt@hfgg.de

J. Mörtel et al. (Hrsg.), *Indikatoren in Entscheidungsprozessen*,
https://doi.org/10.1007/978-3-658-40638-7_1

1

der kulturellen Neuerung und entwickelten die ersten, durchaus schon akrobatischen Techniken des schriftlichen Rechnens. Aber es sollte noch einmal sehr viele Jahrhunderte dauern, bis die Griechen die Zahlen nicht mehr bloß als symbolische Werkzeuge, sondern als „Gegenstände" von einer ganz eigenen Art begriffen, die eigenen, vom Menschen unabhängigen Gesetzen gehorchen, und von denen eine eigene Wissenschaft, die Arithmetik, handelt. Und noch einmal solange mussten die Zahlen warten, bis sie in der frühen Neuzeit, dem Europa der Renaissance und des Barock, als eine Universalsprache verstanden wurden, die von den Vertretern der neuen „mathematischen Naturphilosophie" zur Beschreibung der ganzen Welt herangezogen werden konnte, ja die wie gemacht schien, um die Naturerscheinungen angemessen auszudrücken.

Von den praktischen und allzu-menschlichen Ursprüngen der Zähl- und Rechentechniken ist in der neuplatonischen Zahlenmetaphysik der Renaissance nichts mehr zu ahnen. Gleichwohl bleibt einem nüchternen Blick der gemeinsame Nenner nicht verborgen: Ausgestattet mit den Zahlen verwandelt sich der Mensch vom „sprechenden Tier", dem *zoon logon echon,* zum rechnenden und planenden Tier, dem *zoon logistikon* oder *homo computans* (vgl. Castoriadis 1978, S. 284). Der Mensch führt nicht mehr bloß Buch über seine eigenen Geschäfte, sondern auch die des Kosmos, welchen er bewohnt: die Himmelserscheinungen, die Bewegungen der Materie, ihre Zusammensetzung, die quantitativen Verhältnisse, ihre Veränderungen in den chemischen Reaktionen, die Elemente und Elementarteilchen, aus denen sie sich zusammensetzt, und schließlich ihre mikroskopischen „Anregungszustände", die in der sogenannten „zweiten Quantisierung" der Quantenmechanik akribisch erfasst und nachvollzogen werden, genau wie die Waren- und Geldbewegungen in einem italienischen Kontor des 14. Jahrhunderts.

Im Rückblick stellt sich das Auftauchen der mathematischen Naturwissenschaft wie der Scheitelpunkt einer Kurve dar, die seitdem mit wachsender Geschwindigkeit zu ihrem Ursprung zurückkehrt, nämlich zu Ökonomie und Verwaltung. 1690, nur wenige Jahrzehnte nach dem Tod von Johannes Kepler, der in den Planetenbewegungen eine mathematische „Weltharmonik" erkannte, und von Galilei Galileo, dem die Natur ein in der Sprache der Mathematik verfasstes Buch war, veröffentlichte der Engländer William Petty seine *Political Arithmetick,* in welcher er sich daran machte, die ersten makroökonomischen Maße zu prägen, um die Realität der englischen Volkswirtschaft zu erfassen:

> „Die Methode, welcher ich mich dabei bediene, ist noch nicht sehr geläufig; denn anstatt nur vergleichende Worte und rein verstandesmässige Argumente zu gebrauchen, habe ich den Weg eingeschlagen (als Probe einer politischen Arithmetik, wie ich sie seit langem anstrebe), mich mittels Zahl, Gewicht und Maß auszudrücken, nur Argumente zu gebrauchen, die in der Erfahrung gründen, und nur solche Ursachen in Betracht zu ziehen, die sichtbare Grundlagen in der Natur haben; diejenigen, die von den veränderlichen Gemütern, Meinungen, Neigungen und Leidenschaften einzelner Menschen abhängen, überlasse ich der Betrachtung anderer." (Petty 1690).

Pettys Zeitgenosse, der Philosoph, Mathematiker und Diplomat Gottfried Wilhelm Leibniz, ging noch einen Schritt weiter und dehnte die Idee einer rationalen, zahlenbasierten Politik auch auf die Meinungen und Neigungen aus, die Petty noch suspekt waren. Leibniz' Lebenstraum war es, eine formale Universalsprache nach dem Vorbild der Mathematik zu schaffen, die es erlauben würde, alle Streitigkeiten durch ein bloßes Rechnen beizulegen. In einem Brief aus dem Jahr 1677 nannte er auch Fragen der Politik und Moral als Anwendungsfälle, womit er nebenbei die Kosten-Nutzen-Rechnung aus der Taufe hob:

> „Wenn wir nur ein Schriftsystem hätten, wie ich es mir für Metaphysik, Moral und allem, was daranhängt, vorstelle, könnten wir auf diesen Gebieten sehr sichere und wichtige Aussagen treffen; um eine Entscheidung zu treffen, könnten wir die Vorteile und Nachteile auf einem Konto verbuchen und die Grade ihrer Wahrscheinlichkeit schätzen, fast so wie die Winkel eines Dreiecks." (zitiert nach Couturat 1901, 276, unsere Übers.)

Leibniz formulierte damit das Versprechen, welches die Indikatorik – wenn auch wohl meistens stillschweigend – noch bis heute begleitet: Politische Fragen würden durch Indikatoren nicht nur auf empirische Füße gestellt *(evidence based policy),* sondern könnten im Grunde auch rein algorithmisch entschieden werden. Kosten und Nutzen sind bloße Zahlen, die ohne Umschweife verglichen und verrechnet werden können, sodass die Kosten-Nutzen-Analyse ein klares Ergebnis verspricht, an dem es nichts mehr zu deuten gibt. Der Taschenrechner ersetzt die Debatte, Expertokratie die Demokratie.

Leibniz war seiner Zeit weit voraus. Aber wir sehen im 17. Jahrhundert fraglos ein neues quantitatives Regime der menschlichen Angelegenheiten seinen Anfang nehmen. In Geschäft und öffentlicher Verwaltung etabliert sich die doppelte Buchführung, und parallel dazu arbeiten die ersten Wissenschaftler geeignete Größen für eine Art gesamtgesellschaftliches Monitoring heraus, wobei die theoretische Beschäftigung immer auch praktischen Interessen diente. Schon Pettys frühe Versuche zur Schätzung des nationalen Einkommens dienten auch dazu, mögliche Quellen für Steuerzahlungen zu identifizieren, und eine enorme Relevanz erhielten makroökonomische Kennziffern im Zusammenhang mit der Entstehung sozialstaatlicher Programme im 19. Jahrhundert und einer aktiven Wirtschaftspolitik im 20. Jahrhundert (vgl. Derosières 2010).

2   ... zu der kurzen Geschichte der Indikatorik

Zur heutigen Indikatorik fehlen aber noch ein paar Schritte. Die Anfänge ihrer „kurzen Geschichte" liegen in einer neuen betrieblichen Organisation. Vermutlich fanden systematische, quantitative Methoden der Qualitätskontrolle erstmalig in der amerikanischen Rüstungsproduktion Anwendung, die vor dem Eintritt der USA in den zweiten Weltkrieg in kürzester Zeit auf die Beine gestellt und sodann auf Hochtouren hochgradig standardisierte Produkte in konstanter Güte auswerfen musste. Mit dem Ende des Krieges verlor sich diese Art der Betriebsführung, die mit erheblichen Verschiebungen von Kompetenz und Entscheidungsbefugnis innerhalb des Betriebs verbunden ist, allerdings wieder, und es bedurfte noch des Konkurrenzschocks durch die japanischen Technologiefirmen, die um 1980 jäh die Bühne des globalen Marktes betraten, um in der amerikanischen Wirtschaft den Kulturwandel hin zu einem professionalisierten Management durchzusetzen (vgl. Bruno und Didier 2013). Auf diese Weise entstand eine merkwürdige Singularität der kapitalistischen Moderne: Während die westlichen Gesellschaften alles auf den Markt als die bestimmende und effizienteste Form der gesellschaftlichen Organisation setzen, stellen die wichtigsten Akteure auf dem Markt, nämlich die Unternehmen, so etwas wie „schwarze Löcher" dar, in deren Innern Gesetze ganz anderer Art walten, nämlich die von strenger Hierarchie, lückenloser Überwachung und minutiöser Planung. Gesellschaftspolitisch ist dieser Mikrokosmos höchst ambivalent. Manche Autoren machen darauf aufmerksam, dass Unternehmen wie Walmart oder Amazon schon längst manche Volkswirtschaften an Größe überrundet und so gewissermaßen wider Willen den Beweis geführt haben, dass eine geplante Wirtschaft auf volkswirtschaftlicher Skala durchaus möglich ist (vgl. Phillips und Rozworski 2019). Die historischen Planwirtschaften in den realsozialistischen Volkswirtschaften des 20. Jahrhunderts sind auch beeindruckende Beispiele eines ausgeprägten „Zahlenregimes". Die historische Entwicklung schlug indes den entgegengesetzten Weg ein. Die neoliberale Revolution befeuerte den Zweifel an der Effizienz öffentlicher Verwaltung, womit die innerbetriebliche Organisation, die sich ja als „best practice" unter unmittelbarem Konkurrenzdruck entwickelt hatte, plötzlich als Vorbild auch für alle Institutionen und Organisationen außerhalb der Privatwirtschaft erschien.

Es schlug die Stunde des *New Public Management.* Und damit eines explodierenden Zahlenregimes, welches wohl vieles in den Schatten stellt, was die fünftausend Jahre seiner Geschichte je zu Gesicht bekommen haben. Es gibt kaum einen Aspekt der Welt und unseres Handelns in ihr, der nicht quantifiziert und gemessen wird: Menschenrechte, Freiheit, Governance, Korruption, wirtschaftliche Kapazität und Produktivität (BIP), Happiness und Well-being, ökologischer Fußabdruck, wissenschaftliche Produktivität usw. usf. Indikatoren finden sich gleichermaßen in Wirtschaft, Wissenschaft, öffentlicher Verwaltung, Politik und in der Arbeit internationaler Organisationen und Institutionen (UN, OECD, Weltbank usw.). In der Praxis des *self-trackings* hat dieses Regime auch den eigenen, individuellen Körper erfasst. Im Zuge der Covid19-Pandemie spielten Kennziffern wie der R-Wert oder 100.000er-Inzidenzen plötzlich die Hauptrolle in der öffentlichen Diskussion, womit die Indikatorik, ihre Bedeutung, aber auch ihre spezifischen Probleme wohl endlich auch in das allgemeine Bewusstsein gerückt sind. Wir sehen hier eine gewaltige Infrastruktur entstehen, die dem *homo computans* erlaubt, zu „evidenz-basierten" und rationalen Entscheidungen zu kommen – oder dies zumindest verspricht.

Indes werden immer mehr Fälle dokumentiert, in welchen der Gebrauch von Indikatoren nicht nur keinen Erfolg zeigte, sondern aufgrund seiner Struktur sogar systematisch diesen Erfolg verhindern musste. In dem BBC-Dokumentarfilm *The Lonely Robot* von 2007 hat der britische Regisseur Adam Curtis viele solcher Fälle aufgezeigt: Privatschulen schließen Schüler aus, um ihre Leistungsbilanz zu verbessern, Polizisten verweigern die Annahme von Anzeigen, die die Aufklärungsrate mindern würden, und

Krankenhäuser fanden kreative Wege, um die Wartezeiten der Notaufnahmen zu ver-kürzen – z. B. stellten sie jemanden an, um die Patienten zu begrüßen, wobei die Begrüßung formal als Beginn der Behandlung galt. Jeder solche Fall wiegt schwer, weil er nichts weniger anzeigt, als dass im Innersten der modernen Rationalität die voll-kommene Irrationalität lauern kann. Es ist kein Zufall, dass man das Universum des heutigen Indikatorenregimes mit der absurden Welt verglichen hat, die Kafka in seinen Erzählungen beschrieb (Fisher 2009).

3 Der Zweck dieses Buches

In einem scharfen Kontrast zu dieser Bedeutung steht indes das Fehlen einer *systematischen* Literatur zur Indikatorik. Wie Curtis' Film belegt, hat das neue Zahlen-regime durchaus Aufmerksamkeit auf sich gezogen. Die wissenschaftliche Erforschung der gesellschaftlichen Bedeutung und der faktischen Auswirkungen der indikator-basierten Verwaltung, Organisation und Entscheidungsfindung ist indes noch sehr jung und steht erst an ihrem Anfang. Vor allem in den Kultur- und Sozialwissen-schaften existiert heute durchaus eine schnell wachsende Forschungsliteratur, die sich der Geschichte, der Konstruktion und der Verwendung von Indikatoren in vielen internationalen Kontexten widmet (z. B. Ward 2004; Merry 2011, 2016; Merry und Kingsbury 2015; Rottenburg et al. 2015; Cooley und Snyder 2015; Bartl und Terracher-Lipinski 2019; Hillerbrand und Huber 2020). Auch haben die vergangenen Jahre die Entstehung eines Feldes der „Soziologie der Quantifizierung" gesehen (Berman und Hirschman 2018; Demortain 2019; Mennecken und Espeland 2019; Mau 2019). Diese Literatur untersucht vor allem die Kommensuralisierung als sozialen Prozess, der sich einer sozialen Realität mit bestehenden Machtungleichheiten einschreibt.

Dem Ziel einer systematischen Indikatorik näher kommen indes zwei andere Stränge der aktuellen Literatur. Zum einen haben der Gebrauch wirtschaftlicher Kenn-zahlen und die quantitativen Exzesse des „New Public Management" – also der Ver-waltung öffentlicher Einrichtungen (Krankenhäuser, Hochschulen, Polizei …) nach Methoden des Qualitätsmanagements privatwirtschaftlichen Vorbilds – sehr kritische Analysen provoziert, in welchen über die bloße Dokumentation der Probleme hinaus auch schon systematischer nach ihren strukturellen Wurzeln gefragt wird (z. B. Power 1994; Bruno und Didier 2013; Fioramonti 2013; Crouch 2016; Espeland und Sauder 2016; Supiot 2017; Schlaudt 2018; Chamayou 2018; Muller 2019). Neben diesem Blick von Außen hat sich natürlich in den letzten Jahrzehnten auch innerhalb der Indikatoren-produzierenden und -verwendenden Organisationen eine Expertise zum Design von Indikatoren herausgebildet, die in einer entsprechenden technischen, unmittelbar mit der Praxis verbundenen Literatur Niederschlag findet, welche zur Konstruktion von Indikatoren in Qualitätssicherung, Evaluation und Governance Anleitung und praktische Hinweise gibt (z. B. Arndt und Oman 2016; Diekmann et al. 1999; Kladroba et al. 2021; Martin und Sauvageot 2011; Sager et al. 2021; Zierdt 1997).

Was bisher noch aussteht, ist der Schritt hin zu einem allgemeinen Lehrbuch der Indikatorik, welches konkrete Konstruktionsvorschriften mit einer systematischen Analyse der Potenziale und Gefahren des Indikatorengebrauchs verbindet. Ein solches Buch muss zurzeit noch ein Desideratum bleiben. Aber wir wollen mit dem vorliegenden Band durchaus die Arbeit in diese Richtung vorantreiben. Unser Buch versammelt Fallstudien, die aber in einer kurzen und pointierten Fassung je allgemeine Probleme sichtbar werden lassen. Leseempfehlungen am Schluss jedes Kapitels erleichtern bei Bedarf den Einstieg in eine vertiefte Beschäftigung. Ergänzt werden die Fallstudien durch eine Anzahl von Boxen, in denen Schlüsselbegriffe und zentrale Probleme prägnant und möglichst verbindlich erläutert werden, sowie ein umfassendes Glossar, welches die Sprache der Indikatorik, wie sie sich mit der Zeit herausgebildet hat, abbildet.

Das Buch basiert auf zwei Workshops – *Indikatoren: Sicherheit und Unsicherheiten in Entscheidungsprozessen* und *Indikatoren: Gezählt, gewogen, entschieden?* –, die wir im Mai 2021 und Juni 2022 als Gäste der Schader Stiftung in Darmstadt veranstalteten. Wir danken der Schader Stiftung für die Gastfreundschaft und logistische Unterstützung sowie der Thyssen Stiftung für die Hilfe bei der Finanzierung.

Die vier Funktionen von Indikatoren

Wolfgang Meyer

1 Die vier Funktionen von Indikatoren

Indikatoren begleiten uns durch den Alltag und ihre Ergebnisse bestimmen manchmal ganz unbemerkt unser Leben. Es geht los mit dem Klingeln des Weckers am Morgen, der letztlich nichts anderes ist als ein Indikator für die Zeit – ein Konstrukt, welches durch die Entwicklung einer allgemein anerkannten und akzeptierten Skala messbar gemacht wurde. Der Blick auf das Thermometer, der Abstand bis zum Ziel im Navigationsgerät, der Aktienindex in der Zeitung, das Bruttosozialprodukt im Fachvortrag, die Schulnoten der Kinder – die Liste von Indikatoren, denen wir im Alltag begegnen, lässt sich beliebig erweitern. Häufig sind es technische Messinstrumente, die Aufschluss über Sachverhalte geben, die nicht unmittelbar erfassbar sind (in den aufgeführten Beispielen die Zeit, die Temperatur oder die Entfernung). Manchmal sind es aber auch komplexe, mehrdimensionale Indizes, die schwierige Sachverhalte in einer Zahl auszudrücken versuchen (in den Beispielen die Stimmung an den Finanzmärkten, der Zustand der Wirtschaft oder die Leistungen in den Schulfächern). Und dann gibt es auch qualitative Indikatoren, die für Entscheidungen genutzt werden können: so kann z. B. beim Blick aus dem Fenster die Bewegung der Baumwipfel als Indikator für die Windstärke verwendet und die entsprechende Kleidung gewählt werden – ohne auf quantitative Messinstrumente zurückzugreifen.

Die hier vorgestellten Indikatoren unterscheiden sich hinsichtlich der Objekte, über die sie Auskunft geben, der Qualität ihrer Messung, der hierfür eingesetzten Instrumente

W. Meyer (✉)
Arbeitsgruppe Evaluation, Universität des Saarlandes, Saarbrücken, Deutschland
E-Mail: w.meyer@mx.uni-saarland.de

© Der/die Autor(en), exklusiv lizenziert an Springer Fachmedien Wiesbaden GmbH, ein Teil von Springer Nature 2023
J. Mörtel et al. (Hrsg.), *Indikatoren in Entscheidungsprozessen*,
https://doi.org/10.1007/978-3-658-40638-7_2

und der Entscheidungen, die auf ihrer Basis getroffen werden – es sind aber auch genau diese vier Funktionen, die ihnen gemeinsam sind (vgl. Meyer 2022).

Alle Indikatoren sind – nicht nur ihrem Namen nach – in erster Linie *Anzeiger*, d. h. sie werden für Schlussfolgerungen auf schlecht fassbare Konstrukte genutzt. Wenn z. B. beim Arztbesuch der Blutdruck gemessen wird, geschieht dies weniger, weil dieses Messergebnis an sich von Interesse ist. Die Ärztin oder der Arzt nutzt diesen Wert als einen Indikator (neben anderen wie z. B. dem Puls, dem Blutzucker oder weiteren Blutwerten) zum Aufschluss über den Gesundheitszustand des Patienten.

Die *Messung* des Blutdrucks (oder eines der anderen oben aufgeführten Objekte) erfolgt ausschließlich deshalb, weil eine Verbindung zwischen dem gemessenen Objekt (dem Blutdruck) und dem eigentlich interessierenden Konstrukt (der Gesundheit) angenommen wird. Nur unter dieser Annahme macht die Messung überhaupt Sinn – wenn der Blutdruck unabhängig vom Gesundheitszustand schwanken würde, könnte er genauso wenig wie der Aktienindex oder das Horoskop zur Abbildung von Gesundheit herangezogen werden.

Die Qualität der Messung hängt wesentlich vom vorhandenen Messinstrument ab, welches zur *Umsetzung* der Messung genutzt wird. Ohne ein solches Instrument ist eine Blutdruckmessung nicht möglich und die Messqualität der auf dem Markt befindlichen Geräte schwankt erheblich. In den Arztpraxen (und auch bei den Patienten zu Hause) kommen zumeist einfache und vergleichsweise billige, nicht aber sehr präzise Geräte zum Einsatz.

Gemeinsam ist diesen Instrumenten die Nutzung für eine Diagnose des Gesundheitszustands. Die *Verwendung* für Entscheidungen ist der wichtigste Aspekt eines Indikators. Die Messungen eines Objekts erfolgen nicht aus reinem Erkenntnisinteresse, sondern als Entscheidungsgrundlagen auf Basis der aus den Messergebnissen getroffenen Schlussfolgerungen für das abgebildete Konstrukt.

Im Folgenden werden einige typische Probleme und die daraus resultierenden Folgen vorgestellt, die mit diesen vier Funktionen verbunden sind (Abb. 1.1).

2   Abbilden: System- statt Silodenken

Wenn eine Ärztin oder ein Arzt ausschließlich die Blutdruckmessung zur Stellung einer Diagnose über den Gesundheitszustand nutzen würde, kann nur ein schneller Arztwechsel empfohlen werden. Gleichwohl ist es leider nicht unüblich, dass ein einziger, häufig primär leicht messbarer Indikator zur Abbildung hochkomplexer und deshalb schwer fassbarer Sachverhalte verwendet wird. Die damit verbundenen Schwierigkeiten sollen im Folgenden aus den unterschiedlichen Perspektiven der Indikatorenelemente näher erläutert werden.

Ein aktuelles Beispiel ist die Debatte über den Klimawandel, die häufig auf den Ausstoß von CO_2 reduziert wird. Mit Blick auf den Klimaschutz ist in Deutschland das Ende des Verbrennungsmotors beschlossen und das Elektroauto zum Zukunftsmodell

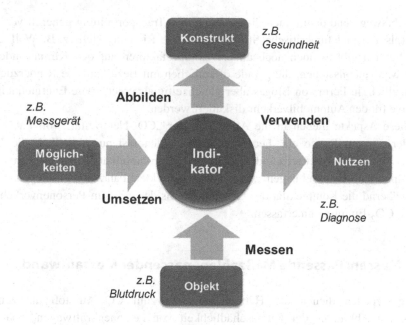

Abb. 1.1 Zentrale Funktionen eines Indikators; Quelle: Eigene Darstellung

erklärt worden. Im Koalitionsvertrag der Bundesregierung heißt es dazu: „Gemäß den Vorschlägen der Europäischen Kommission werden im Verkehrsbereich in Europa 2035 nur noch CO_2-neutrale Fahrzeuge zugelassen…" (Bundesregierung 2021, S. 51). Für die Klimapolitik wird damit die Bestimmung und Messung von CO_2 Neutralität zum entscheidenden Leitindikator.

Hierfür wird in der Regel der CO_2 Ausstoß der Kraftfahrzeuge genutzt. Allerdings kann dies die Klimabelastung durch den Personenverkehr nur sehr schlecht abbilden, weil sowohl bei der Produktion der Treibstoffe als auch der Fahrzeuge selbst ebenfalls klimaschädliche Emissionen entstehen. Dies verändert die Klimabilanz der einzelnen Fahrzeugarten radikal und führt gleichzeitig zu komplizierten und z. T. widersprüchlichen Einschätzungen der Klimaeffekte (vgl. hierzu als Beispiele UNITI 2019, 2020). Generell gilt, dass die Produktion von Elektroautos (primär der Batterien) zu extrem hohen CO_2 Emissionen führt, die erst relativ spät durch den Betrieb des Fahrzeugs im Vergleich zum Verbrennungsmotor kompensiert werden – und dies auch noch in Abhängigkeit von dem Strom-Mix an den Ladestationen. Hinzu kommt eine eventuell klimarelevante Konzentration der Emissionen auf bestimmte Produktionsorte – im Unterschied zu einer vergleichsweise breiten Streuung der Emissionen im Fahrzeugbetrieb.

Darüber hinaus ist die Fokussierung allein auf die (direkten) CO_2-Emissionen eines Transportmittels fragwürdig: als Alternative könnte z. B. auch das Fahrrad oder der öffentliche Nahverkehr genutzt werden – oder wie etwa zu Zeiten der Covid-Pandemie auf Verkehrswege und damit auch die Nutzung von Transportmitteln generell verzichtet werden (als Beispiel für kritische Stimmen in diese Richtung siehe z. B. Wolf 2019). Und schließlich gibt es auch noch andere Einflussfaktoren auf den Klimawandel wie z. B. die Methanemissionen, die gerade öffentlichen mit Bezug auf die Rinderzucht als klimaschädlich, in Form von Biogas aber gleichzeitig als erneuerbare Energiequelle zur Alternative für den Automobilverkehr diskutiert werden.

All diese Aspekte fließen in die Abbildung der „CO_2-Neutralität" von Fahrzeugen nicht oder nur am Rande ein, hervorgehoben werden fast ausschließlich die Nullemissionen des Fahrzeugbetriebs und deshalb die Elektromobilität propagiert. Ein solches Denken innerhalb eines einzigen „Silos" – der direkten Fahrzeugemissionen – kann nicht annähernd die Komplexität des Gesamtsystems der mit dem Personenverkehr verbundenen CO_2-Emmissionn erfassen.

3   Messen: Passende Maßzahlen, passender Messaufwand

Wie angesprochen dienen die Herstellerangaben zum CO_2-Ausstoß als zentraler Indikator zur Abbildung der Klimaschädlichkeit von Personenkraftwagen. Spätestens durch die Manipulationen des VW-Konzerns im Dieselskandal ist deren Messqualität in die öffentliche Diskussion geraten (vgl. hierzu Wolf 2019a). Auch wenn mittlerweile die Abgasnormen realitätsnäher ausgewiesen werden müssen und die Einhaltung durch „On-Board-Diagnose" Technologien kontrolliert wird – es sind trotzdem keine exakten Messungen des tatsächlichen Schadstoffausstoßes, sondern immer noch Herstellerangaben. 2018 wurde in Europa das alte, sehr unrealistische Testverfahren weltweit durch einen neuen Zyklus, die World Harmonised Light Vehicle Test Procedure, WLTP, ersetzt und die Hersteller ab 2021 zur Ausweisung dieser Werte verpflichtet. Die WLTP-Werte decken sich deutlich besser mit den in diversen Autotests erzielten Verbrauchswerten. Gleichwohl werden weltweit nicht immer dieselben Messzyklen mit denselben Zielen verwendet (als Überblick zu den verschiedenen technischen Lösungen Floruß 2021). Dies begründet sich durch die Tatsache, dass die realen Werte neben den technischen Gegebenheiten auch von der Häufigkeit der Nutzung des Fahrzeugs, der Fahrweise, der Beladung, der Verkehrslage, dem Straßenbelag usw. abhängig sind und dies lässt sich durch einen Standard nicht korrekt und allgemeingültig messen.

Die für Elektroautos ausgewiesene Nullemission bei WLTP-Werten sind in dieser Hinsicht allerdings exakte Messungen, weil aufgrund fehlender Verbrennungsprozesse unabhängig vom Fahrverhalten am Auspuff sicher kein CO_2-Ausstoß festgestellt werden kann. Die Verwendung dieser Information als Indikator für „CO_2-Neutralität" ist allerdings problematisch. Sie gilt nur unter der Annahme, dass der zur Fortbewegung des Fahrzeugs genutzte Strom ausschließlich aus CO_2-neutralen Quellen stammt. Dies ist gegenwärtig natürlich nicht der Fall und die mit der Stromerzeugung verbundenen CO_2-Emissionen müssten in den Fahrzeugbetrieb mit eingerechnet werden (was ebenfalls für

Verbrennungsmotoren gilt, d. h. die Fahrzeugemission muss anteilig um die bei der Herstellung und Anlieferung der Treibstoffe entstehenden Emissionen ergänzt werden).

Dass diese notwendige Korrektur der Indikatorwerten in der Praxis nicht geschieht, liegt nicht an fehlenden technischen oder rechtlichen Möglichkeiten. Auf europäischer Ebene ist die Ausweisung von Umweltauswirkungen elektrischer Geräte (u. a. auch der CO_2-Emissionen) durch die Elektrizitätsbinnenmarktrichtlinie verpflichtend und die Bundesrepublik hat auf nationaler Ebene durch das Energiewirtschaftsgesetz sowie das Erneuerbare-Energie-Gesetz den Herkunftsnachweis bei der Stromlieferung vorgeschrieben. Selbstverständlich gibt es hier noch Berechnungsprobleme und Empfehlungen zur Weiterentwicklung der Messverfahren (siehe z. B. Seebach et al. 2019), dies würde jedoch einer entsprechend erweiterten Norm für die Ausweisung der WLTP-Werte nicht prinzipiell entgegenstehen.

Generell gilt also, dass der als Argument für die Einführung der Elektromobilität verwendete Herstellerwert zwar einfach verfügbar ist, aber keineswegs eine korrekte Messung der CO_2-Emissionen von Kraftfahrzeugen darstellt. Es sind sowohl die technischen wie rechtlichen Gegebenheiten für eine genauere Messung vorhanden. Dies erfordert allerdings einen erheblichen zusätzlichen Aufwand, weshalb weniger aus messtechnischen denn aus praktischen Gründen auf eine höhere Messqualität verzichtet wird.

4 Umsetzen: Präzision vs. Machbarkeit

In der Praxis sind weniger die theoretisch denkbaren und technisch möglichen Messungen die Grenze der Verwendung von Indikatoren, sondern die vorhandenen und im Alltag einsetzbaren Messinstrumente. Ein typischer Fehler ist die Orientierung an bereits vorhandenen Maßzahlen, die dann einfach als Anzeiger verwendet werden, ohne deren Anzeigequalität für das Konstrukt und damit deren Verwendbarkeit für die angestrebte Nutzung infrage zu stellen. Es wird häufig die einfachste, billigste und am leichtesten machbare Lösung genutzt. Dies ist aber gefährlich, weil die Anzeigequalität vernachlässigt wird.

Wenn die positive Bewertung der Elektromobilität z. B. allein auf den (angeblichen) Nullemissionen basiert, die sich aus den Herstellerangaben zum CO_2-Austoß der Fahrzeuge ableitet, dann kann dies am Ende sogar kontraproduktiv für das eigentliche Ziel des Klimaschutzes sein. Er lenkt den Blick einseitig auf die Autoabgase und vernachlässigt wie bereits eingangs beschrieben die mit der Fahrzeug- und Energieerzeugung verbundenen zusätzlichen CO_2-Emissionen.

Dies ist aber keine grundsätzliche Kritik an der Maßzahl oder am Messverfahren: wie bereits erwähnt gibt der WLTP-Wert recht gut den CO_2-Austoß im Betrieb eines Fahrzeugs wieder, auch wenn es sich nicht um eine exakte Messung der tatsächlichen Emissionen handelt. Wenn diese Maßzahl für die Kaufentscheidung eines Neuwagens genutzt wird, dann ist sie aufgrund der Vergleichbarkeit durchaus ein geeigneter Indikator. Dies gilt übrigens auch für die unrealistischeren NEFZ-Daten: wichtig ist nicht die Exaktheit der Messung, sondern deren Gleichheit, d. h. dass bei allen Fahrzeugen auf dieselbe Art und Weise die Messprozedur durchgeführt und ausgewiesen werden.

Dies verweist auf eine andere Eigenschaft eines guten Indikators: es kommt nicht unbedingt immer darauf an, dass möglichst exakt und präzise ein Gegenstand gemessen wird. Für die Kaufentscheidung reicht es, dass die Werte vergleichbar sind und dementsprechend die Reliabilität der Messung hoch, nicht unbedingt jedoch die Validität des ausgewiesenen Werts: für die Kaufentscheidung war deshalb die Umstellung vom NEFZ zum WLTP-System nicht unbedingt erforderlich (abgesehen von dem psychologischen Effekt, dass ein zu niedriger CO_2-Austoß suggeriert und positiv bewertet wurde).

Das eingangs verwendete Beispiel der Blutdruckmessung belegt sogar, dass sowohl die Reliabilität als auch die Validität einer Messung gering sein können und sie trotzdem als Indikator für ein komplexes Konstrukt wie Gesundheit nützlich ist. Aufgrund der hohen natürlichen Schwankungen des Blutdrucks ist jede Messung nur eine Momentaufnahme, weshalb eine exaktere Messung nicht unbedingt die Qualität des Rückschlusses auf den Gesundheitszustand verbessert. Deshalb reicht für eine erste Einschätzung des Gesundheitszustands der Einsatz vergleichsweise primitiver und wenig genauer Messinstrumente, die aber für jeden leicht verfügbar und einsetzbar sind. Werden präzisere Informationen für die Diagnose benötigt, dann werden nicht unbedingt bessere Messinstrumente eingesetzt, sondern in regelmäßigen Abständen wiederholt Messungen durchgeführt (z. B. in einer 24h-Stunden Blutdruckmessung).

5 Verwenden: Subjektive Entscheidungsprozesse

Niedrigere CO_2-Austoss-Werte – insbesondere beim Kauf eines Elektroautos mit ausgewiesener Nullemission – mögen das ökologische Gewissen der Käufer beruhigen und können die Hersteller unter Konkurrenzdruck zur Senkung der Emissionen bringen. Allerdings ist fraglich, ob dieser Klimaschutz Effekt wirklich sehr groß ist: dagegen spricht z. B. der ungebrochene Trend zu größeren, schweren und höher motorisierten Fahrzeugen, welcher die früher propagierten sparsamen Dieselkleinwagen („Dreiliter-Autos") vom Markt verschwinden gelassen hat. Die meisten Elektrofahrzeuge sind heute keineswegs Niedrigenergiefahrzeuge, auch wenn sich deren Verbrauch nun nicht mehr in Liter Benzin oder Diesel, sondern in Kilowattstunden berechnet. Zudem setzen steuerliche Subventionen Anreize, die sich auf den Kauf eines neuen Elektrofahrzeugs und nicht auf ein Fahrzeug mit niedrigem Energieverbrauch beziehen. Aus ökologischer Sicht mag sogar die längere Nutzung eines alten PKW mit vergleichsweise hohem CO_2-Austoss besser sein als der Neukauf eines vermeintlich „CO_2-neutralen" Elektroautos, welches bei der Herstellung extrem klimaschädlich ist.

Dies alles liegt aber nicht an der generell geringen Abbildungsqualität des Indikator CO_2-Austoss noch an seiner unzureichenden Messung im WLTP-Verfahren – es liegt an der falschen Verwendung dieses Indikators für eine komplexe politische Entscheidung, die noch eine Vielzahl anderer, miteinander in einem komplexen System verwobenen

Aspekte berücksichtigen muss. Es gilt hier ähnliches wie bei der Blutdruckmessung, die sicher für die Beurteilung der Gesundheit eingesetzt werden kann, aber alleine nicht für eine gute Diagnose ausreichend wäre. Komplexe Systeme lassen sich nicht durch einen einzigen Indikator beurteilen und selbst die Nutzung einer multidimensionalen Maßzahl (wie z. B. das Bruttosozialprodukt zur Messung der Wirtschaftskraft) stößt in der Regel ebenfalls an Grenzen (siehe z. B. Suntum 2012).

Dies spricht allerdings nicht grundsätzlich gegen die Verwendung von Indikatoren: das Beispiel des Autokaufs zeigt, dass der CO_2-Austoss durchaus sinnvoll als Entscheidungsgrundlage genutzt werden kann. Ob und wie diese Maßzahl Eingang in die Fahrzeugwahl findet, liegt in der subjektiven Gewichtung dieses Aspekts im Vergleich zu anderen (wie z. B. die Beschleunigung, die Kofferraumgröße, der Fahrzeugpreis, die Ausstattung usw.). Der korrekte Einsatz von Indikatoren erfordert also eine Vielzahl von Bewertungen, die nicht direkt mit dem Anzeigen, dem Messen oder der konkreten Umsetzung eine Messung verknüpft sind – dies sind subjektive und an eigenen Prioritäten orientierte, im Verhandlungsprozess mit anderen dann „politische", Entscheidungen (wenn z. B. die Gewichtung von Fahrzeugeigenschaften zwischen den Familienmitgliedern unterschiedlich ausfallen). Häufig werden dann angeblich intrinsische Eigenschaften des Indikators wie z. B. seine schlechte Anzeigequalität, die fehlende Messqualität oder der hohe Aufwand bei seiner Umsetzung als Argument herangezogen, diesen Aspekt bei der Entscheidung niedriger zu bewerten als andere. Aus einer scheinbar objektiven, wissenschaftlich fundierten wird dann schnell wieder eine subjektive, den eigenen Interessen oder dem persönlichen Geschmack folgende Wahl – nur mit dem „Deckmäntelchen" der objektiven Messung getarnt.

6   Schlussfolgerungen: der richtige Indikatoreneinsatz

Wenn Indikatoren richtig eingesetzt werden sollen, müssen einige grundsätzliche Regeln beachtet werden. Erstens muss sozusagen das „Pferd von hinten aufgezäumt werden", d. h. es muss die Entscheidung und ihre Basis sachlich wie auch im Kontext unterschiedlicher Interessen geklärt werden. Ausgangspunkt ist eine „Systemanalyse" inklusive einer Klärung der subjektiven Perspektiven beteiligter Stakeholderinteressen. Theoretisch lassen sich die Ursachen der CO_2-Emmissionen, unterschiedliche Merkmale von Kraftfahrzeugen oder die Komponenten der menschlichen Gesundheit wissenschaftlich umfassend und möglichst genau erfassen – welche „Opfer" allerdings jemand für diese aufwendigen Analysen und das Wohl des Klimas, den Familienfrieden beim Autokauf oder das eigene Wohlbefinden bei der Gesundheitsvorsorge bereit ist zu erbringen, kann nicht durch den Einsatz bestimmter Indikatoren und ihrer Messqualität entschieden werden.

Erst nach der Identifikation der Systemelemente und der gemeinsamen Entwicklung von allgemein akzeptierten Bewertungskriterien können Indikatoren gesucht und gefunden werden, die diese adäquat abbilden können. Prinzipiell gilt: je einfacher ein

Indikator ist, desto begrenzter ist auch seine Fähigkeit, ein Konstrukt abzubilden. Dies bedeutet aber nicht, dass ein einfacher Indikator generell „schlecht" ist – das Blutdruckbeispiel belegt sehr wohl das Gegenteil, solange sich die Grenzen des Indikators bei seiner Interpretation und Bewertung bewusstgemacht wird. Wichtiger ist die Fähigkeit, ein Objekt mit dem Indikator korrekt abzubilden und für begrenzte Eigenschaften geht dies häufig mit einfachen und mit geringem Aufwand messbaren Indikatoren.

Eine bessere Messung führt nicht unbedingt zu einem besseren Ergebnis – der Nutzwert eines Indikators hängt nicht nur von der Validität und Reliabilität seiner Messung, sondern auch von seiner praktischen Umsetzung und Verwendung ab. „Schlechte Messungen" (wie im Beispiel des Blutdrucks) mögen durchaus ausreichen, „gute Messungen" (wie beim Autokauf der Unterschied zwischen WLTP und NEZS) müssen nicht unbedingt zu besseren Entscheidungsgrundlagen führen. Besonders aufwendige Messungen sind in der Praxis schwerer umzusetzen, weil sie teure Spezialinstrumente, umfangreiche Messprozeduren oder speziell geschulte Experten benötigen. Dies rechtfertigt sich nur, wenn mit diesen Kosten auch ein entsprechend höherer Nutzen verbunden ist.

Dies ist natürlich kein Plädoyer für „schlampiges" Messen: die Verwendung einfacher, vorhandener Maßzahlen für eine beliebige Übertragung auf komplexe Konstrukte kann wie beschrieben Fehlentscheidungen mit den Intentionen widersprechenden Wirkungen zur Folge haben. Die Abbildung komplexer Systeme erfordert eine sinnvolle und dem Gegenstand angemessene Auswahl von Indikatoren. „Silodenken" auf Grundlage eines einfach verfügbaren und leicht umsetzbaren Indikators verführt zu einer Falschgewichtung dieses Aspekts, zum Übersehen von Nebenwirkungen und nicht-intendierten Folgen sowie zum Ausschluss anderer Einflüsse, die vielleicht für die eigenen Intentionen wichtiger sind als der gemessene Sachverhalt.

Die Indikatorenentwicklung erfordert also eine systematische und gleichrangige Berücksichtigung der vier zentralen Funktionen: der Fähigkeit einer Maßzahl, den angestrebten Sachverhalt korrekt abzubilden, die Durchführung einer Messung, deren Qualität dem Messziel angemessen ist, deren Umsetzung im Rahmen der eigenen Möglichkeiten und rechtzeitig, damit schließlich die notwendigen und mit dem Indikator verknüpften Entscheidungen möglichst sachlich und zielführend getroffen werden können.

Weiterführende Literatur

Bell, S. & S. Morse (Hrsg.). 2020. *Routledge Handbook of Sustainability Indicators*. London & New York: Routledge.

Busch, C. 2019. *If You Can't Measure It... Maybe You Shouldn't: Reflections on Measuring Safety, Indicators, and Goals*. o. O.: Mind the Risk.

Davis, K., A. Fisher, B. Kingsbury, & S. E. Merry (Hrsg.) 2015. *Governance by Indicators. Global Power through Quantifications and Rankings*. Oxford: Oxford University Press.

Karabell, Z. 2014. *The Leading Indicators: A Short History of the Numbers That Rule Our World.* New York et al: Simon & Schuster.

Meyer, W. 2022. Messen: Indikatoren – Skalen – Indizes – Interpretationen. In R. Stockmann (Hrsg.), *Handbuch zur Evaluation. Eine praktische Handlungsanleitung.* (2. Überarbeitete und aktualisierte Auflage, S. 287–318). Münster: Waxmann.

Meyer, W. 2016. Einführung in die Grundlagen der Entwicklung von Indikatoren. In A. Wroblewski, U. Kelle, & F. Reith (Hrsg.), *Gleichstellung messbar machen. Grundlagen und Anwendungen von Gender- und Gleichstellungsindikatoren* (S. 15–38). Wiesbaden: VS.

Meyer, W. 2004: *Indikatorenentwicklung. Eine praxisorientierte Einführung* (2. Auflage), Saarbrücken: Centrum für Evaluation. https://www.ceval.de/modx/fileadmin/user_upload/PDFs/workpaper10.pdf.

Parmenter, D. 2012. *Key Performance Indicators for Government and Non-Profit Agencies. Implementing Winning KPIs.* Hoboken: John Wiley & Sons.

Rottenburg, R., S. E. Merry, S. J. Park, & J. Mugler (Hrsg.). 2015. *The World of Indicators. The Making of Governmental Knowledge through Quantification.* Cambridge: Cambridge University Press.

Schlaglicht: Indikator

Wolfgang Meyer

Indikator

Indikatoren sind Anzeiger, die zur Steuerung verwendet werden. Als Anzeiger dienen sie dazu, Auskunft über Gegenstände oder Sachverhalte zu geben, die nicht, schwer oder nur unter großem Aufwand messbar sind (vgl. Meyer 2004). In der Regel werden quantitative Maßzahlen erstellt, die entsprechend dem eigentlich interessierenden Objekt interpretiert werden (Kenngrößen). Das Messniveau ist dabei nebensächlich: auch qualitative Informationen können verwendet werden, solange sie nur eindeutig zwischen zumindest zwei unterschiedlichen Zuständen unterscheiden können und mit dem nicht messbaren Gegenstand eindeutig verknüpft sind. Die Zielobjekte der Indikatoren können abstrakt sein wie z. B. die Intelligenz oder die Wirtschaftsleistung, die letztendlich durch den Messvorgang selbst bestimmt und fassbar gemacht werden. Wie es Edward Boring (1923) treffend ausgedrückt hat: „Intelligenz ist das, was Intelligenztests messen". Ähnlich könnte dies auch für das Bruttosozialprodukt und eine Reihe anderer Gegenstände ausgedrückt werden.

Häufiger geben Indikatoren aufgrund ihrer Eigenschaft, schnell messbar und leicht interpretierbar zu sein, Auskunft über technische Abläufe und Prozesse. Typische Beispiele sind Kontrollleuchten oder Alarmsignale, wie sie z. B. in Rauchmeldern zum Einsatz kommen. Die meisten Rauchmelder messen mit Hilfe optischer Verfahren die Partikeldichte in ihrem Umfeld und melden dies durch einen unüberhörbar lauten Ton. Mit den menschlichen Sinnen kann im Schlaf

W. Meyer (✉)
Arbeitsgruppe Evaluation, Universität des Saarlandes, Saarbrücken, Deutschland
E-Mail: w.meyer@mx.uni-saarland.de

© Der/die Autor(en), exklusiv lizenziert an Springer Fachmedien Wiesbaden GmbH, ein Teil von Springer Nature 2023
J. Mörtel et al. (Hrsg.), *Indikatoren in Entscheidungsprozessen*,
https://doi.org/10.1007/978-3-658-40638-7_3

der Rauch im Unterschied zu diesem akustischen Signal nicht rechtzeitig wahrgenommen werden. Der Rauchmelder als Indikator für Brandgefahr wird dann
zum Lebensretter.

Dieses Beispiel verweist auf zwei Aspekte, die mit der Nutzung von Indikatoren
untrennbar verbunden sind. Erstens bedarf es angemessener Messinstrumente für
die Indikatoren, d. h. in vielen Fällen muss ein mehr oder weniger großer Aufwand
betrieben werden, um die positive Eigenschaft als Anzeiger für einen bestimmten
Gegenstand oder Sachverhalt nutzen zu können. In manchen Fällen genügen die
menschlichen Sinne als Indikator für Gefahr – Rauch lässt sich selbstverständlich
auch „sehen" und in manchen Fällen auch „riechen", bevor er lebensbedrohlich
wird. Wie erwähnt sind Rauchmelder aber trotzdem zur Früherkennung sinnvoll
und können im Haushalt leicht als Indikatoren eingesetzt werden. Im Alltag ist
eine Vielzahl solcher Beispiele für Indikatoren zu finden. Diese beschränken sich
nicht nur auf den technischen Bereich, sondern können auch alle anderen denkbaren Dinge betreffen. So interpretieren wir z. B. auch die Stimmungslage des
Partners unter Verwendung seines Gesichtsausdrucks als Indikator.

Hieraus resultieren dann aber auch die Erfahrungen bezüglich des zweiten
Aspekts der Nutzung von Indikatoren, nämlich der Tatsache, dass Indikatoren
nicht immer korrekt ihre Anzeigeaufgabe erfüllen und daraus sich Probleme in
ihrer Nutzung ergeben. Dies gilt ebenfalls nicht nur für Alltagsbeobachtungen oder
soziale Indikatoren: bei älteren Rauchmeldern kam es z. B. häufiger durch Insekten
zu Fehlalarmen oder es blieben Meldungen aufgrund leerer Batterien aus. Ein
Indikator, der Meldungen ohne Ereignisse oder bei Ereignissen keine Meldungen
ausführt, ist letztlich unbrauchbar. Eine gewisse Fehlermarge mag zwar im Alltag
zu akzeptieren sein, Anzeigefehler führen jedoch zumindest auf Dauer dazu, dass
dem Indikator nicht mehr vertraut wird und er deshalb nicht mehr als Anzeiger
genutzt wird.

Dieser Sachverhalt wird komplizierter, wenn der Zusammenhang zwischen
dem als Indikator verwendeten Messinstrument und seinen Ergebnissen sowie
dem abzubildenden Konstrukt nicht eindeutig und wissenschaftlich korrekt
bestimmbar ist. Eine Überprüfung der Wirksamkeit von Indikatoren bezüglich
ihrer Abbildungsqualität lässt sich bei nicht messbaren Objekten wie z. B. der
Intelligenz zumeist nur durch die Verwendung mehrerer Indikatoren (und damit
auch mehrerer Messinstrumente) validieren. Der Messaufwand – und damit auch
die Hürden zur praktischen Nutzung von Indikatoren – steigt dadurch z. T. erheblich und kann an die Grenzen des Machbaren (oder zumindest des wirtschaftlich
sinnvollen) stoßen.

In den meisten Fällen ist bei Indikatoren die Anzeigequalität wichtiger als die
eigentliche Messqualität des eingesetzten Messgeräts. Ob der Rauchmelder präzise
die Partikeldichte des Rauchs misst, ist nebensächlich, solange er rechtzeitig und

korrekt im Falle einer Gefahr Meldung macht. Dementsprechend führt eine Verbesserung der Messqualität von Rauchmeldern nicht zum Ziel, wichtiger ist die Reduktion von Fehlmeldungen und Ausfällen bei der Anzeige.

Indikatoren werden in der Praxis für Entscheidungen über komplexe oder zumindest wenig einsehbare Sachverhalte verwendet. Zur Generierung der notwendigen Informationen sind Aufwendungen erforderlich, die durch den Einsatz geeigneter Indikatoren ermöglicht werden. Geeignet sind diese Indikatoren dann, wenn sie praktisch für den gewünschten Zweck einsetzbar sind sowie die interessierenden Sachverhalte korrekt und mit vertretbarem Messaufwand abbilden. Die Qualität von Indikatoren misst sich somit primär an ihrem praktischen Nutzwert im entsprechenden Anwendungskontext und weniger an einem objektiven, fachlichen oder wissenschaftlichen Optimierungsanspruch.

Versicherung, Verantwortung, Vertrauen? Zur Paradoxie von Indikatoren und ihrer Nutzung

Inka Bormann und Richard Benthin

1 Einleitung

Die Überlegungen dieses Beitrags beziehen sich auf die Implementation von Instrumenten der Neuen Steuerung, wie sie nach dem „PISA-Schock" (z. B. Seitz 2003) in fast allen Handlungsfeldern des Bildungsbereiches zu finden sind. Seinerzeit wurde die sogenannte Gesamtstrategie zum Bildungsmonitoring beschlossen (KMK/IQB 2006). Diese sieht die Teilnahme am internationalen Bildungsmonitoring mit Bildungsberichterstattung, Kompetenzdiagnostik sowie die Einführung und Überprüfung von Bildungsstandards durch Vergleichsarbeiten vor. Der indikatorenbasierte Nationale Bildungsbericht erscheint seit 2006 alle zwei Jahre. Er versteht sich „als Bestandteil eines umfassenden Bildungsmonitorings, das darauf abzielt, durch kontinuierliche datengestützte Beobachtung und Analyse Informationen für politisches Handeln aufzubereiten und bereitzustellen" (Nationaler Bildungsbericht 2022, S. 1).

Mit Indikatoren ist das Ziel der Generierung von evidenzbasiertem Wissen verbunden, das für die Ableitung steuerungsrelevanter Entscheidungen genutzt wird. Zu diesem Zweck ist die Berichterstattung als „systembezogene, evaluative, indikatorisierte Gesamtschau" angelegt (ebd.) und arbeitet dazu mit Indikatoren, die danach ausgewählt werden, inwiefern die Daten in einer ausreichenden Qualität verfügbar, fortschreibbar und für bildungspolitische Steuerungsfragen relevant sind (ebd., S. 2).

I. Bormann (✉) · R. Benthin
Freie Universität Berlin, Berlin, Deutschland
E-Mail: inka.bormann@fu-berlin.de

R. Benthin
E-Mail: richard.benthin@fu-berlin.de

© Der/die Autor(en), exklusiv lizenziert an Springer Fachmedien Wiesbaden GmbH, ein Teil von Springer Nature 2023
J. Mörtel et al. (Hrsg.), *Indikatoren in Entscheidungsprozessen*,
https://doi.org/10.1007/978-3-658-40638-7_4

Steuerungsentscheidungen haben stets eine langfristige Bedeutung, was die Bedeutung sicheren Wissens als Entscheidungsgrundlage hervorhebt. Aber inwiefern kann über die indikatorenbasierte Vermessung des Sozialen sicheres Wissen für Entscheidungsprozesse hergestellt werden? Zur Bearbeitung dieser Leitfrage werden im ersten Abschnitt drei Thesen zur sachlichen, zeitlichen und sozialen Paradoxie von Indikatoren erörtert. Ausgehend von der sozialen Sinndimension werden mit Blick auf unsicheres Wissen im zweiten Abschnitt Fragen zum allgemeinen Umgang mit Indikatoren gestellt. Die Thesen dieses Beitrags verstehen sich insgesamt als Reflektion darüber, inwiefern mittels Indikatoren ‚Sicherheit' geschaffen werden kann, ob es angemessener ist, angesichts unvollständig bleibenden Wissens von ‚Verantwortung' zu sprechen und inwiefern ‚Vertrauen' im Zusammenhang mit Indikatoren notwendig und möglich ist.

2   Paradoxien von Indikatoren

2.1   Sachliche Dimension: Worüber wird gesprochen?

Im Bildungssystem lässt sich eine Verschiebung politischer Aufmerksamkeit und Strategien beobachten, die mit der Art der für Steuerungszwecke verwendeten Indikatoren einhergeht. Bis in die 1970er Jahre waren die Demokratisierung und Expansion des Bildungswesens erklärte bildungspolitische Ziele, deren Umsetzung im Paradigma ‚alter Steuerung' stattfand (Kopp 2008). Bis dahin fand vorrangig eine Input-Steuerung statt; Input-Indikatoren beziehen sich z. B. auf Bildungsausgaben oder Personal. Nach dem PISA-Schock zu Beginn der 2000er Jahre fand mit der Ökonomisierung sowie der Zunahme von Exzellenz- und Wettbewerbsdenken im Bildungswesen eine Verschiebung hin zur Output-Steuerung statt (Bellmann 2005). Es wurden Bildungsstandards formuliert, deren Erfüllung im Rahmen von Kompetenzmessungen evaluiert wurde. Bildungsorganisationen erhielten im Zuge des Paradigmas ‚Neuer Steuerung' erweiterte Autonomien, um die erwarteten Ergebnisse (outputs) zu erreichen und unter anderem auf der Basis indikatorenbasierter Rechenschaftslegung mehr Transparenz und (wissenschaftliche) Grundlagen für eine evidenzbasierte Entscheidungsfindung zu schaffen (Kopp 2008; zur Kritik Bellmann und Müller 2011).

Bei der Nutzung von Indikatoren für evidenzbasierte Entscheidungsprozesse ist aber zu bedenken, dass Indikatoren einerseits Sachverhalte fixieren sollen, die ‚flüchtig' sind (Bormann 2012a) und andererseits vor allem quantitative Indikatoren komplexe Sachverhalte erheblich vereinfachen. Auch von der AutorInnengruppe des Nationalen Bildungsberichts (2022, S. 2) wird betont, dass viele Aspekte, die sich nicht quantifizieren lassen können, zwar bedeutsam sind, sich jedoch der „Darstellungsform von Bildungsberichterstattung" entziehen. Liefern aber nur quantitative Indikatoren gültige und nützliche Evidenz (zur Differenz von Wahrheit und Nützlichkeit: Kaldewey 2013)? Jornitz (2009) weist auf unterschiedliche Auffassungen von gültiger Evidenz hin. Demnach ist in einem philosophiegeschichtlich fundierten Verständnis ‚evident', was unmittelbar verstehbar ist, und Forschung setzt ein, wenn etwas nicht evident ist (ebd., S. 68). Diese Lesart lässt sich verknüpfen mit dem Verständnis von Indikatoren als Grundlage evidenz- bzw. wissensbasierter Entscheidungsfindung. So argumentiert etwa de Vries (2001), dass Indikatoren nicht nur zahlenförmig vorliegen müssen „an indicator is a single number, a ratio *or another observed fact that serves to assess a situation or development*" (ebd., S. 319, Herv.: die Verf.; ähnlich Frønes 2007). Einem solchen erweiterten Indikatorenverständnis zufolge sind neben Zahlen ‚qualitative Indikatoren' geeignet, um systematische Informationen bereit zu stellen. Ein solcher Ansatz wurde etwa mit einem Indikatorenset verfolgt, das für das internationale Monitoring der Implementation eines innovativen Bildungskonzepts entwickelt wurde (UNECE 2009). Dieses sollte es auch ermöglichen, ‚gute Praktiken' darzustellen und nachzuahmen. ‚Qualitative Indikatoren' sind jedoch keine breit geteilte Praxis im Feld der (Bildungs-)Berichterstattung.

Vor diesem Hintergrund kann festgehalten werden, dass die sachliche Paradoxie von Indikatoren oftmals darin besteht, dass (aus Gründen der Komplexitätsreduktion, Praktikabilität und um wissenschaftlichen Gütekriterien zu entsprechen) die Aufmerksamkeit vor allem auf das quantifizierbar Sagbare gerichtet wird, weil mit einem engen Verständnis der evidenten Erfassung von Ausschnitten einer komplexen sozialen Wirklichkeit gearbeitet wird. Paradox ist daran, dass Indikatoren eine sicherere Wissensbasis für Entscheidungen bereitstellen sollen, die Wissensbasis selbst aber unvollständig bleiben muss. Ein Ausweg aus dieser Paradoxie ist schwer vorstellbar.

2.2 Zeitliche Dimension: Blick zurück – nach vorn?

Die Nutzung von Indikatoren ist auch mit einer zeitlichen Paradoxie verbunden. Indikatorenbasierte (Bildungs-)Berichte erfassen ausgewählte und mit Indikatorensystemen modellierte Ausschnitte der Wirklichkeit retrospektiv. Daten müssen erhoben, qualitätsgesichert, zusammengestellt, interpretiert werden – sie können gar nicht anders als der sozialen Wirklichkeit ‚nachzulaufen'. Aber indikatorenbasierte Berichte werden verwendet, um daraus steuerungsrelevante Informationen abzuleiten. Steuerungsabsichten und -maßnahmen jedoch sind immer in die Zukunft gerichtet. Die Schließung dieser zeitlichen Lücke wird mit Blick auf den Umgang mit der Corona-Pandemie auch im Nationalen Bildungsbericht (2022, S. 25) als besondere Herausforderung benannt – und der Bedarf formuliert, schneller über hochwertige Daten als Basis für Steuerungshandeln verfügen zu können.

Die zeitliche Paradoxie der Nutzung von Indikatoren besteht im Wesentlichen darin, dass hochwertige Daten für akute Steuerungsbedarfe zumeist nicht schnell verfügbar sein können. Bei der Nutzung von Indikatoren treffen insofern unterschiedliche Zeitperspektiven aufeinander: die retrospektive Berichterstattung auf der einen Seite und die auf diesen Informationen basierende, zukunftsorientierte Planung auf der anderen Seite.

2.3   Soziale Dimension: geteilte oder verteilte Perspektiven?

Die soziale Dimension der Nutzung von Indikatoren verweist auf die Konstellation der mittelbar und unmittelbar beteiligten Akteure. Im Zusammenhang mit dem Nationalen Bildungsbericht etwa entscheidet ein Kollektiv von AutorInnen unterschiedlicher wissenschaftlicher, administrativer und politischer Institutionen des Bildungssystems über die Indikatoren, auf deren Basis Berichte verfasst werden (Nationaler Bildungsbericht 2022). Auf der einen Seite entwickeln also überwiegend WissenschaftlerInnen die Indikatoren, die die Grundlage für die mit ministerialer Legitimation verfassten indikatorenbasierten Berichte sind, in denen auf der anderen Seite die professionelle pädagogische Arbeit in den Bildungsorganisationen zum Gegenstand der Beobachtung wird.

   Die an Berichterstattungen mittelbar und unmittelbar beteiligten Akteure – WissenschaftlerInnen, politische Administration, politische EntscheidungsträgerInnen, Professionelle der betreffenden Handlungsfelder – folgen unterschiedlichen Logiken und Rationalitäten, die sich nicht umstandslos ineinander übersetzen lassen. Aus systemtheoretischer Perspektive operieren Systeme mit unterschiedlichen Codes und Programmen, das Wissenschaftssystem mit dem Code wahr/unwahr, das politische System mit dem Code Macht/Opposition (Luhmann 1998). Auch vor diesem Hintergrund kann eine Spannung zwischen der Messbarkeit des Gegenstandes und der Bedeutsamkeit des Gemessenen konstatiert werden (Biesta 2007). Schon in den späten 1970er Jahren hat Campbell (1979) zudem auf nichtintendierte Nebeneffekte von Steuerungsinstrumenten, speziell Indikatoren, aufmerksam gemacht: Ihm zufolge tragen quantitative Indikatoren, die bekanntermaßen für Entscheidungen verwendet werden, dazu bei, die sozialen Prozesse, die mit den Indikatoren beobachtet und berichtet werden, zu verzerren und letztlich zu korrumpieren. Aus neo-institutionalistischer Sicht kann genau dies zu einem Phänomen führen, das Meyer und Rowan (1977) als ‚Rationalitätsmythos' bezeichnet haben und das besagt, dass Organisationen und ihre Mitglieder sich an Erwartungen ihrer Umwelt anpassen, um sich Legitimität zu sichern. Dies geschieht etwa, indem Praktiken anderer Felder importiert werden – wie dies etwa mit der o.g. Ökonomisierung und Neuen Steuerung des Bildungssystems beobachtet werden konnte.

   Beobachtende und Beobachtete bewegen sich also in unterschiedlichen gesellschaftlichen Teilbereichen mit je eigenen Rationalitäten. Die soziale Paradoxie der Nutzung von Indikatoren besteht vor diesem Hintergrund darin, dass Indikatoren zwar Beobachtete und Beobachtende betreffen, wohl aber nicht davon auszugehen ist, dass ein Konsens darüber geschaffen werden kann, dass mit Indikatoren sicheres und für alle Beteiligten gleichermaßen bedeutsames Wissen über den fraglichen Ausschnitt komplexer sozialer Wirklichkeit geschaffen wird.

3 Fragen zur Nutzung von Indikatoren

3.1 Versicherung oder Verantwortung?

In den vorigen Abschnitten wurden Thesen zu sachlichen, zeitlichen und sozialen Paradoxien von Indikatoren reflektiert. Nun stellt sich die Frage, inwiefern Indikatoren sicheres Wissen für Entscheidungsprozesse liefern können. Selbst in sog. Wissensgesellschaften verlaufen Entscheidungsprozesse nie auf der Basis einer vollständigen Einsicht in die dynamischen und komplizierten institutionellen Umwelten. Nichtwissen ist Entscheidungen demnach stets immanent (Wehling 2004). Zudem beinhalten Entscheidungsprozesse in hochkomplexen Umwelten das Risiko nicht-intendierter Nebenfolgen und gerade in Wissensgesellschaften nehmen Uneindeutigkeiten und (gewusstes) Nichtwissen z. B. über Handlungsfolgen zu (Beck et al. 1996; Böschen et al. 2004).

Der Versuch, anhand indikatorenbasierter Berichterstattung sicheres Wissen für Gestaltungsentscheidungen zu generieren, kann vor diesem Hintergrund als Versuch einer Form der Vorsorge betrachtet werden, bei der potenzielle Folgen künftiger unerwünschter Entwicklungen oder Zustände abgesichert werden: „unsicher erwartete Ereignisse (werden mit) sicheren Erwartungen" kompensiert (Cevolini 2013, S. 157). Indikatorenbasierte Berichte können in diesem Sinne als Form der Herstellung von Sicherheit betrachtet werden – sie werden dazu genutzt, potenziell negativen oder unerwünschten Entwicklungen oder Ereignissen vorsorglich wissensbasiert entgegenzuwirken. Ein solches Streben nach Sicherheit ist zwar Ausdruck von Vorsicht und Reflexivität, allerdings kann diese ‚Versicherung' gleichzeitig die Aufmerksamkeit für andere, nicht mittels Indikatoren im o.g. engen Evidenzverständnis abgebildete oder abbildbare, potenzielle Risiken verringern – wie sollte dies auch im Rahmen eines *System*monitorings handhabbar bleiben? Als Basis von Entscheidungen bleibt auch im Zeitalter evidenz- bzw. wissensbasierter Neuer Steuerung unsicheres Wissen bestehen. Dies rückt das Konzept der ‚Verantwortung' als eine weitere Form der Vorsorge in den Fokus (Cevolini 2013). Im Modus der Verantwortung setzen sich Beobachter mit einer „gegenwärtigen Zukunft" (ebd., S. 160) auseinander – und nehmen also gewissermaßen kontingenzbewusst die Begrenztheit heutigen Wissens in Kauf, auf dessen Basis in die Zukunft weisende Entscheidungen getroffen werden.

Zugespitzt zielt ‚Versicherung' quasi auf eine passive Absicherung von Risiken des (gewussten oder ungewussten) Nichtwissens und ‚Verantwortung' mehr auf die Antizipation und aktive Gestaltung einer möglichen Zukunft ab.

3.2 Vertrauen als Ersatz für Versicherung und Verantwortung?

Indikatoren schaffen aber weder im Modus der ‚Versicherung' noch im Modus der ‚Verantwortung' sicheres Wissen für Entscheidungen oder über die Folgen von Entscheidungen – Versicherung und Verantwortung operieren mit potenziell riskantem unvollständigem Wissen. Versicherung zielt auf die Bewältigung eventueller unerwünschter Nebenfolgen, die aus dem Wissen über mögliche Handlungsfolgen heutigen Wissens resultieren können; Verantwortung zielt auf die Vermeidung künftiger, unerwünschter Nebenfolgen durch bestmögliches heutiges Handeln.

Weder Verantwortung noch Versicherung basieren auf vollständigem Wissen oder vollständigem Nichtwissen. Ein solcher mittlerer Zustand zwischen Wissen und Nichtwissen ist für Simmel (1908 [1992]) das zentrale Charakteristikum von ‚Vertrauen‘: „Der völlig Wissende braucht nicht zu vertrauen, der völlig Unwissende kann vernünftiger Weise nicht einmal vertrauen" (Simmel 1908 [1992], S. 393).

Vertrauen ist in dem Beziehungsgeflecht von Rechenschaftslegung und Verantwortung, in dem sich wichtige gesellschaftliche Entscheidungsinstanzen befinden, eine bedeutsame Ressource für deren Legitimität (Jäckle und Wagschal 2022). Vertrauen ist die Bereitschaft, sich gegenüber einem anderen Akteur (Person oder Institution) verletzlich zu machen: Vertrauensnehmer*innen können stets auch entgegen der positiven Erwartung des/der Vertrauensgeber*in*s handeln und das in ihn/sie gesetzte Vertrauen enttäuschen (Lewis und Weigert 2012; Colquitt et al. 2007). In komplexen, arbeitsteilig differenzierten Gesellschaften ist Vertrauen häufig als funktionale Abkürzungsstrategie wichtig, da es dazu beiträgt, Komplexität zu reduzieren und in Anbetracht unvollständigen Wissens handlungsfähig zu bleiben (Luhmann 2014). Komplexität resultiert unter anderem aus unvollständigem Wissen und daraus, dass Ungewissheit über künftige Handlungsfolgen besteht und Ereignisse nicht vollständig kontrolliert werden können. Vertrauen dagegen erlaubt die „Reduktion einer Zukunft von mehr oder weniger unbestimmt bleibender Komplexität" (ebd., S. 21), weil bereits vorhandene Informationen (Vergangenheit) für die Bestimmung (Gegenwart) kommender Zustände (Zukunft) genutzt werden (ebd., S. 26).

Um handlungsfähig zu bleiben, ist ein grundsätzliches Vertrauen in institutionell abgesichertes Wissen erforderlich (Giddens 1996). Vertrauen gegenüber Institutionen basiert auf ihrer wahrgenommenen Leistungsfähigkeit, der Zustimmung zu ihren Leitideen, ihrer Effektivität und Effizienz (Lepsius 2017, S. 80 ff.).

Doch zum einen sind Institutionen bzw. deren Funktionsweisen nur bedingt transparent. Damit ihnen vertraut werden kann, kann es für sie erforderlich sein, Misstrauen zu institutionalisieren (Luhmann 2014, S. 102) und Kontrolle zu installieren. Im Zuge Neuer Steuerung im Bildungssystems ist dies gut zu beobachten: Selbstbeobachtungen in Form von Audits, Monitorings, Rechenschaftslegung in Verbindung mit Indikatoren können als Formen institutionalisierten Misstrauens verstanden werden. Doch durch die weitere Steigerung von Komplexität – etwa durch ungünstige oder mitunter widersprüchliche Befunde oder deren Interpretation – kann Vertrauen potenziell auch geschmälert werden. So wird etwa in Bezug auf die Leistungsfähigkeit des Bildungssystems durch die outputorientierte indikatorenbasierte Berichterstattung über Kompetenzen deutlich, dass eine wichtige Leitidee – chancengerechte Bildung – nicht im wünschbaren Maße eingelöst wird; dies kann Vertrauen schmälern (Bormann und John 2014; Bacher et al. 2010).

Die Auflösung eines solchen Dilemmas kann kaum darin bestehen, auf Evidenz bzw. Wissen zu verzichten. Aus Sicht vertrauenstheoretischer Überlegungen jedoch kann darauf hingewiesen werden, dass die Institutionalisierung von Misstrauen durch indikatorenbasierte Berichterstattung und die dabei gewonnene, steuerungsrelevante Evidenz bzw. Wissen notwendigerweise selbst mit Vertrauen verknüpft sind: Busco (2006) u. a. unterstreichen, dass die auf der Basis indikatorenbasierter Berichte erfolgende Rechenschaftslegung Vertrauen in komplexe Systeme ermöglicht, dafür aber zugleich ein Vertrauen in die Instrumente der Rechenschaftslegung erforderlich ist. Dabei, so denken wir, besteht vor dem Hintergrund der eingangs skizzierten Paradoxien ein Reflexionsbedarf über das Verhältnis von Vertrauen und Kontrolle.

4   Ausblick

Indikatorenbasierte Berichterstattung kann im Sinne der Institutionalisierung von Misstrauen vertrauensbildende Wirkung haben, weil sie systematisch Transparenz herstellt, Aufmerksamkeit lenkt, Evidenz bzw. Wissen produziert und dadurch Vertrauen in die Leistungsfähigkeit komplexer Systeme erlaubt. Gleichzeitig können aber auch korrumpierende Wirkungen angenommen werden, da ein solches Monitoring als Druck oder Zwang wahrgenommen wird, gute Leistungen zu präsentieren oder weniger gute zu rechtfertigen und wirkungsvolle Gegenmaßnahmen zu ergreifen.

Vertrauen in die evidenz- bzw. wissensbasierten Entscheidungsgrundlagen stößt vor dem Hintergrund der genannten Paradoxien an Grenzen.

In der Wissensgesellschaft und in Krisenzeiten ist die Abhängigkeit von ExpertInnenwissen groß; ihr Wissen findet zudem über die Medien oftmals rasch und mitunter wenig aufbereitet seinen Weg in die Öffentlichkeit. Wie werden solche Informationen dort verarbeitet? In der Forschung zu Wissenschaftskommunikation werden ‚Plausibilitätsstrategien' von ‚Vertrauensstrategien' als Strategien kognitiver Arbeitsteilung unterschieden (Bromme und Kienhues 2014, S. 67). Während die Plausibilitätsstrategie die Gültigkeit von Behauptungen fokussiert – Was ist wahr? – richtet sich die Vertrauensstrategie auf die MittlerIn von Informationen – Wem kann ich vertrauen? (ebd., 67). Diese Strategien schließen einander aber nicht aus. Eine ehrliche, d. h. auch unvollständige Wissensgrundlagen und die daraus resultierenden Entscheidungsrisiken benennende, Komplexität verständlich erläuternde Wissenschaftskommunikation wird nicht nur der begrenzten Sicherheit heutigen Wissens verantwortungsvoll gerecht. Sie kann auch zur Möglichkeit geteilter Verantwortung beitragen und Menschen in die Lage versetzen, Plausibilitäts- und Vertrauensstrategien sinnvoll zu kombinieren, um evidenzbasierten Instrumenten wie Indikatoren Vertrauen schenken zu können bzw. zu wollen und dieses Vertrauen durch notwendige Informationen über die begrenzte Sicherheit der so fundierten evidenz- bzw. wissensbasierten Entscheidungen anzureichern. Die derzeitigen multiplen Krisen scheinen diese Entwicklung zu beschleunigen und Menschen dazu herauszufordern, sich mit unsicherem Wissen auseinanderzusetzen.

Monitoring

Durch das Monitoring werden EntscheidungsträgerInnen kontinuierlich ent-
scheidungsrelevante Informationen zur Verfügung gestellt. Diese Ausrichtung
am Steuerungsbedarf unterscheidet das Monitoring von reinen Statistiken, die
Informationen ohne einen solchen direkten Bezug zu Entscheidungen bereitstellen.
Das Monitoring bezieht sich auf erwartete Entwicklungen und prüft den Fortschritt
anhand vorgegebener Zielwerte. Die Zielsetzungen und kausalen Zusammenhänge
werden nicht hinterfragt, dies bleibt dem ergänzenden Instrument der Evaluation
vorbehalten. Bei der Durchführung des Monitorings müssen Indikatoren entworfen, hinsichtlich ihrer Qualität geprüft und gegebenenfalls modifiziert werden.
Darüber hinaus sind die benötigten Daten zu erheben, auszuwerten und dann in
einer, für die EntscheidungsträgerInnen benötigten Form aufzubereiten und zu
berichten. In der Regel wird dies durch eine eigenständige und von den operativen
Aufgaben unabhängige organisatorische Abteilung gewährleistet (vgl. Meyer und
Zierke 2022).

Weiterführende Literatur

Baurmann, M. 2002. Vertrauen und Anerkennung. Wie weiche Anreize ein Vertrauen in
    Institutionen fördern können. In A. Maurer und M. Schmid (Hrsg.), *Neuer Institutionalismus.
    Zur soziologischen Erklärung von Organisation, Moral und Vertrauen* (S. 106–132). Frankfurt:
    Campus.
Bormann, I. 2012. Indikatoren für Innovation – ein Paradox? In I. Bormann, R. John, J. Aderhold
    (Hrsg.), *Indikatoren des Neuen. Innovation und Gesellschaft* (S. 39–57). Wiesbaden: VS Verlag
    für Sozialwissenschaften.
Bormann, I., & G. Michelsen, G. 2008. Synchronisation oder Desynchronisation von
    Innovationsprozessen? Indikatoren im dynamischen Feld der Bildung für nachhaltige Ent-
    wicklung. *Umweltpsychologie* 12: 43–55.
Høyer, H. C., & E. M. Wood. 2011. Trust and control: public administration and risk society. *Inter-
    national Journal of Learning and Change* 5(2): 178–188.
Shapiro, S. P. 1987. The Social Control of Impersonal Trust. *American Journal of Sociology* 93(3):
    623–658.

Schlaglicht: Simpson's Paradox

Julia Mörtel

Simpson's Paradox

Das Simpson-Paradoxon wurde benannt nach Edward Hugh Simpson, der dieses Paradox 1951 erstmalig beschrieb, auch wenn sich bereits zuvor schon andere Wissenschaftler mit diesem Phänomen auseinandergesetzt hatten (vgl. Simpson 1951).

Das Simpsons Paradox ist ein Paradoxon aus der Statistik und nur so lange paradox, solange man nicht volle Einsicht in die der Auswertung zu Grunde liegenden Zahlenwerte besitzt, denn dann ist das jeweilige Ergebnis widerspruchsfrei lösbar. Es geht um die Bewertung verschiedener Gruppen hinsichtlich einer gewählten Eigenschaft, die aber jeweils anders ausfällt, je nachdem, ob man die Gruppen zu größeren Kollektiven kombiniert oder nicht. Ein und dieselben Daten können so – je nach Aggregationsoperationen – zu sich widersprechenden Ergebnissen führen. In der Regel kommen solche Untersuchungen und damit auch das Paradox in sozialwissenschaftlichen Untersuchungen oder in medizinischer Statistik vor (vgl. Simpson 1951).

Das Phänomen besteht in einer Veränderung des Wahrscheinlichkeitsquotienten bei der Zusammenfassung von mehreren Vierfeldtafeln: während die einzelnen Tafeln einen Quotienten kleiner 1 wiedergeben, ergibt die Zusammenfassung in einer Gesamttafel einen Chancenquotienten von größer 1, oder umgekehrt.

Prominentes Beispiel für das Phänomen ist die Zulassungsquote von Männern und Frauen an der University of Berkeley 1973. Hier wurden 44,5 % der Männer,

J. Mörtel (✉)
Technische Universität Darmstadt, Darmstadt, Deutschland
E-Mail: juliamoertel@web.de

© Der/die Autor(en), exklusiv lizenziert an Springer Fachmedien Wiesbaden GmbH, ein Teil von Springer Nature 2023
J. Mörtel et al. (Hrsg.), *Indikatoren in Entscheidungsprozessen*,
https://doi.org/10.1007/978-3-658-40638-7_5

aber nur 34, 2 % der Frauen, die sich insgesamt an der Universität beworben hatten, zum Studium zugelassen. Doch schaut man sich die Daten aufgeteilt nach Fachrichtungen an, sind bei 4 der 6 Fakultäten prozentual mehr Frauen als Männer zugelassen worden. Woran liegt nun dieses Phänomen? In der unterschiedlichen Bewerbungshäufigkeit an den verschiedenen Fakultäten und der je unterschiedlichen Zulassungsquote. Bei dem untenstehenden Beispiel haben es sich die Frauen nicht so leicht gemacht, wie die Männer und häufiger jene Fakultäten gewählt, die nur eine geringe Anzahl Studienplätze und damit auch eine nur geringe Zulassungsquote hatten. Berücksichtigt man dies jeweils, dann werden die Frauen sogar leicht bevorzugt bei der Vergabe der Studienplätze (vgl. Bickel et al. 1975; vgl. Dubben und Beck-Bornholdt 2006, S. 137 ff.) (Tab. 1).

Tab. 1 Zulassungsquoten Männer und Frauen an der Universität Berkeley. (Nach Dubben und Beck-Bornholdt 2006)

Fakultät	Männer			Frauen			Rel. Wahrscheinlichkeit
	Beworben	Zugelassen	Zugelassen (%)	Beworben	Zugelassen	Zugelassen (%)	
A	825	512	62	108	89	82	1,33
B	560	353	63	25	17	68	1,08
C	325	120	37	593	202	34	0,92
D	417	138	33	375	202	54	1,63
E	191	53	28	393	94	24	0,86
F	373	22	6	341	24	7	1,19
Summe	2691	1198	45	1835	628	34	0,77

Indikatoren, Komplexität und Gefahrenwahrnehmung. Die Corona-Krise als Lehrstück

Harald Walach

1   Problemaufriss

Die Corona-Krise hat in zweifacher Hinsicht zu einer für moderne Demokratien neuartigen Situation geführt: Grundrechte wurde zu Zwecken der Pandemiebekämpfung in zuvor unvorstellbarem Ausmaß eingeschränkt, und in der Rechtfertigung dieser politischen Entscheidungen spielten Kennzahlen eine größere Rolle denn je. Wir sehen dabei ein interessantes Phänomen: es wird ein anscheinend klarer Zahlenwert verwendet, um Entscheidungen, z. B. über Schließungen von Einrichtungen oder Einschränkungen der Bewegungsfreiheit zu rechtfertigen, ohne dass aber der Zahlenwert selbst gerechtfertigt würde. Nicht mehr Menschen entscheiden über Zahlen, sondern Zahlen entscheiden über Menschen. Selbst die handelnde politische Exekutive beruft sich nicht mehr auf Argumente, sondern verkürzt Argumente in vermeintlich sinnstiftende Zahlen. Leben wir noch in einer Demokratie, oder schon in einer Numerokratie? Die Corona-Krise kann als ein Lehrstück gelesen werden, wie durch eine bestimmte Rahmung – in diesem Fall eine angstdominierte– quantitative Indikatoren zu problematischen Größen werden, da sie Neutralität versprechen, aber zugleich die zur Wahrung der Neutralität notwendigen Korrekturautomatismen ausfallen.

H. Walach (✉)
Next Society Institute der Kazimieras Simonavicius Universität, Change Health Science Institut, Berlin, Deutschland
E-Mail: hwalac@googlemail.com

J. Mörtel et al. (Hrsg.), *Indikatoren in Entscheidungsprozessen*,
https://doi.org/10.1007/978-3-658-40638-7_6

2   Gefahrenanalyse: psychologische und neurologische Grundlagen

Wenn man die philosophische Diskussion der letzten 150 Jahre über unser Verhältnis zur Wirklichkeit und was die Wissenschaft davon feststellen kann auf den Punkt bringen will, dann könnte man sagen: *Wir bilden Wirklichkeit nicht ab, sondern wir konstruieren das Bild der Wirklichkeit* (Walach 2020). Um einem Missverständnis vorzubeugen: das heißt nicht, dass unser Bild der Wirklichkeit beliebig ist. Die Konstruktion erfolgt vor allem durch die Auswahl bestimmter Aspekte und im Weglassen anderer. Sie geschieht durch die Themenwahl und das Ignorieren anderer Themen. Sie wird vervollständigt durch den Einschluss bestimmter Perspektiven und dem Ausschluss anderer.

Die Wendung der affektiven Neurowissenschaft bzw. der Betonung der Emotionen in der Psychologie hat insbesondere gezeigt, wie stark Wahrnehmung, Erinnern, Bewerten und andere kognitive Prozesse von Emotionen gesteuert sind (Craig 2009). Dabei spielen vor allem Affekte wie Angst und Beruhigung eine große Rolle. Die neuroanatomische Grundlage dafür ist einfach: Gefahrenanalysen sind Prozesse, die enorm schnell im Mandelkern ablaufen und Handlungen bahnen, noch bevor unsere höheren Hirnzentren analysieren konnten, was hier eigentlich los ist. Stellt sich der Alarm als Fehlalarm heraus, wird die Gefahrenanalyse und die Aktivität des Mandelkerns wieder gebremst. Umgekehrt bremst die Aktivität dieses Gefahrendetektorsystems alle höheren Hirnzentren, bis sich Beruhigung einstellt. Stellt sich Beruhigung nicht ein, wird die Wahrnehmung und alle daraus abgeleiteten Handlungen durch diesen Filter der Gefahrenanalyse immer weiter beeinflusst.

Moderne psychologische Motivations- und Handlungstheorien wie die Person-System-Interaktionstheorie (PSI-Theorie) von Kuhl (2001) geht davon aus, dass wir durch komplementär aufeinander bezogene Systeme unsere Handlungen steuern. Ein System, das vor allem der Fehlererkennung und -vermeidung dient, bahnt negativen Affekt und bremst uns, damit wir eben keine Fehler mehr machen und uns neu orientieren können. Ein System, das vor allem automatische Handlungssequenzen auslöst und damit einen als angenehm erlebten Handlungsfluss bedingt, arbeitet vor allem dann optimal, wenn wir uns sicher und entspannt fühlen.

Wenn wir diese beiden Einsichten zusammennehmen, dann heißt dies: Angst wird zunächst einmal eine ganz generische, evolutiv sehr tief verankerte Flucht- und Rückzugsreaktion auslösen. Der negative Affekt, der damit verbunden ist, aktiviert unser Fehlerdetektionssystem. Und solange wir nicht in eine einigermaßen entspannte Lage zurückfinden, wird unsere Wahrnehmung gefiltert und unser Handlungsspielraum sehr begrenzt bleiben.

3 Die Verengung der Optik in der Coronakrise

3.1 Wahrnehmung im Zustand der Angst

Wenden wir diese Einsichten auf die Corona-Krise an. Ikonographisch zentral waren die Bilder der vielen Särge, „die Särge von Bergamo", die relativ früh in der Berichterstattung über die Krise die Angst grundgelegt haben. Die Medien schürten – ihrer eigenen Logik folgend (Krüger 2013; Meyen 2021) – diese Angst, indem vor allem über weitere angstauslösende Sachverhalte berichtet wurde, das Ersticken, das Gefühl zu ertrinken, also Urängste. Diese Angstkommunikation führte dazu, dass über alle Wahrnehmung zum Corona-Thema das Angstfilter gelegt war. Möglicherweise entlastende oder entspannende Informationen wurden kaum mehr aufgegriffen und die kollektive Selektion der wahrzunehmenden Wirklichkeit wurde relativ rasch in die Richtung des Narrativs vom „Killervirus" (Maaz 2021) (Bruder et al. 2022; Walach 2022) und der Alternativlosigkeit bestimmter „Maßnahmen" gedrängt.

3.2 Zahlen, Tests und standardisierte Zahlen

Zu den frühesten politischen Argumenten zählten in der Corona-Krise „die Zahlen". Die erste prominente Kennzahl waren die Fallzahlen. Dies sind nicht etwa die Zahlen von klinisch Kranken, sondern von „Testpositiven", genauer von Menschen, bei denen aufgrund eines revers-Transkriptase Polymerase-Chain-Reaction (rt-PCR)-Tests Genschnipsel von SARS-CoV2 gefunden worden waren und zwar unabhängig davon, ob sie nun klinisch krank waren oder nicht. Um das besser zu würdigen, sind folgende Informationen wichtig zu verstehen: bei diesem Test werden vorgegebene Gensequenzen, sog. „Primer", verwendet. Befindet sich in einer zu untersuchenden Probe das Gegenstück dieser Primer, also eine gesuchte Gensequenz, dann wird Primer an die Probe angelagert und verbraucht, was über eine Signalfunktion nachweisbar ist. Je nach Menge der vorhandenen Gensequenz im Probenmaterial wird mehr oder weniger Primer verbraucht. Dies geschieht in sich wiederholenden Zyklen (jeder Zyklus bedeutet eine 10er-Potenz Virusmaterial weniger). Gibt der Test bei einer niedrigen Anzahl an Zyklen bereits ein positives Resultat, ist die Belastung mit dem Virus ziemlich hoch, bei sehr hohen Zyklenzahlen ist sie sehr niedrig oder nicht vorhanden (Sethuraman et al. 2020).

Die „Fallzahl" spiegelt also nicht unmittelbar die Wirklichkeit wider, sondern hängt selbst von dem Parameter der Zyklenzahl ab, der unter methodischen Erwägungen festgelegt werden muss. Der originale Drosten-Corman-PCR-Test, der zum WHO-Standard wurde, arbeitete mit 45 Zyklen, was ein extrem sensitives Assay darstellt, das auch winzigste Genfragmente findet bei Personen, die vielleicht gerade einmal in Kontakt mit dem Virus kamen oder ein Bruchstück davon eingeatmet haben (Corman et al. 2020). Relativ bald wurde klar, dass jenseits einer Zyklenschwelle von 22–25 keine infektiösen

Patienten gefunden wurden (Jaafar et al. 2020; Singanayagam et al. 2020). Gleichwohl arbeiten m.W. fast alle deutschen Labore mit einer Zyklenzahl zwischen 35 und 37 und höher, und oftmals wird diese zentrale Kenngröße in Testergebnissen gar nicht genannt.

Es ist in diesem Kontext zu einer medizingeschichtlich einmaligen Veränderung der diagnostischen Prinzipien gekommen (die natürlich subkutan schon eine Weile schwelte, etwa in der Blutdruck-, Lipid- oder Alzheimerdiagnostik (Vogt 2021)): Krank war nicht mehr, wer Symptome hatte, sondern krank war, wer eine diagnostische Kennzahl aufwies. Das Neue: diese Kennzahl wurde nun nicht mehr zum Gegenstand einer informierten und allenfalls auch freiwilligen Behandlungsoption – etwa mit Blutdruck- oder Lipidsenkern – sondern sie wurde zur Grundlage weitreichender epidemiologisch-politischer Entscheidungen und Basis der Einschränkung zentraler Rechte.

Anfangs waren absolute, unstandardisierte „Zahlen" von „Coronafällen" publiziert worden, die nicht auf die Bevölkerungsgröße bezogen waren. Das geschah in den sogenannten Corona-Dashboards. Die Pandemie war eigentlich eine „Dashboard-Pandemie" (Everts 2020).

Als die erste Welle der Corona-Infektionen gegen Mai 2020 vorbei war, hatte in der Republik die Kapazität PCR-Tests durchzuführen allmählich ihre volle Größe erreicht und lt. politischer Vorgabe wurde auch getestet. Das führte natürlich zu steigenden Fallzahlen, denn eine steigende Anzahl von Tests führt automatisch zu mehr positiven Testresultaten inklusive den falsch Positiven, weil die Tests nicht perfekt sind (Klement und Bandyopadhyay 2020).

Abb. 1 zeigt diesen Anstieg: Linear und besorgniserregend, und genauso wurde diese Information verbreitet und auch aufgenommen. Abb. 2 zeigt jedoch: dies dürfte vor allem auf die steigenden Test-Zahlen zurückzuführen gewesen sein. Man sieht an den auf die Anzahl von Tests standardisierten Fallzahlen in Abb. 3 (Achtung: leicht unterschiedlicher Zeitrahmen; Ende April in Abb. 1 und 2 entspricht Woche 20 in Abb. 3) sehr deutlich den Peak der Corona-Welle. Selbst zu Spitzenzeiten auf dem Gipfel der Welle waren nie mehr als 9 % aller Tests positiv. Danach fiel die Zahl relativ rasch unter 2 % positiver Fälle und bewegte sich damit ca. seit Ende Mai 2020 im Rauschen der Unsicherheit des PCR-Tests. Doch diese Information wurde meines Wissens in öffentlichen Kanälen – Rundfunk, Fernsehen, Zeitungen – nie sorgfältig kommuniziert. Stattdessen wurde die Information aus Abb. 1, „Steigende Zahlen", kommuniziert, obwohl sie leicht erkennbar falsch war. Die „Zahlen" (der PCR-Positiven) stiegen im Sommer nie an. Was anstieg war die Testanzahl. Deswegen wurde auch von einer Pandemie des Corona-Testens gesprochen (Everts 2020). Dass die Fallzahlen dann in der zweiten Welle tatsächlich anstiegen, auch standardisiert auf die Anzahl der Tests ist durchaus richtig. Aber das pauschale Berichten von dauernd steigenden Fallzahlen führte dazu, dass diese neuerliche Welle als eine Entgleisung eines ohnehin schon als katastrophal wahrgenommenen Geschehens gesehen wurde.

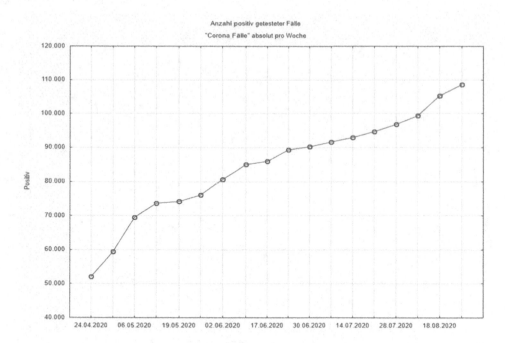

Abb. 1 Anzahl positiv getesteter „Corona-Fälle", absolut pro Woche; Daten lt. RKI

Irgendwann wurde die Kritik offenbar verstanden und das RKI ging mit der Politik dazu über, nunmehr die „Inzidenzwerte", Anzahl neuer Fälle in einer Woche standardisiert auf 100.000 Einwohner zur Maßzahl zu nehmen. Das ist in der Tendenz zunächst besser. Allerdings blieben die Werte willkürlich. Ist ein Inzidenzwert von 200 hoch? Das sind 2 Promille. Bei einer Infektion, die selbst in ihren Hochzeiten nie mehr als 10 % der Bevölkerung erreicht hat und bei wesentlich weniger zu symptomatischen Beschwerden geführt hat eigentlich nicht. Führende Epidemiologen haben darauf hingewiesen, dass diese Inzidenzwerte völlig willkürlich, weil abgekoppelt von der klinischen Wirklichkeit sind (Sönnichsen 2020).

3.3 Das Ausblenden von entlastenden Informationen

Die Tatsache, dass die Angst zur kollektiven Leitschnur der Wahrnehmung wurde, führte also dazu, dass wir kollektiv unsere Wahrnehmung auf „überempfindlich" stellten: die Zyklenanzahl, mit der Labore testeten, war generell sehr hoch; wir ließen Standardisierungen außer Acht und schürten Panik mit unstandardisierten Zahlen zu einem Zeitpunkt, als dies unbegründet war. Noch schlimmer: es führte dazu, dass alle entlastenden und angstreduzierenden Botschaften von Anfang an größtenteils ausgeblendet wurden und blieben.

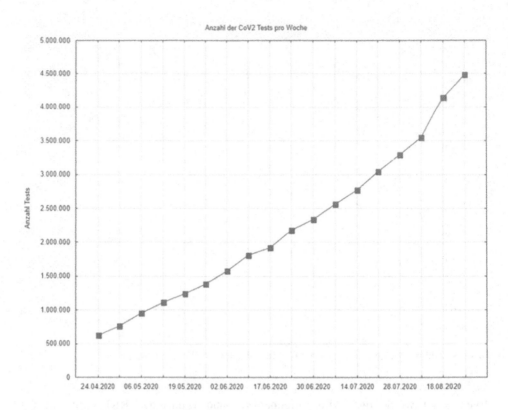

Abb. 2 Anzahl der durchgeführten PCR-Tests im gleichen Zeitraum; Daten lt. RKI

Dafür ein Beispiel: Die Angst war u. a. auch statistischen Modellen entsprungen, die vorhersagten, dass bis zu 250–500.000 Todesfälle in Deutschland und 2 Mio. in den USA zu erwarten wären (an der Heiden und Buchholz 2020; Ferguson et al. 2020). Die Voraussetzungen aber, die diese Modelle machten, gingen völlig ungeprüft ein und wurden nie revidiert. Sie war nämlich, dass ca. 75 % der Bevölkerung keinen Immunschutz gegen diese Infektion hätten und dass die Krankheit zu 100 % infektiös wäre. Das war eine typische Modellannahme: in Abwesenheit genaueren Wissens muss man irgendeine Zahl in ein Modell einspeisen. Also setzte man eine Annahme und rechnete. Die Annahme wurde nie problematisiert und nie diskutiert. Aber sie führte zu einem Angstszenario. Und dieses Angstszenario wiederum machte es unmöglich, über die Vernünftigkeit der Modelle zu reden. Sie drängte zum Handeln. Und so wurden immunologische Studien ignoriert, die schon relativ früh, nämlich im Mai 2020, zeigten, dass Menschen in 30–81 % der Fälle Kreuzimmunität aufwiesen, mindestens in einem Ausmaß, das einen schweren Krankheitsverlauf unwahrscheinlich machte (Nelde et al. 2021; Ng et al. 2020). Mittlerweile gibt es eine Fülle neuer Studien, die dies belegen (siehe die Seite https://bin-ich-schon-immun.de/studien/ Zugriff am 14.7.22). Stattdessen wurde in der öffentlichen

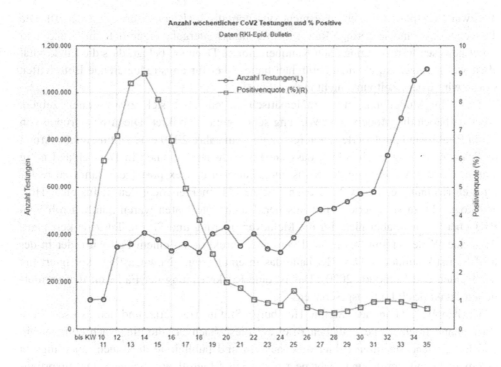

Abb. 3 Anzahl der Testungen (Kurve mit runden Datenmarken, Legende linke y Achse) und Anzahl der auf Tests standardisierte Zahl der PCR-positiv Getesteten in % (Kurve mit quadratischen Datenmarken, Legende rechte y-Achse); Daten lt. RKI; abgebildet ist die ganze Zeit der anfänglichen Datenreihen im Jahr 2020 bis Kalenderwoche 35, also Anfang März bis Ende August.

Debatte fast immer weiter damit argumentiert, dass die Menschen „gegen dieses neuartige Virus" keine Immunität hätten. Tatsächlich sind Corona-Viren schon lange Teil des Viroms, das uns umgibt und wir alle haben sehr vielfältige Immunität gegen sie. Diese Immunität gegen andere Corona-Viren schützt aufgrund von Kreuzimmunität offenbar auch viele vor diesem neuen Virus. Auch die natürliche Immunität, die speziell zur Abwehr neuartiger Erreger dient und die sehr effektiv ist, sie wurde kaum in Rechnung gestellt außer als Argument, warum Afrika vergleichsweise glimpflich davon käme (Mbow et al. 2020). Das liegt vielleicht daran, dass man die Spuren der Aktivität der natürlichen Immunität nicht direkt erkennt. Man kann sie nur indirekt sehen. Nämlich daran, dass eben bei einer Infektionswelle nicht alle erkranken, sondern nur manche, und daran, dass sogar in Haushaltskontakten beileibe nicht alle infiziert wurden.

Auch diese Studien lagen schon bald vor. Aber auch das wollte niemand wahrhaben. Statt auf die 99 % der Fälle zu blicken, bei denen Asymptomatische eben genau keine Infektionswelle ausgelöst haben, starrte man auf die 1–2 %, bei denen es Hinweise auf eine solche schwache asymptomatische Weitergabe der Infektion durch Menschen gab, die zwar PCR-positiv waren, aber nicht symptomatisch (Byambasuren et al. 2020). Die Tatsache, dass eine so geringe Rate von Infektionsweitergabe eigentlich ein Grund zum Jubel gewesen wäre, entging allen Kommentatoren. Denn sie belegt, dass die Infektivität eben viel geringer ist, als man befürchtet hatte. Aber für angstreduzierende Botschaften waren wir zu dem Zeitpunkt nicht mehr offen.

Dass die Modellannahmen problematisch waren, lässt sich zwar schnell zeigen. Aber da haben die Modelle ihre Wirkung schon getan. Konkret: Die Arbeitsgruppe von Viola Priesemann publizierte schon relativ bald im Jahre 2020 eine einflussreiche Arbeit in *Science,* die angeblich belegt, dass die Lockdownmaßnahmen in Deutschland nötig waren, um die Ausbreitung des Virus einzudämmen und ex post facto damit zu rechtfertigen (Dehning et al. 2020). Die Analyse hat aus meiner Sicht den Status einer Hofastrologie. Denn sie operierte mit falschen Daten. Die Daten waren nämlich roh vom RKI übernommen, aber nicht für die Meldeverzögerung und für die Tatsache korrigiert, dass eine Weile vergeht, bis jemand von einer Infektion zu einem Fall wird, der in der RKI-Statistik auftaucht. Das RKI hatte das in einem sog. „Now-Casting" korrigiert (an der Heiden und Hamouda 2020). Das ist eine Rückrechnung der Fälle auf den vermutlichen Punkt des Infektionsgeschehens.

Christoph Kuhbandner, Stefan Homburg, Stefan Hockertz und ich wiesen Frau Priesemann in einem persönlichen Brief auf diese Sachverhalte hin. Nach einigem hin und her gestand sie ihren Fehler durchaus ein und publizierte dies auch, allerdings in einem nicht indizierten und nicht peer-reviewten Blogroll von Science. Die ursprüngliche Publikation blieb aber unangetastet. Sie hätte aus unserer Sicht eigentlich zurückgezogen werden müssen, weil sie ein wichtiges Kriterium für „retraction" erfüllt: sie ging von falschen Daten aus. Wir haben unsere Kritik und Einsichten schließlich auf Einladung eines anderen Editors – nachdem mehrere Journals die Publikation unserer Analyse abgelehnt hatten – zur Publikation eingereicht und sie erscheint nun zwei Jahre nachdem die originale Analyse ihren Schaden angerichtet hat (Kuhbandner et al. 2022). Auch Analysen von Wieland zeigen, dass es eine Fehlwahrnehmung ist, die der Meldeverzögerung geschuldet ist, dass die politischen Maßnahmen etwas bewirkt hätten (Wieland 2020). Das zeigten in der Folge auch mehrere andere Studien (Bendavide et al. 2021; De Larochelambert et al. 2020). Aber auch hier wieder war die Wahrnehmungsverzerrung in Richtung Angst so groß, dass diese potenziell entlastenden Informationen, alle beruhend auf kompetenten Analysen von Zahlen, nicht mehr wahrgenommen wurden. Im Gegenteil: die Autoren solcher Analysen wurden sogar von sogenannten „Faktencheckern" verunglimpft.

4   Fazit

Im Grunde hätte man gegen Ende 2020 konstatieren können: Nun, wir haben uns irgendeinen neuartigen, nicht ganz ungefährlichen Erreger eingefangen. Der ist aber vor allem für ganz bestimmten Personengruppen gefährlich. Die sollten wir uns genauer ansehen und versuchen zu charakterisieren und zu schützen. So hätte aus meiner Sicht eine informierte und rationale Reaktion auf die Pandemie irgendwann gegen September, Oktober 2020 ausgesehen. Stattdessen schickte die Exekutive wieder ein ganzes Land in den Lockdown. Basierend auf welchen Daten? Wiederum: gestützt auf Zahlen, aber sehr schlechte. Wir sehen: Zahlen sind keine Unschuldslämmer. Zahlen, Messgrößen, Analysewerte sind genauso konstruiert wie andere Wahrnehmungen. Das heißt nicht, dass sie falsch sind. Es heißt aber, dass sie nicht dekontextualisiert betrachtet werden können. Jede Zahl ist wie ein Lied zu einer Melodie. Die Melodie transportiert die Emotion, die Bedeutung. Und auf sie kommt es an.

Weiterführende Literatur

Desmet, M. (2022). The Psychology of Totalitarianism. London & White River Junction VT: Chelso Green.

Klement, R. J. (2020). The SARS-CoV-2 crisis: A crisis of reductionism? Public Health, 185, 70–71.

Klement, R. J., & Bandyopadhyay, P. S. (2020). The Epistemology of a Positive SARS-CoV-2 Test. Acta Biotheoretica(Sept 4), 1–17. https://doi.org/10.1007/s10441-020-09393-w.

Klement, R. J., & Walach, H. (2022a). Identifying factors associated with Covid-19 related deaths during the first wave of the pandemic in Europe. Frontiers in Public Health, 6th July 2022. https://doi.org/10.3389/fpubh.2022.922230.

Klement, R. J., & Walach, H. (2022b). Is the Network of World Economic Forum Young Global Leaders Associated With COVID-19 Non-Pharmaceutical Intervention Severity? Cureus, 14(10), e29990. https://doi.org/10.7759/cureus.29990

Walach, H., Klement, R. J., & Aukema, W. (2021). The Safety of COVID-19 Vaccinations – Should We Rethink the Policy? Science, Public Health Policy, and the Law, 3, 87–99. https://www.publichealthpolicyjournal.com/general-5.

Walach, H., Ofner, M., Ruof, V., Herbig, M., & Klement, R. J. (2022). Why do people consent to receiving SARS-CoV2 vaccinations? A Representative Survey in Germany. BMJ Open, 12(8), e060555. https://doi.org/10.1136/bmjopen-2021-060555.

Schlaglicht: Verantwortung – evidence-based policy oder policy-based evidence

Wolfgang Meyer

Verantwortung: evidence-based policy oder policy-based evidence?

Indikatoren sind wesentliche Teile des Monitorings und dienen in diesem Zusammenhang der politischen Steuerung auf verschiedenen Ebenen – vom lokalen Kleinprojekt bis zur globalen Governance. Sie sind ein Instrument zur Produktion von Daten als Grundlage für rationale Entscheidungen und ermöglichen so eine „evidence-based policy" (Pawson 2002). Die grundlegende Idee eines solchen Konzepts rationaler Politik besteht darin, dass politische Entscheidungsträger Indikatoren als Erhebungsinstrumente im Rahmen eines Monitoring- und Evaluationssystems einsetzen und so auf diese Weise ihre Instrumente in Richtung besserer positiver Wirksamkeit und Verringerung schädlicher Nebenwirkungen lenken können. Sie sind Element einer weitergehenden Rationalisierung modernen Verwaltungshandelns.

Ein solches Steuerungskonzept stellt einige Anforderungen an Indikatoren und ihren Einsatz. Erstens müssen Indikatoren auf der Grundlage der geplanten Zielsetzungen und der zu ihrer Erreichung eingesetzten Instrumente entworfen werden. Es muss ihnen eine „Programmtheorie" zugrunde liegen, also Annahmen über die mit den Maßnahmen zu erzielenden Wirkungen, die dann durch Evaluationen von Zeit zu Zeit auf den Prüfstand gestellt werden können. Diese Entwicklung einer solchen Programmtheorie und „objectively verifiable indicators", welche die Zielsetzungen auf jeder Ebene begleiten, geschieht mittlerweile routinemäßig

W. Meyer (✉)
Arbeitsgruppe Evaluation, Universität des Saarlandes, Saarbrücken, Deutschland
E-Mail: w.meyer@mx.uni-saarland.de

© Der/die Autor(en), exklusiv lizenziert an Springer Fachmedien Wiesbaden GmbH, ein Teil von Springer Nature 2023
J. Mörtel et al. (Hrsg.), *Indikatoren in Entscheidungsprozessen*,
https://doi.org/10.1007/978-3-658-40638-7_7

im Kontext der Programmplanung durch das „logical framework"-Verfahren (Sartorius 1991).

Zweitens muss ein die Implementierung der Maßnahmen begleitendes Monitoringsystem entwickelt werden, in dem Indikatoren den planmäßigen Fortschritt des Programms überwachen und somit eine Steuerung ermöglichen. Spätestens mit der technischen Revolution und der Dominanz von Maschinen in vielen Prozessen ist die Frage der Kontrolle und Überwachung des ordnungsgemäßen Betriebs in den Fokus geraten und hat zur Entwicklung einer Vielzahl technischer Indikatoren und entsprechender Messinstrumente in unterschiedlichen Bereichen geführt (vgl. Breising und Knosala 1997, als Beispiel für den Finanzbereich vgl. Rose 2006).

Drittens ist die Organisation der rechtzeitigen Bereitstellung von Informationen und deren adäquate, nicht von politischen Erwägungen beeinflusster Messung erforderlich. Ausgangspunkt sind hier die Bemühungen absolutistischer Herrscher, insbesondere Ludwig XIV und Friedrich des Großen, eine rational und objektiv arbeitende Zentralverwaltung aufzubauen, die ihnen die für ihre Machtausübung benötigten Informationen liefern und nicht von lokalen Fürsten oder Unterwürfigkeit der Datenverwalter gegenüber ihren Königen verzerrt werden können. Dies ist die Geburtsstunde der modernen Nationalstatistik, die bis heute durch Kontroll- und Prüfverfahren die möglichst korrekte Erfassung von Indikatoren insbesondere sozialökonomischer Natur anstrebt (vgl. Desrosières 2005).

Viertens schließlich muss die rationale Nutzung der Datengrundlage im Entscheidungsprozess gewährleistet werden. Auch hier gibt es eine Vielzahl von Schwierigkeiten, die im Kontext einer „evidence-based policy" überwunden werden müssen und teilweise die Frage der Indikatorennutzung betreffen. So betont z. B. die aktuelle Studie zur Datennutzung während der Covid-19 Pandemie das Fehlen geeigneter Steuerungsindikatoren (vgl. Kuhlmann et al. 2021, S. 31 ff.). Die amtliche Statistik hat sich zumindest in Deutschland von einer primär an der staatlichen Planung und den Steuerungsbedürfnissen der Regierungen orientierten Herrschaftsorganisation zu einer bürgerorientierten Serviceeinrichtung entwickelt und sich so auch in der Indikatorenentwicklung von den Steuerungsbedürfnissen entfremdet (vgl. Hölder und Ehling 1991).

Dies öffnet den Blick auf die politische Dimension des Prozesses des Indikatoreneinsatzes und der Datennutzung, welche die „policy-driven evidence" Produktion in den Mittelpunkt der Betrachtung stellt (vgl. z. B. Marmot 2004). Auch hier lassen sich drei verschiedene Problemfelder identifizieren:

Erstens ist die Erstellung von Indikatoren und die Produktion von Daten selbst ein politischer Prozess, d. h. sämtliche Daten werden auf der Grundlage von Gesetzen und Regulierungen erhoben. Dies impliziert eine gewisse Vorlaufzeit und eine vorausschauende gesellschaftliche Planung sowie den Willen, gesellschaftliche Entwicklungen aktiv zu gestalten. In Deutschland dominiert die Vorstellung, dass nur die Bereitstellung von Rahmenbedingungen und nicht die direkte Steuerung Aufgabe des Staats ist. Die Gestaltung eines gesellschaftlichen Steuerungssystems steht deswegen nicht auf der Agenda und an der Beseitigung von Datenmängeln durch Entwicklung angemessener Indikatoren wird nicht systematisch gearbeitet.

Zweitens erfolgt die Interpretation der Indikatoren und ihrer Daten vor dem Hintergrund ideologisch motivierter politischer Diskussionen und nicht neutral, mit dem Ziel der Findung einer optimalen Lösung. Zudem geschieht diese in Demokratien öffentlich und unterliegen dabei einer Eigendynamik, die nicht unbedingt der Logik einer rationalen Zielerreichung folgen muss (siehe zur Kommunikation in den Politikprozessen Jarren und Donges 2017, S. 197 ff.). Zwischen den verschiedenen Parteien und ihren unterschiedlichen Vorstellungen besteht hinsichtlich der Interpretation von Indikatoren kein Konsens, im Gegenteil löst dies häufig Konflikte und Diskussionen aus, bei denen die Indikatoren selbst infrage gestellt werden.

Drittens bestehen hinsichtlich der Nutzung von Indikatoren und Daten keine verbindlichen Vorgaben oder standardisierten Vorgehensweisen. Dementsprechend erfolgt die Nutzung eher sporadisch und wenn die Ergebnisse den Auffassungen der Entscheidungsträger nahekommen. Es besteht sogar die Möglichkeit, dass die Entscheidungsträger „Gefälligkeitsgutachten" in Auftrag geben und nur die von ihnen gewünschten Ergebnisse mittels hierfür geeigneter Indikatoren produziert werden. Diese „policy driven evidence" hilft zwar für die Steuerung wenig, unterstützt aber – solange der Prozess unbekannt bleibt – die Legitimation der Entscheidungen.

Nachhaltigkeitsindikatoren für den Energiebereich und ihre Grenzen

Rafaela Hillerbrand

1 Drei Probleme beim Gebrauch von Indikatoren

Der vorliegende Beitrag befasst sich mit Nachhaltigkeitsindikatoren für das Energiesystem. Dabei werden drei generelle Einschränkungen der Handlungsorientierung an Indikatoren herausgearbeitet und danach vorgeschlagen, wie diesen Rechnung getragen werden könnte.

Nachhaltigkeit ist zum Desiderat technologischer Entwicklungen geworden. So zielt auch die Energiewende auf eine nachhaltige Umgestaltung des Energiesystems in all seinen Facetten von Stromerzeugung, Verteilung und Anwendungen bis hin zu Wärmeversorgung und Mobilität. Die moderne Debatte um Nachhaltigkeit nahm ihren Ausgang im Brundtlandreport der 1980er Jahre. Ausgehend von diesem wurden für verschiedenste Anwendungsbereiche in den vergangenen Jahrzehnten ausgefeilte Sets von Nachhaltigkeitsindikatoren formuliert, so auch für das Energiesystem. Indikatoren sind hier weitverbreitet und vielfältig. Sie geben Hinweise auf die Nachhaltigkeit von Geräten für den Endverbraucher oder auf das ganze Energiesystem. Letzteres wird oftmals auf Ebene von Nationalstaaten bewertet, und die Indikatoren geben typischerweise den Anteil an erneuerbaren Energiequellen an oder, insbesondere in ökonomisch weniger entwickelten Regionen, den Anteil der Bevölkerung, der ausreichend Zugang zu sauberer Energie hat.

R. Hillerbrand (✉)
Karlsruher Institut für Technologie (KIT), Karlsruher, Deutschland
E-Mail: rafaela.hillerbrand@kit.edu

J. Mörtel et al. (Hrsg.), *Indikatoren in Entscheidungsprozessen*,
https://doi.org/10.1007/978-3-658-40638-7_8

Einige weitverbreitete Indikatoren werden im Folgenden kurz vorgestellt (Abschn. 2). Ein erstes zentrales Defizit dieser Indikatoren besteht in der fehlenden Artikulation dessen, worin Nachhaltigkeit genau besteht. Somit suggerieren gerade einfache Indikatorensysteme mit wenigen Indikatoren, wie sie insbesondere für politische Entscheidungen hilfreich sind, eine Vergleichbarkeit von eigentlich inkommensurablen Werten. So werden etwa in herkömmlichen Nachhaltigkeitsbewertungen ökologische Implikationen wie die Folgen von CO_2-Emissionen in monetären Einheiten ausgedrückt. In Abschn. 3 wird skizziert, wie Abhilfe geschaffen werden kann, indem der aggregierte Nachhaltigkeitsbegriff auf eine individualistische Basis gestellt wird. Die verwendeten Indikatoren sollten sich damit nicht in aggregierten Größen erschöpfen, sondern um andere Bewertungskriterien ergänzt werden. Ein weiteres Defizit typischer Anwendungen von Indikatorensystemen im Energiebereich ist die unzureichende Berücksichtigung der Unsicherheiten in den erhobenen Daten sowie die fehlende Einbeziehung des Kontexts. Am Beispiel von Batterien als Energiespeicher, die für die Wende zu einer stärker auf nachhaltigen Ressourcen wie Wind und Solar beruhenden Energieversorgung essenziell sind, wird illustriert, wie generische Unsicherheiten in der numerischen Erhebung der Indikatoren typische Indikatorensysteme unbrauchbar machen. Ähnlich wie in Abschn. 3 für eine individualistische Wende plädiert wird, soll in Abschn. 4 für eine stärker kontext-sensitive Analyse als möglicher Umgang mit dieser Herausforderung argumentiert werden.

Dieser Beitrag stellt somit die Notwendigkeit von zwei Wendungen in der indikatorengestützten Entscheidungsfindung heraus: Zum einen eine individualistische Wendung, zum anderen eine kontext-sensitive Wendung. Dabei ist der Begriff der Wendung hier nicht als *Kehrt-* oder gar *Ab*wendung zu verstehen, sondern als Korrektiv im Sinne einer stärkeren Hinwendung. Auch wenn dieser Beitrag die Probleme einer rein indikatorenbasierten Entscheidungsfindung in den Vordergrund stellt, soll das nicht darüber hinwegtäuschen, dass Indikatoren wertvolle Informationen liefern, sowohl für die politische (etwa Ausstieg aus der Kernenergie – ja oder nein?), als auch für die individuelle Entscheidungsfindung (welche Waschmaschine kaufe ich?). Es gilt, nicht hinter die bereits existierenden Standards zurückzufallen und den Wert von Indikatoren bei Entscheidungssystemen in Abrede zu stellen; vielmehr soll gezeigt werden, dass die Konsequenzen einer zu starken Generalisierung und die Vernachlässigung individueller und kontext-sensitiver Aspekte dem ursprünglichen Anliegen, Nachhaltigkeit zu fördern oder auch nur messbar zu machen, entgegenstehen.

Dieser Beitrag fokussiert auf Indikatoren für nachhaltige Energiesysteme. Gerade im Energiebereich und dem angrenzenden breiteren Umweltbereich ist die Indikatorenbildung sehr weit verbreitet und differenziert. Daher kann das, was hier für Nachhaltigkeitsindikatoren im Energiesystem argumentiert wird, auch auf andere Indikatorensysteme übertragen werden.

2 Indikatoren für eine nachhaltige Energieversorgung

Nachhaltigkeit im Energiesektor wird oftmals mit ökologischer Nachhaltigkeit gleichgesetzt und hier z. T. noch enger gefasst, nämlich allein auf den Treibhauseffekt bezogen. Hier sind auf der Ebene politischer Entscheidungen Indikatoren wie der CO_2-Fussabdruck wichtige Kenngrößen, um etwa die Energiewende voranzutreiben. Bei individuellen Kaufentscheidungen sollen Kenngrößen zur Energieeffizienz wie z. B. die Energieverbrauchskennzeichnung der EU, die u. a. Elektrogeräte auf eine Skala der Energieeffizienzklassen absteigend von „A" bzw. „A+++" bis „G" einordnet, nachhaltige im Sinne von energieeffiziente Kaufentscheidungen ermöglichen. Aber selbst diese zunächst sehr einfach erscheinenden Indikatoren, die sich allein auf Energieeffizienz oder Treibhauspotential beziehen, sind weder was ihre Definition noch ihre Messung angeht, einfach oder frei von Problemen. Das Treibhausgaspotential etwa wird in Äquivalenten eines Gases, CO_2, angegeben, dessen genaues Treibhauspotential in allen Details gar nicht bekannt ist. Die EU-Energieverbrauchskennzeichnung bezieht sich nur auf den Stromverbrauch beim Betrieb des Gerätes; weder die Haltbarkeit noch der Energieverbrauch bei der Herstellung des Gerätes gehen hier mit ein. Auch fehlen wichtige Vorgaben, die eine Vergleichbarkeit, wie sie die Klassifizierung suggeriert, überhaupt erst ermöglichen. So lassen sich etwa bei Fernsehgeräten ein unrealistisch niedriger Energieverbrauch erzielen, da nicht vorgegeben ist, wie hell der Bildschirm beim angegebenen Energieverbrauch eingestellt sein muss. Dieses Problem kennt man auch aus dem Mobilitätssektor, etwa wenn der Abgasausstoß eines Fahrzeuges in der EU mit unrealistischen Fahrbedingungen (z. B. keine Seitenspiegel) ermittelt wird.

Diese und ähnliche Schwierigkeiten können im Prinzip durch bessere Indikatoren und genauere Regulierung der Kennzahlenerhebung behoben werden. Und dies ist sicher in Einzelfällen auch möglich und richtig. Das generelle Problem lässt sich so aber nicht beheben, da dies in allen Fällen und Details weder möglich noch sinnvoll ist.

2.1 Energy Indicators for Sustainable Development

Oft folgt man im Nachgang zum Brundtland-Bericht dem sog Drei-Säulen-Modell der Nachhaltigkeit. Hier werden drei gleichberechtigte Säulen unterschieden, die zusammen das Gerüst der Nachhaltigkeit bilden: eine ökologische, eine ökonomische und eine soziale Säule. Ein einflussreiches Indikatorenset, das hier im Kontext nachhaltiger Energie verwendet wird, wurde von der Internationalen Atomenergiebehörde (International Atomic Energy Agency, IAEA) im Jahr 2005 vorgeschlagen: die Energy Indicators for Sustainable Development, EISD.

Laut IAEA-Bericht sind „gute Gesundheit, hoher Lebensstandard, eine nachhaltige Wirtschaft und eine saubere Umwelt" die wichtigsten ethischen Werte, die es bei einer nachhaltigen Energieversorgung zu berücksichtigen gilt. Auf Basis dieser ethischen

Werte stellt der Bericht 30 Nachhaltigkeitsindikatoren vor, die in drei *Dimensionen* eingeteilt und den drei Säulen der Nachhaltigkeit zugeordnet werden. Innerhalb dieser Dimensionen oder Säulen werden verschiedene *Themen* identifiziert, wie z. B. in der sozialen Säule das Thema „Gerechtigkeit". Den Themen sind außerdem *Unterthemen* zugeordnet, wie z. B. bei Gerechtigkeit „Accessability" und „Affordability" der Strom- und sonstigen Energieversorgung. Jeweils ein Unterthema wird in messbare *Indikatoren* übersetzt. So wird beispielsweise Affordability durch den Indikator „share of household income spent on fuel and electricity" charakterisiert.

Dabei gilt es zu beachten, dass die Indikatoren die Unterthemen nicht vollständig oder zufriedenstellend abbilden können: Die Unterthemen wie Accessability oder Affordability sind im besten Falle Proxies für das, was eigentlich interessiert, nämlich ob die Stromversorgung „gerecht" ist. Gerade bei Themen in der sozialen Säule handelt es sich, wie das Beispiel der Gerechtigkeit zeigt, oftmals um komplexe Konzepte, die i. d. R. nicht oder zumindest nicht primär mit numerisch bestimmbaren Kenngrößen gleichzusetzen sind. Durch Methodenblätter, die eine detaillierte Beschreibung der Indikatoren sowie praktische Anleitungen zu Methoden oder Fragen der Datenverfügbarkeit bieten, wird versucht, diesen Problemen in Teilen Rechnung zu tragen.

2.2 Sustainable Development Goals der Vereinten Nationen

Nachhaltigkeit umfasst mehr als nur Energie, aber Energie ist ein sehr wichtiger Bereich, wenn es um Nachhaltigkeit geht. Die sog. *Sustainable Development Goals* oder SDGs der Vereinten Nationen wurden 5 Jahre nach dem Brundtland-Report auf der Rio+20-Konferenz im Jahr 2012 beschlossen und prägen seither die Diskussionen um Nachhaltigkeit. Es handelt sich bei den SDGs um 17 Ziele (goals), von denen sich eines explizit auf Energie bezieht: „Ensure access to affordable, reliable, sustainable and modern energy for all". Wie alle anderen SDG-Ziele ist dieses wiederum unterteilt in verschiedene Targets: a) höhere Energieeffizienz, b) höherer Anteil erneuerbarer Energieträger sowie c) Zugang für alle zu „affordable and clean energy". Grob entsprechen die Goals und die Targets den Themen und Unterthemen der EISD und die Indikatoren sind Kenngrössen für die Targets. So wird der Zugang zu Energie durch zwei Indikatoren gemessen, nämlich dem Bevölkerungsanteil mit Zugang zu Strom, und dem Bevölkerungsanteil, der Zugang zu sauberer Energie hat.

3 Individuell anstelle von aggregiert

Obwohl die genannten Indikatorensets einen guten Anhaltspunkt für die Nachhaltigkeit von Energieumwandlungen bieten und gerade weil sie sehr detailliert sind, lassen sich an ihnen verschiedene generelle Kritikpunkte an Indikatorensets gut darstellen (siehe Hillerbrand in Taebi und Roeser). Hier sollen zwei Punkte herausgegriffen werden.

Der erste betrifft eine gewisse Beliebigkeit nicht nur bei der Anwendung der Indikatorensets, sondern auch der Auswahl der Indikatoren. Die genannten Indikatoren zu den sozialen Aspekten einer nachhaltigen Energieversorgung erscheinen alle plausibel, aber es ist fraglich, ob nicht andere Themen oder Unterthemen, wie etwa die Stabilität der Stromversorgung, gemessen z. B. in der Häufigkeit von Stromausfällen ab einer bestimmten räumlichen und zeitlichen Dimension hier nicht auch relevant sind. Eher prozedurale Aspekte (Basta 2012), wie z. B. die Teilhabe an regenerativen Kraftwerken (Hillerbrand und Goldammer 2017; Milchram et al. 2020) oder die Einflussnahme im Entscheidungsfindungsprozess für Standortentscheidungen (Stromleitung,/-mast, Kraftwerk) finden gar keine Berücksichtigung. Hieraus ergibt sich in der Praxis ein starker Fokus auf ökologische und insbesondere ökonomische Indikatoren (Vera et al. 2005).

Ein weiterer Kritikpunkt ist, dass es bei den Unterthemen und den Targets um Aspekte geht, die zwar instrumentell, aber nicht als solche wertvoll sind. Auch ist nicht klar, ob die Goals bzw. die Themen als intrinsisch wertvoll zu erachten sind. Selbst Nachhaltigkeit, als Wert verstanden, scheint nicht unbedingt an sich wertvoll zu sein (Sen 1992). Hierbei handelt es sich keineswegs um rein philosophische Spitzfindigkeiten, sondern es ist vielmehr von zentraler Relevanz: wenn nämlich auf Basis der Nachhaltigkeitsindikatoren Entscheidungen getroffen werden, müssen die unterschiedlichen, durch Indikatoren repräsentierten Unterthemen bzw. Targets gegeneinander abgewogen oder zumindest in Beziehung gesetzt werden. Die zentrale Frage ist, wie sich die unterschiedlichen Themen und Unterthemen in den drei Säulen dann gegeneinander verrechnen lassen. In der Praxis wird oftmals alles in monetäre Einheiten umgerechnet und somit auch nicht-monetäre und irreversible Umweltschäden in Geld aufgewogen.

Eine Möglichkeit, wie die verschiedenen Aspekte gegeneinander zu gewichten sind, ist es anzugeben, wie diese dazu beitragen, das, was an-sich-wertvoll ist, zu realisieren. Eine Möglichkeit ist der Blick in die Brundtland-Definition von Nachhaltigkeit, die Nachhaltigkeit als Generationengerechtigkeit bezogen auf Bedürfnisse *(needs)* fasst:

> "Sustainable development is development that meets the needs of the present without compromising the ability of future generations to meet their own needs"
> (WCED 1987, § 27).

Mit der Brundtland Formulierung von Nachhaltigkeit verknüpft sich der Nachhaltigkeitsdiskurs mit der Frage nach dem guten Leben. Die Frage nach dem An-Sich-Wertvollen wird zur Frage danach, welche Bedürfnisse es denn nun sind, die unbedingt erfüllbar sein müssen, denn nach der Brundtland Definition von Nachhaltigkeit können nicht alle nur denkbaren Bedürfnisse der jetzt und in Zukunft Lebenden berücksichtigt werden. Konzeptionen des guten Lebens sind zahlreich, ebenso die philosophischen Vorschläge hierzu. Grob lassen sie sich letztere in objektive und subjektive Ansätze gliedern. Beide werden als Basis für Nachhaltigkeitsdiskurse genutzt, beide haben aber gravierende Nachteile.

Objektive Konzeptionen des guten Lebens gehen davon aus, dass das, was gutes Leben auszeichnet, allen Menschen qua Menschsein gemeinsam ist. Dies scheint zum einen den Annahmen und der Erfahrung mit wertpluralen Gesellschaften zu widersprechen. Das ist insbesondere für den intern zu führenden Nachhaltigkeitsdiskurs problematisch, da eine nachhaltige Energieversorgung nur durch internationale Anstrengungen, die verschiedenste Kulturen mittragen, zu realisieren ist. Zum anderen besteht eine Kluft zwischen der Verfügbarkeit z. B. von objektiv nötigen (Rawlschen) Grundgütern für ein Individuum und dem, wie dieses Individuum von diesen Gebrauch machen kann, für ein individuell als gut empfundenes Leben. Die subjektivistischen Ansätze des guten Lebens greifen diese Frage auf und gehen davon aus, dass nur das einzelne Individuum wissen kann, worin ein gutes Leben für die jeweilige Person besteht. Damit sind Nachhaltigkeitsbewertungen auf Informationen darüber angewiesen, was für die Individuen denn jeweils ein gutes Leben darstellt. Und dort, wo man sie nicht befragen kann, macht man einen Umweg über tatsächliches oder simuliertes Kaufverhalten: „Wieviel wären Sie denn bereit, für eine „saubere" Energieversorgung zu bezahlen?" ist eine typische Frage. Diese Ansätze haben verschiedenste methodische Schwächen. So ist es etwa für einen validen Nachhaltigkeitsdiskurs nicht möglich, aus Äußerungen der jetzt Lebenden, alle relevanten Bedürfnisse von zukünftigen Generationen abzuleiten.

Der sog. Capability Ansatz (zu deutsch auch Verwirklichungschancen- oder Befähigungsansatz), wie ihn Amartya Sen und Martha Nussbaum entwerfen, wurde als eine Alternative zu objektiven und subjektiven Ansätzen des guten Lebens entworfen (z. B. Sen 1992) und wird als mögliche Grundlage für Nachhaltigkeit vorgeschlagen (z. B. Lessmann und Rauschmayer 2014; Burger und Christen 2011; Hillerbrand 2018). Das gute Leben besteht hier in der Verfügbarkeit von sog. „Capabilities" oder Verwirklichungschancen – etwa der Möglichkeit, ohne Hunger zu leben oder keinen vorzeitigen Tod zu erleiden. Die von Nussbaum (2006) vorgestellten Basic Capabilities sind für alle gleich, aber es bedarf individueller unterschiedlicher „Güter", um diese zu erreichen. Fahrzeuge ermöglichen für viele Mobilität; Menschen mit körperlicher oder geistiger Behinderung bedürfen aber besonderer Fahrzeuge oder anderer Unterstützung.

Der typische Gebrauch von Indikatorensets im Bereich der Nachhaltigkeit suggeriert die Vergleichbarkeit der einzelnen Komponenten. Im Gegensatz zu anderen Ansätzen der Fundierung des Nachhaltigkeitsdiskurses etwa durch Rekurs auf Menschenrechte oder nicht-anthropozentrische Konzeptionen erlaubt es die hier skizzierte Orientierung am Brundtland-Report, die verschiedenen Themen und Unterthemen bzw. verschiedene Goals und Targets erst miteinander in Beziehung zu setzen (etwa durch ihren Beitrag zur Ermöglichung von Capabilities.

4 Der Teufel im Kontext

Anstelle auf aggregierter Ebene von idealtypischen Personen auszugehen, zeigte der letzte Abschnitt, dass ein stärker individualistischer Begriff der Nachhaltigkeit gewisse Vorzüge bieten kann. In diesem Abschnitt soll dafür argumentiert werden, dass auch der breitere Kontext der Nachhaltigkeitsbewertung (eines konkreten technischen Artefakts oder Systems) zu berücksichtigen ist. Der alleinige Fokus auf objektiv erscheinende quantitative Kenngrößen täuscht leicht darüber hinweg, welche Herausforderungen bei der Erhebung der Daten bestehen. Dies soll am Beispiel der Nachhaltigkeitsbewertung von Batterien erläutert werden.

Bei der Energiewende hin zu einer vermehrten Nutzung von regenerativen Energie-formen stellen Batterien eine wichtige „Enabling Technology" dar. Da insbesondere Wind- und Sonnenenergie zeitlich nicht beliebig verfügbar sind und Stromverbrauch und -erzeugung damit zeitlich entkoppelt sind, bedarf es geeigneter Energiespeicher. Batterien sind als Energiespeicher sehr vielseitig und flexibel einsetzbar. Allerdings brachten vor mehr als einem Jahrzehnt NGOs das Bild von Batterien als Teil einer nach-haltiger Energiezukunft ins Wanken. Insbesondere die sozialen Aspekte beim Abbau von sog. Batteriemetallen wurden angeprangert. Kobalt etwa machte als „Blutdiamant der Energiewende" Schlagzeilen. Zwar wurden in Folge Kobalt-arme oder -freie Batterien entwickelt, aber ähnliche soziale Missstände wie Kinderarbeit und fehlende Schutz-kleidung und Arbeitnehmerrechte bestehen auch beim Abbau anderer Batteriemetalle wie etwa Lithium.

Neben den sozialen Implikationen des Abbaus von Batteriemetallen ist die Frage offen, wie eine ökologische Bewertung aussieht. Der hohe Wasserverbrauch beim Abbau sowie das (noch) fehlende Recycling schlagen hier negativ zu Buche. Auch der CO_2-Fussabruck über den Lebenszyklus einer Batterie ist ein wichtiger Faktor. Das ist vergleichbar mit Batterien im Auto: Da die Herstellung von Batterien den grössten Beitrag zum CO_2-Fußabdruck von Batterien liefert, ist das Elektroauto nur bei einer bestimmten Mindestnutzung des Fahrzeuges bezogen auf den CO_2- Ausstoß die bessere Alternative zu Benzin- oder Dieselmotor. Für den Einsatz von Batterien zur Strom-speicherung oder zur Stabilisierung der Netzfrequenz zeigt die Ökobilanzierung von Baumann et al. (2017), dass unterschiedliche Batterietypen einen unterschiedlichen öko-logischen Fußabdruck haben, je nach Art der Anwendung.

Ein Indikatorensystem ohne komplementäre Kontextinformation kann diese Kontext-sensitivität nicht abbilden. Dazu kommt noch ein weiteres Problem, nämlich dass die Indikatoren alle Unsicherheiten der Datenerhebung vernachlässigen, und beispielsweise auf den Median fokussieren. Die Ökobilanz von Baumann et al. (2017) zeigt deutlich, dass selbst eine vergleichbar einfache ökologische Nachhaltigkeitsbewertung wie die CO_2-Bilanz mit großen Unsicherheiten behaftet ist und diese je nach Anwendungs-kontext sehr unterschiedlich ausfallen können. Im gewählten Batteriebeispiel sind sie so hoch, dass keine eindeutig beste Speicheroption erkennbar ist. Der reine Fokus auf quantitative Messgrößen, bei denen gerne die Unsicherheiten zugunsten von Mittel-werten vergessen werden, ist hier überaus problematisch, da Unsicherheiten genauso wie Informationen zum Median oder Mittelwert zur wissenschaftlichen Analyse dazugehören und wichtige Informationen liefern (z. B. Hillerbrand 2013).

Dieser kurze Einblick in die Nachhaltigkeitsbewertung von Batterien zeigt, wie wichtig es ist, auch den Gebrauchskontext von Batterien in die (ökologische) Bewertung mit einzubeziehen sowie Unsicherheiten in der Analyse zu betrachten. Beide Aspekte lassen sich nur bedingt in Indikatorensystemen erfassen. Zwar können gerade mit Blick auf Nachhaltigkeit Indikatorensysteme helfen, bestehende Technologien in Grenzen mit alternativen Technologien zu vergleichen. Aber als alleinige Entscheidungsgrundlage sind Indikatorensysteme und die darin enthaltenen Kenngrößen unzureichend. Sinn-voll anwenden lassen sie sich im Energiekontext nur mit zusätzlichen Informationen über die Unsicherheiten in den hierbei zugrundeliegenden Daten sowie spezifischen Informationen zu der jeweiligen Situation. Dabei sind neben dem Gebrauch bzw. der Art der Nutzung des technischen Artefakts auch andere kontextabhängige Informationen wichtig. Das Artefakt ist niemals isoliert, sondern eingebunden in ein Netzwerk von anderen Technologien, Nutzern, usw. mit institutionellen und anderen Randbedingungen. Man spricht hier auch von einem sozio-technischen System (als Gegenüberstellung zum technischen Artefakt). Die Berücksichtigung des Kontextes erlaubt hier u. a. neben dem üblichen Vergleich von technischen Artefakten zur Realisierung einer nachhaltigeren Energiezukunft auch die Berücksichtigung von low- oder no-tech-Lösungen sowie der Einbeziehung von institutionellen Rahmenbedingungen.

5   Zusammenfassung

Zusammenfassend lässt sich festhalten, dass Indikatoren wichtige Informationen für politische, aber auch persönliche Entscheidungen bereitstellen können. Aber eine rationale Entscheidung muss diese zum einen um kontextuelle Informationen ergänzen und muss Unsicherheiten in den Messgrößen adäquat Rechnung tragen. Zum anderen kann, wenn es sich um eine ethische oder ethisch motivierte Entscheidung handelt, das potenziell von der Entscheidung betroffene Individuum nicht auf rein statistische Kenngrößen reduziert werden. Würden diese Aspekte unberücksichtigt bleiben, dann würden beispielsweise die sozialen Folgen des Batteriemetallabbaus heute, egal wie desaströs und unmenschlich sie sein mögen, immer kaum zu Buche schlagen, im Ver-gleich zu den (z. T.) unsichereren Implikationen einer Klimaerwärmung innerhalb der Abwägung intergenerationaler Gerechtigkeitsaspekte. Indikatorensysteme können also nicht unbesehen übernommen oder angewendet werden, sondern sind kritisch zu hinter-fragen. Dann erschließt sich auch, wie die EU aufgrund des gleichen Indikatorensets zwei so unterschiedliche Technologien wie Kernenergie und Erdgas in der neuen Taxonomie beide als nachhaltig einstufen kann.

3-Säulen-Modell-der Nachhaltigkeit

Nachhaltigkeit wird gemeinhin in drei Dimensionen unterschieden: eine ökologische, eine ökonomisch und eine soziale Dimension. Um deutlich zu machen, dass es sich hier um gleichberechtigte Aspekte handelt, wird für die verschiedenen Dimension der Begriff „Säule" verwendet und dieses dreigliedrige Nachhaltigkeitskonzept als Dreisäulenmodell bezeichnet. Dieses Konzept ist in den 90er Jahren entwickelt worden und findet seitdem in der der praktischen Anwendung der Nachhaltigkeitsdiskussion eine breite Rezeption und Anwendung. Dabei schließt der Begriff „Säule" nicht aus, dass gewisse Teilaspekte und damit Indikatoren in mehreren Säulen relevant sind. So sind etwa die Arbeitsplätze, die durch eine Technologie geschaffen werden, in der sozialen wie der ökonomischen Säule relevant. Ein Bild der überlappenden Dimension von Nachhaltigkeit veranschaulicht dies.

Weiterführende Literatur

Reitinger, C., M. Dumke, M. Barosevcic, & R. Hillerbrand. 2011. A conceptual framework for impact assessment within SLCA. *The International Journal of Life Cycle Assessment* 16(4):380–388. https://doi.org/10.1007/s11367-011-0265-y.

Kopfmüller, J. 2021, Nachhaltigkeitsbewertung. In A. Grunwald & R. Hillerbrand (Hrsg.), *Handbuch Technikethik* (S. 482–487). Stuttgart: J.B.Metzler. https://doi.org/10.1007/978-3-476-04901-8_92.

Hák, T., S. Janoušková, & B. Moldan. 2016. Sustainable Development Goals: A need for relevant indicators. *Ecological Indicators* 60:565–573. https://doi.org/10.1016/j.ecolind.2015.08.003.

Schlaglicht: Silo-Denken und System-Denken

Wolfgang Meyer

Silo-Denken und System-Denken

Unter System-Denken wird die Beschäftigung mit Phänomenen unter Einbeziehung aller ihrer (Wechsel-)Beziehungen im komplexen Zusammenhang verstanden. Es basiert auf der universellen Systemtheorie, die disziplinübergreifend arbeitet und ein allgemeines Verständnis von der Funktionsweise von Systemen entwickelt hat (siehe als Einführung Meadows 2008; in der Soziologie war vor allem Luhmann 1984 prägend). Ein System besteht aus einzelnen Elementen, die über verschiedene Kanäle miteinander verknüpft Leistungen austauschen und durch gemeinsame Ordnungen in einem genau abgegrenzten Rahmen geregelt sind. Die Leistungen zirkulieren innerhalb des Systems, welches sich gegen äußere Störungen abschirmt und über die Zeit weitgehend stabil bleibt. Beispiele finden sich in Natur (z. B. der Blutkreislauf), Technik (z. B. die Energieversorgung), Wirtschaft (z. B. die Handelsströme) und in der Gesellschaft (z. B. die Freundschaftsbeziehungen). Das Grundprinzip dieser Denkweise ist, dass das Ganze mehr ist als nur die Summe seiner Teile. Dementsprechend lässt sich ein System auch nicht durch ein Einzelelement abbilden.

Allerdings stehen in Systemen manchmal einzelne Teile zu Unrecht allein im Zentrum. In der Organisationsforschung z. B. wird mittlerweile die Verselbständigung einzelner Abteilungen und die Herausbildung eines Abteilungsbewusstseins unter dem Begriff des Silo-Denkens diskutiert (vgl. Trachsel und Fallegger

W. Meyer (✉)
Arbeitsgruppe Evaluation, Universität des Saarlandes, Saarbrücken, Deutschland
E-Mail: w.meyer@mx.uni-saarland.de

J. Mörtel et al. (Hrsg.), *Indikatoren in Entscheidungsprozessen*,
https://doi.org/10.1007/978-3-658-40638-7_9

2017). Im Unterschied zum System-Denken – in diesem Fall dem Denken als Gesamtunternehmen – beschränkt sich das Silo-Denken auf ein Teilelement der Gesamtorganisation und dies wird durch bestimmte Unternehmensstrategien oder -kulturen, Abrechnungssysteme oder das Performance Measurement verursacht. Als Folge konzentrieren sich das Denken und die Aktivitäten der Abteilung auf ihre eigenen Ziele und sie verlieren das Ganze aus dem Blick.

Indikatoren können eine solche Entwicklung begründen, wie das Beispiel mit dem „Performance Measurement" zeigt. Entscheidungen zu Messzielen und den hierfür eingesetzten Indikatoren können zu einer Verengung des Blicks auf bestimmte Organisationsteile oder Themenfelder führen. Letztlich gilt, dass auf der kollektiven Ebene nur wahrgenommen wird, was auch gemessen wird (vgl. hierzu die Leitfunktion von Regeln für das organisatorische Lernen bei Schulz und Beck 2002). Auf der organisatorischen Ebene muss Lernen durch Management-instrumente organisiert und dieses Wissen dem organisatorischen Handeln aktiv bereitgestellt werden. Dieser Prozess führt zu Selektionseffekten und damit Grenzen der Wahrnehmung. Dies gilt selbstverständlich auch auf gesamt-gesellschaftlicher Ebene, allerdings mit der verstärkenden Wirkung, dass eine öffentliche Rechtfertigung der getätigten Investitionen und damit eine weitere Vereinfachung der Kommunikation über Indikatoren notwendig wird (vgl. aus Unternehmenssicht Theis-Berglmair 2007). In der öffentlichen Diskussion ist ein komplexes, alle Teilaspekte eines Systems erfassendes Indikatorensystem als Bot-schaft schwer vermittelbar (vgl. Burkart 2019).

Die öffentliche Kommunikation über Indikatoren ist deshalb zumeist im Silo-Denken gefangen und kann die Komplexität gesellschaftlicher Systeme nicht erfassen. Ein Beispiel ist gegenwärtig die Diskussion zum Klimawandel, die sich zumeist auf die Verringerung der Kohlendioxidemission als Ultima Ratio der Klimapolitik beschränkt und damit die Komplexität des Klimasystems auf einen einzigen Indikator reduziert. Wenn allerdings politische Maßnahmen ebenfalls auf diesen einen Indikator als Leitkriterium beschränkt werden, weil dies öffentlich leichter zu rechtfertigen ist, dann gerät die politische Steuerung in ein Dilemma und kann keine systembezogenen Wirkungen entfalten.

Wirkungspotenziale von Forschung und Entwicklung bewerten: Ein theoriebasiertes und multidimensionales Kriterien-Set

Andrea Moser und Birge Wolf

1   Einführung und Problemstellung

Das Anliegen der Forschungspolitik, dass Forschung und Entwicklung für die erhaltenen öffentlichen Fördermittel einen Benefit an die Gesellschaft zurückgeben sollen, ist nicht neu. In den vergangenen Jahrzehnten war dieses vornehmlich auf Innovationen mit sozio-ökonomischen Zielen ausgerichtet (Godin und Doré 2004; Muhonen et al. 2019). Vor dem Hintergrund großer gesellschaftlicher Herausforderungen hat sich der Fokus jedoch auf Innovationen und effektive Lösungen zur Transformation der Gesellschaft erweitert (Krause und Schupp 2019; Krainer und Winiwarter 2016). Ein Wandel des Wissenschaftssystems und seiner Institutionen hin zu mehr Anwendungsorientierung und Beiträgen zu gesellschaftlichen Herausforderungen wird vielfältig diskutiert (vgl. Schneidewind 2015; Wissenschaftsrat 2015 sowie 2020).

Innerhalb dieser Entwicklung werden Forschungsförderprogramme immer stärker thematisch auf die gesellschaftliche Transformation einer nachhaltigen Entwicklung und entsprechende Wirkungen ausgerichtet (u. a. Horizon Europe[1], BMBF-Förderprogramm

---

[1] Forschungs- und Innovationsförderung der EU bis 2027 (https://ec.europa.eu/info/research-and-innovation/funding/funding-opportunities/funding-programmes-and-open-calls/horizon-europe_en).

A. Moser (✉) · B. Wolf
Universität Kassel, Kassel, Deutschland
E-Mail: andrea.moser@asg-goe.de

B. Wolf
E-Mail: birge.wolf@uni-kassel.de

© Der/die Autor(en), exklusiv lizenziert an Springer Fachmedien Wiesbaden GmbH, ein Teil von Springer Nature 2023
J. Mörtel et al. (Hrsg.), *Indikatoren in Entscheidungsprozessen*,
https://doi.org/10.1007/978-3-658-40638-7_10

FONA[2]). Damit einhergehend ist auch der Bedarf für Evaluation des gesellschaftlichen Beitrags von Forschung mit geeigneten Methoden stetig gestiegen.

In unterschiedlichen Disziplinen werden Bewertungsansätze und Instrumente für Societal Impact Assessments entwickelt (Smit und Hessels 2021). Einige Ansätze werden bereits breit angewendet, z. B. in der nationalen Bewertung von Forschungsein-richtungen im REF[3] in Großbritannien und im SEP[4] in den Niederlanden. Gleichzeitig weisen zahlreiche Autor:innen darauf hin, dass es nach wie vor an geeigneten theoretisch basierten Evaluationsansätzen und -verfahren fehle (ebd. Smit und Hessels 2021; Lesjak und Dusan 2019; Bornmann und Marx 2014).

Der vorliegende Beitrag beschreibt eine in dem Projekt SynSICRIS[5] entwickelte Herangehensweise für die Bewertung gesellschaftlicher Wirkungen von Forschung und Entwicklung. In einem ersten Schritt wird dafür definiert, welcher Gegenstand inner-halb bestehender Grenzen bewertet werden kann (2). In einem zweiten Schritt werden bestehende Konzepte zusammengestellt, die für den definierten Bewertungsgegenstand geeignet sind (3). Es folgt die Zusammenführung in einem eigenen Kriterien-Set für die Bewertung anwendungsorientierter Forschung im Agrar-, Umwelt- und Ernährungs-bereich (4). Die Schlussbemerkung fasst die Ausführungen zusammen (5).

2   Bewertungsgegenstand definieren – Grenzen der Wirkungsbewertung berücksichtigen

Für eine Evaluation ist die Definition des Bewertungsgegenstands grundlegend (Stock-mann 2011). Dies macht es erforderlich, abzustecken, was tatsächlich bewertet werden kann, und den spezifischen Kontext sowie die Grenzen der Wirkungsbewertung zu berücksichtigen (Müller und Wolf 2017).

Ein grundlegendes Merkmal von Forschung und Entwicklung ist ihre Ergebnisoffen-heit. Sie findet vorwiegend in öffentlich geförderten Forschungsprogrammen statt und ist an deren Förderbedingungen gebunden. Innerhalb von Projekten sind der zeitliche, finanzielle und thematische Rahmen sowie die miteinander kooperierenden Projekt-partner klar definiert und eingegrenzt.

---

[2] Forschung für Nachhaltigkeit (https://www.fona.de).

[3] Research Excellence Framework (https://www.ref.ac.uk/)

[4] Standard Evaluation Protocol (https://www.universiteitenvannederland.nl/en_GB/sep-eng.html).

[5] Das anwendungsorientierte Forschungsprojekt SynSICRIS (Synergies for Societal Impact in Current Research Information Systems) entwickelt einen Weg, Beiträge von Forschung und Ent-wicklung zur Transformation der Gesellschaft zu erfassen, sichtbar und bewertbar zu machen. Das Verbundprojekt arbeitet mit zwei Projektpartnern an der Universität Kassel an einem software-basierten Monitoring-Tool sowie einem multidimensionalen Kriterien-Set.

Die Innovationssysteme oder gesellschaftlichen Transformationsprozesse, in denen Forschung und Entwicklung eine Wirkung erzielen sollen, sind komplex, da sie von Akteurskonstellationen und rechtlichen, wirtschaftlichen und gesellschaftlichen Rahmenbedingungen abhängen (Koschatzky et al. 2016; Wanzenböck et al. 2020). In diesem Kontext sind die auch aus anderen Feldern bekannten Grenzen der Wirkungsbewertung besonders bedeutsam:

- Gesellschaftliche Wirkungen können vielfältig sein. Zudem bestehen Unsicherheiten in Bezug auf ihre Messbarkeit, da Kriterien und entsprechende Indikatoren kaum zur Verfügung stehen, insbesondere für „weichere Wirkungen" (Schuck-Zöller et al. 2017; Andes 2019, S. 2).
- Es besteht ein erheblicher time-lag für die Entwicklung gesellschaftlicher Wirkungen.
- Der Einfluss von Forschung und Entwicklung auf die Entstehung von gesellschaftlichen Wirkungen ist aufgrund ihrer Ergebnisoffenheit und der genannten Rahmenbedingungen in komplexen Innovationssystemen begrenzt. Deshalb können kausale Ursache-Wirkung-Zusammenhänge kaum abgebildet werden (Stockmann 2011). Zudem ist der Evaluationsstandard der Fairness zu berücksichtigen (Noltze und Leppert 2018).

Aus dieser Betrachtung sind als geeigneter Bewertungsgegenstand Leistungen von Forschungs- und Entwicklungsprojekten in den Mittelpunkt zu stellen, die dazu beitragen, dass gesellschaftliche Wirkungen wahrscheinlicher werden. Dabei wird besonders das Zusammenwirken aller Beteiligten am Aufbau eines Wirkungspotenzials berücksichtigt.

3 Kernpunkte und zentrale Konzepte für die Bewertung gesellschaftlicher Leistungen

Für die Bewertung, durch welche Leistungen von Forschung und Entwicklung gesellschaftliche Wirkungen wahrscheinlicher werden, bieten Konzepte aus der transdisziplinären Forschung, dem Diskurs um reflexive und verantwortungsvolle Forschung, aus der Technikfolgenabschätzung, der Innovationsforschung sowie der Nachhaltigkeitsforschung vielfältige Ansätze.

Aus der Auseinandersetzung mit diesen Ansätzen wurden folgende Kernpunkte identifiziert:

- Aktivitäten und Interaktionen mit Partnern und Akteursgruppen im Forschungs- und Innovationsprozess
- Verantwortung und Reflexivität
- Zugänglichkeit und Verbreitung
- Umsetzung von Forschungsergebnissen in Lösungen, Innovationen und Veränderungen

- Anwendbarkeit und Lösungspotenzial (Qualität der Lösung)
- Kompetenzentwicklung im Innovationssystem
- Beiträge zu nachhaltiger Entwicklung

3.1 Aktivitäten und Interaktionen

Der Zusammenhang zwischen den Aktivitäten der Forschenden und der Entwicklung von Wirkungen wird in vielfältiger Hinsicht erforscht und konzeptioniert.

Spaapen und van Drooge (2011) benennen produktive Interaktionen mit dem Feld, in dem Wirkungen erreicht werden sollen, als Grundvoraussetzung dafür, dass gesellschaftliche Wirkungen entstehen. Als produktive Interaktionen sind alle Aktivitäten für Austausch und Transfer zu verstehen. Unterschieden werden direkte Interaktionen (z. B. Workshops), indirekte Interaktionen (z. B. Leitfäden) und finanzielle Interaktionen (z. B. Kofinanzierung). Als produktiv werden sie eingeschätzt, wenn Stakeholder Interesse zeigen, Forschungsergebnisse zu nutzen.

Transdisziplinäre Forschung hat zum Ziel, umsetzbare Lösungen für realweltliche, komplexe Probleme zu entwickeln. Dafür wird Wissen aus verschiedenen Disziplinen sowie den betroffenen Akteursgruppen und Stakeholdern aus dem Handlungsfeld einbezogen. Somit wird der Forschungsprozess von einem linearen Prozess von der Forschung zur Wissensverbreitung zwischen einem aktiv Forschenden und einem passiv Nutzenden erweitert zu einer Co-Creation von Wissen auf Augenhöhe.

Transdisziplinäre Forschung fokussiert dabei auf Qualitätsmerkmale, die dazu beitragen, umsetzbare Lösungen zu entwickeln und eine Übernahme in die Praxis zu fördern. Dazu gehören:

- Beteiligung aller notwendigen Disziplinen und Handlungsfelder zur Lösung des Problems, gezielte und begründete Auswahl, welches Wissen integriert wird
- Partizipation von der Problemkonstitution bis zur Lösungsentwicklung (Zeitspanne)
- Intensität der Beteiligung (passend zur Problemlage und den Akteursgruppen)
- Gezielte Methoden für die Wissensintegration und Partizipation (u. a. Interessensklärung, Rollenverständnisse, soziale und kommunikative Prozessgestaltung, Verantwortlichkeiten)
- Rückkopplungs- und Validierungsprozesse (Rekursivität), in denen Ergebnisse regelmäßig überprüft werden.
- Berücksichtigung von Rahmenbedingungen:
  - Vorgeschichte des Projektes hinsichtlich Problemkontext und bisheriger Lösung sowie Zusammenarbeit der Akteure
  - Gegenwärtige Rahmenbedingungen, z. B. Heterogenität der Akteure in den Handlungslogiken, Förderbedingungen, rechtliche und politische Rahmenbedingungen

– Adaptivität für sich während des Projektes ändernde Rahmenbedingungen
  (Siehe dazu u. a. Bastow et al. 2014, S. 113–115; Belcher et al. 2016, 2021; Berg-
  mann et al. 2010; Krainer und Winiwarter 2016; Lux et al. 2019; Jahn et al. 2021;
  Lang et al. 2012).

3.2 Verantwortung und Reflexivität

Konzepte zu verantwortlichen und reflexiven Forschungs- und Innovationsprozessen
heben hervor, welche Werte in diesen aktiv reflektiert und in Handlungen umgesetzt
werden sollten, um die gesellschaftliche Relevanz und Anschlussfähigkeit von
Forschung und Innovation zu erhöhen (vgl. von Schomberg 2011). Verantwortung und
Reflexivität von Forschung im Sinne von Responsible and Reflexive Innovation (RRI) ist
dabei nicht als Beschränkung der Freiheit von Forschung und Entwicklung zu verstehen.
Sie dient vielmehr dazu, qualitativ hochwertige Ergebnisse zu erzielen. Ihre zentralen
Merkmale sind:

- Die bewusste Ausrichtung auf einen sozialen oder ökologischen Nutzen
- Die konsequente und dauerhafte Einbindung gesellschaftlicher Akteursgruppen und
  Stakeholder vom Beginn bis zum Ende des Forschungs- und Innovationsprozesses
- Die Sicherung der Forschungsintegrität im Sinne der guten wissenschaftlichen Praxis
  und wissenschaftlichen Redlichkeit
- Offenheit und Transparenz
- Die Reflexion von Geschlechtergerechtigkeit, die einbezieht, dass die Bedarfe und
  Bedürfnisse an Forschung und Entwicklung geschlechterspezifisch sehr unterschied-
  lich sein können
- Die Bewertung und effektive Priorisierung sozialer, ethischer und ökologischer
  Auswirkungen, Risiken und Chancen, sowohl jetzt als auch in der Zukunft. Dies
  beinhaltet:
  – Die Analyse des Forschungsvorhabens hinsichtlich ethischer Aspekte umfasst
    Fragen, die das Dürfen und Sollen betreffen (z. B. Umgang mit Tierversuchen,
    Einhalten des Vorsorgeprinzips).
  – Die Technikfolgenabschätzung mit Fokus auf die spezifischen Beiträge zur
    gesellschaftlichen Gestaltung technologischer Innovationen, um die gesellschaft-
    liche Anschlussfähigkeit zu verbessern.
  (Siehe dazu u. a. Coenen et al. 2018; European Commission 2014 sowie 2018;
  Fiedeler und Nentwick 2009; Kurtze und Wehrmann 2016; Sutcliffe 2011; von
  Schomberg 2011).

3.3   Zugänglichkeit und Verbreitung

Bestandteil der bereits vorgestellten Konzepte aus der transdisziplinären Forschung und zur RRI sowie im Wissenstransfer und in der Wissenschaftskommunikation ist zudem die Frage, wie und für wen Ergebnisse aufbereitet, zugänglich gemacht und verbreitet werden. Dabei geht es sowohl um die unbeschränkte Zugänglichkeit (Open Access) als auch um aktiven Wissenstransfer.

Open Access, also der unbeschränkte und kostenlose Zugang zu wissenschaftlicher Information über das Internet für alle Menschen an jedem Ort, schafft die Grundlagen für Offenheit, Transparenz und Nachnutzbarkeit wissenschaftlicher Erkenntnisse (Herb 2012). Open Access und in der Folge Open Data, Open Science und Open Innovation sind zunehmend in der Diskussion, vor allem im Hinblick auf die Stärkung von Innovationssystemen (vgl. Frietsch et al. 2018), und haben Eingang in die Förderbedingungen öffentlicher Programme und politischer Maßnahmen erhalten (z. B. Horizon Europe[6], Koalitionsvertrag Deutschland[7]).

Aktiver Wissenstransfer umfasst den gezielten Transfer der Ergebnisse an eine oder mehrere spezifische Zielgruppen und trägt damit im Besonderen zur Steigerung des gesellschaftlichen Wirkungspotenzials bei. Die im folgenden aufgeführten Voraussetzungen und Maßnahmen sind zentrale Merkmale von aktivem Wissenstransfer und können in der Bewertung herangezogen werden:

- Wissenschaftliches Wissen ist i. d. R. nicht sofort nutzbar. Erst durch „chains of translation" im Sinne von Übertragungs- und Aufbereitungsschleifen, gestaltet durch unterschiedliche Akteure gelangt es in die Nutzung.
- Entsprechend ist somit nicht nur die Identifikation der Zielgruppen im Sinne der Nutzenden erforderlich, sondern auch die sogenannter Vermittler (Intermediaries), die sich langfristig für die Übertragung und Verbreitung engagieren.
- Auch gilt es, geeignete (neue) Kontexte zu identifizieren, in denen Wissen verbreitet oder in neue Felder übertragen werden kann.
- Die Aufbereitung der Ergebnisse erfordert eine Anschlussfähigkeit an Bedarfe der Nutzer (nutzbare „Produkte") durch Formate entsprechend dem jeweiligen Kontext des Handlungsfeldes und eine zielgruppengerechte Sprache. Förderlich ist es zudem, verschiedene Wahrnehmungskanäle und Informationsebenen einzubeziehen, besonders dialogisches Lernen, vor allem innerhalb der Nutzergruppe (d. h. über erfahrene und vertrauenswürdige Akteure im Handlungsfeld).
  (Siehe dazu u. a. Matt et al. 2017; Lux et al. 2019; Kruse et al. 2015; Nagy et al. 2020; Schneider et al. 2009).

---

[6] Offene Wissenschaft (https://data.europa.eu/doi/10.2777/79699).

[7] Mehr Fortschritt wagen (https://www.spd.de/fileadmin/Dokumente/Koalitionsvertrag/Koalitionsvertrag_2021-2025).

3.4 Umsetzung von Forschungsergebnissen in Lösungen, Innovationen und Veränderungen

In diesem Abschnitt wird in den Blick genommen, inwieweit im Projekt zu einer Umsetzung von Forschungsergebnissen in mögliche Lösungen, Innovationen oder Veränderungen beigetragen wurde und welches Potenzial für eine tatsächliche Anwendung besteht.

Im Zuge der Wende hin zu systemisch-orientierter Innovationspolitik und in den Diskursen um Innovations(öko)systeme hat sich ein breites Innovationsverständnis durchgesetzt. Denn Lösungen für gesellschaftliche Probleme oder Beiträge zu Transformationsprozessen erfordern in der Regel Veränderungen in unterschiedlichen Bereichen des Innovationssystems. So sind technische und soziale Innovationen in den meisten Fällen miteinander verschränkt (Diehl 2018; Koschatzky et al. 2016; Wanzenböck et al. 2020).

Das breite Innovationsverständnis spiegelt sich in der Vielfalt der verwendeten Begriffe Lösung, Innovation, Veränderung wider. Die klassischen Innovationstypen nach (OECD/Eurostat 2018) sind ebenso eingeschlossen wie prozessorientierte Wirkungsverständnisse auf der Ebene von Individuen und Gruppen (z. B. Wissen, Einstellungen, Fähigkeiten und Ziele (KASA-Change nach Bennett 1975)), des Weiteren Veränderungen in Netzwerken, Strukturen, Organisationen, Regeln und Normen sowie den politischen Rahmenbedingungen (Mitchell et al. 2014; Walter et al. 2007; Wiek et al. 2014; Davis et al. 2008; Klautzer et al. 2011).

3.5 Anwendbarkeit und Lösungspotenzial (Qualität der Lösung)

Um das Potenzial für eine zukünftige Anwendung einer entwickelten Lösung, Innovation oder Veränderung einzuschätzen, können Erkenntnisse aus dem Innovationsmanagement und der Technikfolgenabschätzung herangezogen werden. Dort werden Merkmale definiert, die auf die Einführung und Etablierung einen Einfluss haben bzw. berücksichtigt werden sollten. Diese umfassen u. a. die Neuheit, Effizienz, Praktikabilität und Anschlussfähigkeit, Voraussetzungen bei den Anwendenden, die Übertragbarkeit und strukturelle Rahmenbedingungen für eine breitere Etablierung (OECD-DAC 2008; UNEP 2012; Granig und Perusch 2012; Kaschny et al. 2015; Stockmann 2007).

Eine wichtige Bezugsgröße für den Entwicklungsstand einer möglichen Lösung, Innovation bzw. Veränderung ist deren Reifegrad auf dem Weg von ersten wissenschaftlichen Erkenntnissen bis zur erfolgreichen Markteinführung bzw. gesellschaftlichen Umsetzung/Etablierung. Neben dem Technology Readiness Level (TRL) als etabliertem Instrument zur Einschätzung des Reifegrades von Technologien (Mankins 2004) werden auch für Soziale Innovationen, Lösungen und Veränderungsprozesse Readiness Level entwickelt und diskutiert (Schön et al. 2020, S. 21–32).

3.6 Kompetenzentwicklung in Innovationssystemen

Konzepte zur Innovationsforschung beziehen zudem die Steigerung der Innovationsfähigkeit aller am Projekt Beteiligten und die verbesserte Vernetzung im Innovationssystem als wichtige Beiträge von Forschung und Entwicklung für gesellschaftliche Wirkungen ein.

Unter Innovationsfähigkeit wird v. a. die Kompetenz für die Entwicklung und Verbreitung von Lösungen sowie für zukünftige Kooperationen zwischen Wissenschaft und Wirtschaft betrachtet (Hartmann et al. 2014). Hinsichtlich der Vernetzung geht es vor dem Hintergrund der hohen Komplexität in Innovationsprozessen hauptsächlich um den Austausch und die Kooperation zwischen den „richtigen" Partnern zur Stärkung regionaler und sektoraler Innovationssysteme.

3.7 Beitrag zu nachhaltiger Entwicklung

Anhand welcher Leistungen das gesellschaftliche Wirkungspotenzial von Forschung und Entwicklung bewertbar werden kann, wurde in den vorangegangenen Ausführungen fokussiert, vor allem im Hinblick auf den Forschungsprozess und die Entwicklung von Lösungen, Innovationen und Veränderungen. Im Folgenden wird der Frage nachgegangen, welche gesellschaftlichen Wirkungen sich aus den „Leistungen eines Forschungsprojekts" entwickeln könnten. Dies erfordert es, die zu erreichenden gesellschaftlichen Wirkungen zu definieren, was mit dem Konzept der Nachhaltigkeit gut möglich ist.

Nachhaltigkeit ist seit dem Weltumweltgipfel in Rio de Janeiro 1992 das international ausgehandelte Leitbild und wurde zu dem politisch legitimierte Basiskonzept für die gesellschaftliche Transformation. Die politischen Zielsetzungen sind in den UN-Nachhaltigkeitsziele (SDGs) als globale Konvention zusammengefasst. Das Konzept verbindet die grundlegenden Säulen Ökologie – Ökonomie – Soziales, die in einem gesellschaftlichen Veränderungsprozess in Einklang zu bringen sind, um eine soziale und gerechte Verteilung, besonders zwischen heutigen und späteren Generationen, zu erreichen. Damit ist Nachhaltigkeit mehr Entwicklungsprozess denn Status (vgl. Andes 2019, S. 2). Forschung und Entwicklung sollen hierbei eine zentrale Rolle einnehmen, von ihr werden Lösungs- und Innovationsbeiträge zur Nachhaltigkeit erwartet (Deutsche Nachhaltigkeitsstrategie 2021).

- Die Entwicklung der SDGs, der dazugehörenden Targets und nationalen Indikatoren-Systeme war explizit darauf ausgerichtet, politische Maßnahmen im Hinblick auf die Zielerreichung zu messen (SDG-Impact Assessments). In Nachhaltigkeitsbewertungen werden sie unterschiedlich verwendet. Im Hinblick auf Systemwechsel, z. B. im Energiesektor (Rösch et al. 2018), werden für spezifisch ausgewählte Indikatoren umfassende Trendanalysen erstellt. In Bewertungen für Produkte oder

Produktionsprozesse können Nachhaltigkeitswirkungen konkret verortet und gemessen werden (z. B. bei ArbeitnehmerInnen, KonsumentInnen oder in Lifecycle-Analysen vom Ressourcenbedarf bis zur Entsorgung). Bewertungsansätze für Unternehmen und Institutionen (u. a. SAFA-Guidelines) nutzen die SDGs mit den untergeordneten Targets als Bewertungsrahmen und führen eine Kontextualisierung als Relevanz- und Eignungsprüfungen für den spezifischen Bewertungsgegenstand durch (vgl. Böschen et al. 2019).

- Die Übertragbarkeit dieser Ansätze auf die Bewertung des Wirkungspotenzials von Forschung und Entwicklung wird als begrenzt angesehen, da das Rahmenwerk der SDGs auf konkrete politische Ziele ausgerichtet ist, während Forschung ergebnisoffen ist. Die besondere Herausforderung besteht darin, einen Ansatz zu entwickeln, der der Komplexität von Nachhaltigkeitswirkungen entspricht und eine angemessene Balance zwischen Freiheit und gesellschaftlicher Verantwortung der Forschung und Entwicklung gewährleistet (Andes 2019, S. 10). Aus der Perspektive gesellschaftlicher Verantwortung ist die Reflexion ihrer Beiträge zur nachhaltigen Entwicklung als zentral einzuschätzen (Ferretti et al. 2016).

4 Multidimensionales Kriterien-Set für die Bewertung anwendungsorientierter Forschung und Entwicklung

Die Entwicklung des Kriterien-Sets für die Bewertung von gesellschaftlichen Leistungen von Forschungsprojekten im Bereich der Agrar-, Umwelt- und Ernährungsforschung zielt darauf, den Anforderungen komplexer Innovationssysteme gerecht zu werden und zur Messbarkeit der Leistungen von Forschung und Entwicklung beizutragen.

Dafür wurden die ausgeführten Kernpunkte aus den gebräuchlichen Konzepten aufeinander bezogen. In der Zusammenführung liegt der Schwerpunkt darauf, dass das Ineinandergreifen zwischen Forschungsprozessen und angestrebten Ergebnissen entscheidend für die Entstehung gesellschaftlicher Wirkungen ist. Zum einen steigern partizipative Forschungsprozesse das Wirkungspotenzial und die Nachhaltigkeit der Lösungsansätze (vgl. Ghosh et al. 2020), zum anderen werden durch eine frühzeitige Auseinandersetzung aller Beteiligten mit der angestrebten Lösung, Innovation oder Veränderung die Interaktionen und Reflexionsprozesse inhaltlich ausgerichtet. Dies trägt dazu bei, den Zweck für die relevanten Stakeholder zu verdeutlichen und sie für eine kontinuierliche Mitarbeit zu gewinnen (Lux et al. 2019; Mitchell et al. 2014) und kann als „Boundary Object" die Wissensintegration unterstützen (Bergmann et al. 2010, S. 106–108). Methoden zur partizipativen Wirkungsplanung erarbeiten auf Grundlage dieser Erkenntnis logische Wirkmodelle von Projekten (Douthwaite et al. 2009; Blundo Canto et al. 2018) und sind daher für Evaluationsverfahren zur Bewertung von Wirkungspotenzialen geeignet.

Das entwickelte multidimensionale Kriterien-Set umfasst die folgenden Bereiche (s. Abb. 1):

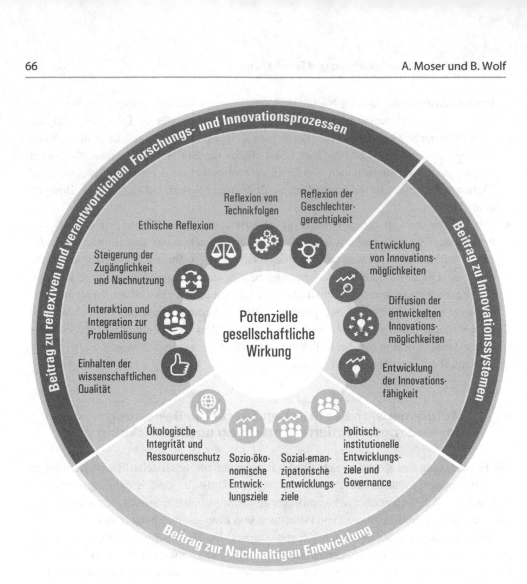

Abb. 1 Multidimensionales Kriterien-Set mit drei Bereichen und 13 Dimensionen; äußere Rahmen: Bereiche, beschriftete Icons: Dimensionen. (Quelle: eigene Darstellung)

- Beitrag zu verantwortlichen und reflexiven Forschungs- und Innovationsprozessen (kurz RRI-Prozesse)
- Beitrag zu Innovationssystemen (kurz Inno-Systeme)
- Beitrag zur Nachhaltigen Entwicklung.

Die drei Bereiche sind in sich geschlossen aufgebaut und wirken gleichgewichtet zusammen. Die Dimensionen innerhalb der Bereiche wurden aus den vorgestellten Konzepten erarbeitet und konsistent zusammengeführt. Ein ähnliches Vorgehen, dort als multikriterielle Bewertungsansätze bezeichnet, verfolgen Lifecycle-Analysen für

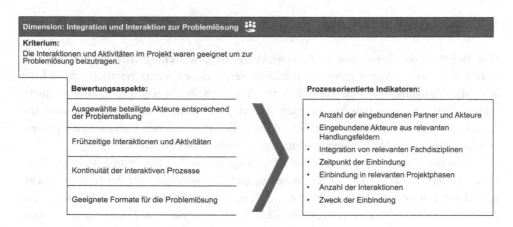

Abb. 2 Beispielhafte Umsetzung. (Quelle: eigene Darstellung)

komplexe Systeme (vgl. Quitzow et al. 2018). Dafür, wie in der Bewertung die inhaltlichen Ebenen strukturiert und bezeichnet werden, finden sich diverse Vorgehensweisen und Begrifflichkeiten, u. a. Basis-Kriterien und Detail-Kriterien oder nur eine Ebene Wirkungskategorien (vgl. Schuck-Zöller et al. 2017). Das hier vorgestellte Kriterien-Set wurde in die Ebenen Bereich, Dimension, Kriterium und Bewertungsaspekt gegliedert.

Für die Bereiche RRI-Prozesse und Inno-Systeme sind die Schritte für die Bewertung bereits entwickelt: Jeder Dimension sind Kriterien zugeordnet, auf die in der Bewertung Bezug genommen werden soll. Jedes Kriterium wurde mit Bewertungsaspekten strukturiert aufbereitet, die Informationen für die Bewertung liefern und mit einer 5er-Skala – denkbar wäre auch eine 3er-Skala – abgeschätzt werden sollen. Die Bewertungsaspekte sind additiv, sodass im Ergebnis zu jedem Kriterium eine Art Index entsteht.

Um zu einer transparenten Bewertung zu kommen, sind geeignete Daten und Informationen erforderlich. Dafür bieten sich prozessorientierte Indikatoren an, die in Form von quantitativen Angaben (z. B. Anzahl Beteiligte oder Aktivitäten) wie auch als qualitative Angaben (z. B. zur Beschreibung der Forschungsprozesse) vorliegen können. Welche Daten und Informationen den Bewertungsaspekten eines Kriteriums zugeordnet und genutzt werden können, zeigt Abb. 2 beispielhaft für ein Kriterium der Dimension „Interaktion und Integration zur Problemlösung".

Bewertungen in diesen beiden Bereichen bilden somit ab, wie durch die Prozesse und Ergebnisse eines Projektes zur Entwicklung gesellschaftlicher Wirkungen beigetragen wurde.

Die Bewertung der Beiträge zur nachhaltigen Entwicklung baut darauf auf und nimmt in den Blick, welche Nachhaltigkeitswirkungen bei einer Anwendung erwartet werden können. Grundlage dafür ist eine Reflexion des Projektkonsortiums. Die darauffolgenden Bewertungsschritte sind noch in der Entwicklung.

5   Schlussbemerkung

Wie Beiträge von Forschung und Entwicklung zu gesellschaftlichen Wirkungen entstehen und was die Anwendung von Forschungsergebnissen wahrscheinlich macht, kann über die Zusammenführung verschiedener Konzepte in theoretisch fundierte, multidimensionale Ansätze bewertet werden. Dabei geht es in komplexen Systemen wie Forschung, Innovation und Entwicklung darum, die verschiedenen Rahmenbedingungen, den Kontext und die Wirkzusammenhänge systematisch zu betrachten.

Neben der klaren Definition des „Was" als Gegenstand der Bewertung und des „Wie" über das multi-dimensionale Kriterien-Set ist auch das Verfahren für die Bewertung entscheidend. Für eine faire und transparente Bewertung wird daher ein dialogisches und partizipatives Evaluationsverfahren im Sinne einer Analyse von Beiträgen entwickelt, in dem ExpertInnen aus den relevanten wissenschaftlichen Disziplinen und Handlungsfeldern beteiligt werden. Durch die subjektive Einschätzung und den Aushandlungsprozess in der Evaluation kann dem komplexen Bewertungsgegenstand „Leistungen von Forschung und Entwicklung" entsprochen werden.

Weiterführende Literatur

Koschatzky, Knut; Daimer, Stephanie; Köhler, Jonathan; Lindner, Ralf; Nabitz, Lisa; Plötz, Patrick; Walz, Rainer; Warnke, Philine. (2016): Innovation system – thinking broader: Five theses addressing innovation policy for a new understanding of innovation systems. Fraunhofer ISI, https://www.isi.fraunhofer.de/content/dam/isi/dokumente/ccp/thesenpapiere/Position_Paper_Innovation_System.pdf, zuletzt geprüft am 10.02.2022.

Lux, Alexandra; Schäfer, Martina; Bergmann, Matthias; Jahn, Thomas; Marg, Oskar; Nagy, Emilia et al. (2019): Societal effects of transdisciplinary sustainability research—How can they be strengthened during the research process? In: Environmental Science & Policy 101, S. 183–191. https://doi.org/10.1016/j.envsci.2019.08.012.

Matt, Mireille; Gaunand, Ariane; Jolyd, Pierre-Benoit; Colinet, Laurence (2017): Opening the black box of impact – Ideal-type impact pathways in a public agricultural research organization. Research Policy 46, S. 207–218.

Müller, Christoph E.; Wolf, Birge (2017): Kann der gesellschaftliche Impact von Forschung gemessen werden? Herausforderungen und alternative Evaluationsansätze. In: Hochschulmanagement 12 (2+3), S. 44–50, zuletzt geprüft am 10.02.2022.

Spaapen, Jack; van Drooge, Leonie (2011): Introducing ‚productive interactions' in social impact assessment. Research Evaluation 20 (3), S. 211–218. https://doi.org/10.3152/095820211X12941371876742.

Schlaglicht: Modelle und Modellbildung

Julia Mörtel

Modelle und Modellbildung

Es gibt unterschiedliche Redeweisen von Modellen. Gerade daher ist es wichtig, sich im jeweiligen Bezugssystem über die Begriffsverwendung zu versichern.

Wie wollen im Bereich der Indikatorik „unter Modellen auch und gerade paradigmatische Abstraktionen, d. h. vereinseitigte Bilder von Strukturen, deren Vereinseitigung wir (im Gegensatz zu möglichen Alternativen) für sinnvoll erachten (vgl. Hubig 2002, S. 36)," verstehen. Das heißt, Modelle werden intensional erzeugt, sowohl hinsichtlich des gewählten Ausschnitts der Wirklichkeit, der zur Repräsentation ansteht, wie auch bezüglich jener Eigenschaften, die für die jeweilige Zwecksetzung als relevant erachtet werden. Modelle sind also immer „Modelle für…" etwas, erstellt zu einem bestimmten Erkenntniszweck, durch ein entsprechendes Erkenntnissubjekt, das den vorstelligen Sachverhalt in einer besonderen Weise auszudrücken und zu ordnen für sinnvoll erachtet (vgl. Poser 2008, S. 35). Modelle haben damit in erster Linie eine Repräsentationsfunktion, als Reduktion der semantischen Komplexität eines untersuchten Wirklichkeitsausschnittes, zur Schaffung einer inhaltlichen Eindeutigkeit (vgl. Kühnapfel 2019, S. 1).

Damit ist immer bereits eine Anerkennungsleistung verbunden, die festlegt, was als disponibel wahrgenommen, als Gestaltungsoption erachtet werden kann und welche Elemente (möglicherweise als gar nicht erst ermittelt, gewusst oder geahnt) in den „Hintergrund" des Geschehens rücken. Wird durch ein Unternehmen die

J. Mörtel (✉)
Technische Universität Darmstadt, Darmstadt, Deutschland
E-Mail: juliamoertel@web.de

J. Mörtel et al. (Hrsg.), *Indikatoren in Entscheidungsprozessen*,
https://doi.org/10.1007/978-3-658-40638-7_11

Intensität ihrer Endkundenbeziehung als weiter ausgestalt- und intensivierbar gesehen, so lohnt sich, hierfür einen Indikator zu erheben, der jene beispielsweise mit einer Absatzsteigerung in Relation setzen kann. Bei Konsumgüterproduktionen mit hoher Stückzahl, geringem Preis und einer nahezu Ununterscheidbarkeit zwischen Alternativanbietern (z. B. Zahnstocher) wird eine Intensivierung von Endkundenkontakten keinen höheren Absatz zur Folge haben. Jene Firmen würden eher eine Effizienzsteigerung als möglich und sinnvoll erachten und dafür entsprechende Indikatoren im Fokus der Aufmerksamkeit haben z. B. bezüglich der Rohstoffpreisvereinbarungen mit Lieferanten.

Während wir unter Indikatoren *„Operationalisierungen theoretischer Konstrukte"* (vgl. Werner 1975, S. 58) verstehen, für die die Konstrukte „Teil einer Sprache" sind, mit der auf eine komplexe Realität zugegriffen wird und die diese dann in eine begriffliche Form bringen, können „Indikatoren [dann die] Eigenschaften dieser Wirklichkeit wiedergeben. Die Verbindung von Daten zu Begriffen wird dann durch die Modellkonstruktion hergestellt, die erklärenden Anspruch hat (Werner 1975, S. 59)". So kann als „Modell für…" kognitive Leistungsfähigkeit das komplexe Konstrukt der Intelligenz gewählt werden, das als Intelligenzquotient anhand verschiedener Indikatoren bestimmt werden kann.

Jene „Modelle für…" dürfen jedoch nicht mit „Modellen von…" verwechselt werden. „Modelle für…" legen erst den zu untersuchenden Wirklichkeitsausschnitt und Möglichkeitsraum fest. In diesem können dann Kausalrelationen erstellt werden, die ihrerseits das „Modell von…" abgeben. Eine Interpretation von Indikatoren und damit erhobenen Daten bedarf zum einen eine genaue Vorstellung der Grenzen eines „Modells für…" und auch der als signifikant erachteten Kausalrelationen des „Modells von…" um dann – im Hinblick auf diese Modellkonstruktion – eine gewünschte Aussage zu machen und Funktion erfüllen zu können (vgl. Hubig 2006, S. 41). So sagt bereits Kant, dass eine Handmühle ein Modell von einem kausaldeterministischen System wiedergeben, aber auch als Modell für einen despotischen Staat gelten kann. Er rückt dabei den Modellbegriff auch den Inhalten seiner Begriffe Schema und Symbol nahe (vgl. Kant 2015, B 256).

Die intensionale Wahl der Modellparameter eines „Modelles von…" basiert auf ihrer funktionalen Prägung. Bei der Erstellung jener Modelle geht es darum, auf die Wirklichkeit kontrolliert einwirken zu können, nicht, sie in exakter Weise abzubilden. Denn genau das würde die Leistung der Modelle, die in der Reduktion von Komplexität auf die zweckbestimmten „Wesentlichkeiten" besteht, zunichtemachen. Man hat es im Rahmen einer solchen Modellbildung und einer sich anschließenden Indikatorerhebung immer mit dem Dilemma zwischen „Effektivität" und „Effizienz" zu tun: Modelle sollen alle entscheidenden Aspekte der Wirklichkeit für den angedachten Zweck, und eine damit gewünschte Bewertung der Gesamtsituation, möglichst genau wiedergeben, aber dennoch nicht zu komplex sein, um eine Erfassung und Erhebung von Indikatoren im Anschluss zu kompliziert werden zu lassen (bezogen auf Anwendung von Indikatoren bei (vgl. Meyer 2004, S. 26 f.)).

Alle Quantifizierungen, unerheblich ob komplex oder einfach, ob als physikalischer Messwert oder als Indikator, beruhen auf unterschiedlichen Formen der Modellbildung. Zunächst diffus gegebene Phänomene im Bereich der Lebenswelt, werden in Modellen von empirischen Relationalsystemen abgebildet, die bereits durch die entsprechend zu bestimmenden Größen eine gewisse Ordnung erfahren haben, um einen strukturierten, wissenschaftlichen Zugriff auf das Phänomen zu erlauben. In einem nächsten Schritt der Modellbildung gelingt dann der Übergang von dem empirischen auf ein numerisches Relationalsystem z. B. dargestellt in Skalen, die empirische Phänomene zahlenmäßig ordnen (vgl. Böhme 1976, S. 216 ff.). Möchte ich wissen, ob eine vorhandene Holzlatte (lebensweltliches Phänomen) ausreicht, um eine Reparatur der Gartenhütte vorzunehmen, dann muss ich Lücke und Latte in ihrer Länge und Breite messen, was zu einer wissenschaftlichen Erfassung der Größe „Länge" als Quantifizierung einer bestimmten Eigenschaft in einem empirischen Relationalsystem führt. Mit einer vergleichenden Messung und dem Auftragen beider Werte auf einer Skala wird dann über die Metrisierung der Zahlenbereich als numerische Ordnung der Gegenstände gewonnen und kann direkt verglichen werden.

Wirkungsindikatoren und SROI: organisationale Steuerung und Legitimation anhand des gesellschaftlichen Mehrwerts

Christian Grünhaus

1 Was ist gesellschaftlicher Erfolg und wie wird darüber berichtet?

Gesellschaftliche Ziele sind in Verfassungen, Gesetzen, Richtlinien und teils informelleren Schriften auf regionaler, nationaler und supranationaler Ebene festgeschrieben und variieren regional. Bei aller Variation haben sie allerdings nie rein ökonomische Gesichtspunkte im Fokus. Wirtschaftliche Aktivitäten dienen aus gesamtgesellschaftlicher Sicht dazu die weitergehenden gesellschaftlichen Ziele zu erreichen. So steht beispielsweise in Art 3 (1) des Vertrags über die Europäische Union (EUV): *„Ziel der Union ist es, den Frieden, ihre Werte und das Wohlergehen ihrer Völker zu fördern"* und in der Präambel der europäischen Grundrechtscharta[1]: *„In dem Bewusstsein ihres geistig-religiösen und sittlichen Erbes gründet sich die Union auf die unteilbaren und universellen Werte der Würde des Menschen, der Freiheit, der Gleichheit und der Solidarität. Sie beruht auf den Grundsätzen der Demokratie und der Rechtsstaatlichkeit. Sie stellt den Menschen in den Mittelpunkt ihres Handelns, indem sie die Unionsbürgerschaft und einen Raum der Freiheit, der Sicherheit und des Rechts begründet."* In weiterer Folge geht es um die Würde des Menschen, Freiheiten, Gleichheit, Solidarität, Bürgerrechte und justizielle Rechte.

---

[1] Bl. EU 2010 C 83/389 http://data.europa.eu/eli/treaty/char_2016/oj.

C. Grünhaus (✉)
Kompetenzzentrum für Nonprofit Organisationen und Social Entrepreneurship,
Wirtschaftsuniversität Wien, Wien, Österreich
E-Mail: christian.gruenhaus@wu.ac.at

J. Mörtel et al. (Hrsg.), *Indikatoren in Entscheidungsprozessen*,
https://doi.org/10.1007/978-3-658-40638-7_12

Das Wohlergehen der Menschen ist also vorrangiges Ziel der EU. Das ordnungspolitische Konzept einer Ökonomie des Wohlergehens (economy of well-being) rückt diesen Daseinszweck der Union stärker in den Mittelpunkt des Agierens (EU 2019). Es geht um die Schaffung eines Umfelds, das es den Menschen ermöglicht, ihr Potenzial voll auszuschöpfen und ihre Grundrechte in Anspruch zu nehmen. Wirtschaftliche Aktivitäten und nachhaltiges Wirtschaftswachstum sind Wegbereiter für das Wohlergehen der Menschen. Die Europäische Säule sozialer Rechte zeigt 20 Grundsätze und Rechte für faire und gut funktionierende Arbeitsmärkte und Sozialsysteme auf (EU 2022). Rund 40 Indikatoren helfen festzustellen wie die Entwicklung in den drei Hauptthemenfeldern Chancengleichheit, faire Arbeitsbedingungen und Sozialschutz sowie Inklusion vorangeht (Eurostat 2022). Diese Indikatoren sind auf Makroebene einer Region oder eines Staates gut einsetzbar, für kleinere Einheiten, wie Unternehmen allerdings nur bedingt tauglich. So können Unternehmen beim Thema Schulabbruch oder der Wirkung von Sozialtransfers auf die Armutsreduktion, wenig beitragen. Andere Indikatoren, wie beispielsweise die unterschiedliche Bezahlung von Männern und Frauen, Jugendarbeitslosigkeit oder die Entfristung von Arbeitsverträgen sind hingegen auch auf Unternehmensebene relevant.

Das global weitgehendste Zielsystem sind die Sustainable Development Goals (SDGs), auf die sich 193 Staaten in der UN-Hauptversammlung im September 2015 geeinigt haben. So wurden 17 Ziele für nachhaltige Entwicklung mit 169 Zielvorgaben beschlossen (UN 2015), zu denen offiziell auch 231 Indikatoren entwickelt wurden[2] (UN 2021). Auch diese vorwiegend Makro-Indikatoren sind nur bedingt für Unternehmen geeignet. So wird der Einfluss auf die Säuglingssterblichkeitsrate, der Umfang der Ausgaben der öffentlichen Entwicklungszusammenarbeit für Stipendien oder der Anteil der Flüchtlinge an der Bevölkerung, nach Herkunftsland kaum von Unternehmen beeinflusst werden können. Sehr wohl Einfluss nehmen können Unternehmen auf einige andere Indikatoren, wie beispielsweise Sterblichkeitsrate, infolge von Verschmutzung der Raum- bzw. Außenluft, oder dem durchschnittlichen Stundenverdienst.

Generell zeigt sich bei vielen Makro-Indikatoren, die auf nationaler und supranationaler Ebene verwendet werden, ein Fokus auf Arbeitsmarkt, Bildung, materielle Armutsvermeidung, Inzidenzen von Krankheiten und Sterblichkeitsraten und allenfalls Ausgaben für Gesundheits- und Sozialleistungen oder Transfers, allerdings wenig subjektives Wohlbefinden. So spielt auch das Thema psychisches Wohlergehen beispielsweise wenig Rolle bei den SDGs. Es wird nur im Unterziel 3.4 im Zusammenhang mit vorzeitiger Sterblichkeit, in einem Halbsatz, und in den Unterzielen 5.2 und 16.1, in Zusammenhang mit psychischer Gewalt, erwähnt. Der vorgeschlagene Indikator ist einerseits die Suizidrate und andererseits der Anteil der Bevölkerung bzw. bei 5.2 Frauen, die psychischer Gewalt ausgesetzt waren. Wenn Teile der Bevölkerung ohne gewaltsame Ursache psychisch belastet sind und das Ausmaß psychischer Belastung

---

[2] Aufgrund von Mehrfachnennungen sind insgesamt 247 gelistet.

nicht gleich zu Selbstmord führt, verbleibt das Thema psychisches Wohlergehen unter dem offiziellen Radar der SDGs. Gleichzeitig wird beispielsweise das psychische Wohlbefinden von MitarbeiterInnen in Unternehmen eine höhere Bedeutung haben.

Bei Unternehmen ist das Thema Nachhaltigkeit als bedeutsame Erfolgsdimension seit geraumer Zeit angekommen und wird auf unterschiedliche Art direkt in den Unternehmensaktivitäten oder indirekt über Corporate Social Responsibility (CSR) Projekte adressiert. Zeiten, in denen es ausreichend war, den finanziellen Gewinn auszuweisen sind zumindest für mittlere und große Unternehmen vorüber. Um sich erfolgreich am Finanzmarkt zu positionieren sind zunehmend nicht-finanzielle Informationen von hoher Bedeutung. So hat sich das aggregierte Veranlagungsvolumen mit ESG[3]-Bezug in den USA seit 2010 verfünffacht und lag 2020 bei 15 Billionen USD (Döttling und Kim 2021, S. 12). Auch in Deutschland betrug 2020 die Höhe von verwaltetem Vermögen, welches einen Bezug zu Impact hat, 18,1 Mrd. € (Then und Schmidt 2021, S. 15).

Nicht zuletzt wird auch von gesetzlicher Seite nicht-finanzielle Berichterstattung gefordert. So hat die EU große kapitalmarktorientierte Unternehmen seit 2017 zur nicht-finanziellen Berichterstattung verpflichtet und ab 2023 müssen gemäß der neuen Nachhaltigkeitsberichterstattungsrichtlinie (EU 2022/2464) stufenweise auch KMUs und große kommunale Unternehmen ihre nichtfinanzielle Berichterstattung ausbauen. Die konkrete Ausgestaltung der Berichterstattung liegt allerdings immer noch weitgehend bei den Unternehmen selbst, wiewohl neue europäische Standards entwickelt werden. Derzeit sieht es allerdings danach aus als ob diese nur zum Teil harte Indikatoren vorgeben. Entsprechend viele Ansätze, Instrumente, Leitlinien und Empfehlungen bestehen. Das Projekt Global Value hat mit Blick auf Unternehmen nicht weniger als 220 Methoden identifiziert (Schönherr et al. 2019)[4].

Die große Anzahl an unterschiedlichen Methoden, Instrumenten und Reporting Standards ist in vielerlei Hinsicht unbefriedigend. So ist es für interessierte Praktiker kaum möglich einen Überblick zu bewahren und das passende Instrument auszuwählen. Zudem existieren unterschiedliche Logiken bei den geförderten und verwendeten Instrumenten. Siew (2015) unterscheidet zwischen Rahmenwerken (Frameworks), Standards sowie Bewertungen (Ratings) und Indizes. Die Rahmenwerke geben mit Bezug auf diverse Nachhaltigkeitsgrundsätze eine Anleitung wie ein Unternehmen seine Berichterstattung aufbauen soll. Bekannt und mittlerweile weit verbreitete in dieser Kategorie sind die freiwilligen Richtlinien der Global Reporting Initiative (GRI 2022) aber auch die Prinzipien des UN Global Compact (2022), inklusive der begleitenden Leitfäden, gehören hierzu. Standards, wie AA1000, die ISO 14001 oder EMAS zeigen auf, wie zum jeweiligen Thema die gute Praxis in Unternehmen aussieht und der Rechenschaftspflicht nachgekommen werden kann.

---

[3] Environmental, Social, Governance.

[4] Siehe hierzu auch: www.global-value.eu.

Bewertungen auf Basis von Indizes, wie sie beispielsweise KLD, MSCI's ESG Indizes oder FTSE4GOOD durchführen, analysieren Unternehmen nach unterschiedlichen Kriterien, verwenden hierfür Ausschlusskriterien und Positivkriterien und verrechnen diese in aggregierte Gesamtbewertungen, die beispielsweise als Ampelsystem dargestellt werden. Die verwendeten Indikatoren und die Art der Verrechnung wird hierbei zumeist nicht offengelegt, was hinsichtlich der Validität der Ergebnisse problematisch ist. So zeigte auch ein Vergleich sechs gängiger Ratinginstrumente (KLD, Calvert, FTSE4GOOD, DJSI, Asset4 A+, Innovest), dass die Bewertungen der analysierten Unternehmen inkonsistent waren (Chatterji et al. 2016). Ein durchaus problematisches Ergebnis, wenn man bedenkt, wie viele Investitionsmilliarden die Bewertungen dieser Ratingagenturen lenken. Nachdenklich stimmt zudem, dass auch viele wissenschaftliche Publikationen auf diesen Indikatoren bzw. Ratings aufbauen.

Es ist also zumindest fraglich, ob bei den gängigen Bewertungssystemen zu ESG-Themen in der Unternehmenswelt gemessen wird, was gemessen werden soll. Der Blick in konkrete Indikatoren bestärkt diese Zweifel. So lautet beispielsweise ein Indikator der GRI zum Thema Menschenrechte: *„Gesamtanzahl der im Berichtzeitraum aufgewendeten Stunden für Schulungen zu Menschenrechtspolitik oder –verfahren, die für die Geschäftstätigkeiten relevante Menschenrechtsaspekte betreffen"* (GRI 2016: 8). Dieser Indikator sagt nichts darüber aus, ob Menschenrechte seitens des Unternehmens auch eingehalten wurden.

Ein weiterer Nachteil der bestehenden Unternehmensbewertungssysteme ist ihr primärer Fokus auf die Unternehmen selbst und weniger auf die erstellten Produkte bzw. Dienstleistungen. Gesellschaftliche Wirkungen und damit verbundener Mehrwert entsteht allerdings oft erheblich stärker aus den Produkten selbst und weniger aus der Art der Herstellung. Ein Immobilienunternehmen kann hervorragende Arbeitsbedingungen für die MitarbeiterInnen bieten, sich vorbildlich bezüglich Diversität und weiterer Nachhaltigkeitskriterien verhalten, allerdings durch die Art der Projekte sozialer Inklusion entgegenwirken. Letzteres wird in gängigen Bewertungskriterien nicht auffallen.

Zusammengefasst ist in der gewinnorientierten Unternehmenswelt immer noch der wirtschaftliche Erfolg zentral, gemessen am finanziellen Gewinn und finanzieller Nachhaltigkeit. Dieser primäre Maßstab wurde in den letzten rund 25 Jahren sukzessive um Nachhaltigkeitsaspekte ergänzt. Die nichtfinanzielle Berichterstattung nimmt laufend an Bedeutung zu, hat allerdings nach wie vor deutliche Schwächen. So stehen unterschiedliche Bewertungssysteme mit hunderten Indikatoren zur Verfügung, aus denen häufig relativ willkürlich ausgewählt werden kann, wonach berichtet wird. Bei vielen Indikatoren, die nebeneinander berichtet werden, ist die Gefahr groß den Überblick zu verlieren und sie taugen nur begrenzt zur wirkungsorientierten Unternehmenssteuerung. Wirkungsmodelle, die unternehmensspezifisch aufzeigen, wie gesellschaftlicher Mehrwert auch mittels der produzierten Produkte und Dienstleistungen geschaffen wird, spielen zudem keine Rolle. Im Fokus stehen Kriterien, die sich aus gesellschaftlichen Makrozielen ableiten und für manche Unternehmen wenig passend sein können. Intendierte und insbesondere unintendierte gesellschaftliche Wirkungen abseits dieser

Ziele bleiben weitgehend unterbeleuchtet. Stakeholder oder andere Wirkungsbetroffene bleiben unberücksichtigt. Zudem messen die Indikatoren häufig nicht die Wirkung selbst, sondern Aktivitäten oder Output, der auf die Wirkung hindeutet. Ein Bezug auf die eingesetzten Mittel fehlt ebenfalls. Rating-Agenturen wiederum bleiben intransparent hinsichtlich der verwendeten Indikatoren und deren Verrechnung und Aggregation. So kommen auf hochaggregierter Ebene Bewertungen zutage, die kaum nachprüfbar sind.

2 SROI-Analyse ein möglicher Weg

Die Lösung der Problematik, viele Einzelindikatoren im Blick zu behalten und daran den Erfolg eines Projekts oder Unternehmens zu beurteilen, kann über eine wie immer geartete Selektion oder Aggregation von Erfolgsindikatoren erzielt werden. Nachdem Selektion immer mit Informationsverlust einhergeht, bieten sich für eine breite Beurteilung Ansätze mit Aggregation der Indikatoren an. Eine Möglichkeit ist die Social Return on Investment (SROI)-Analyse, die zudem auf Wirkungen und gesellschaftlichen Mehrwert fokussiert.

Die SROI-Analyse ist ein breiter Wirkungsanalyseansatz, der umfassend Stakeholder, intendierte und unintendierte Wirkungen, auf Basis eines Wirkungsmodells einbezieht und einen Bezug zu den eingesetzten Ressourcen herstellt (Then et al. 2017; Schober und Then 2015). Im Rahmen einer SROI-Analyse (siehe Abb. 1) wird ein Wirkungsmodell mit Kausalzusammenhängen für ein bestimmtes Projekt, Unternehmen oder eine Organisation erstellt. Pro Stakeholder werden Wirkungen identifiziert, quantifiziert und weitgehend monetarisiert. Hierbei wird der sogenannte Deadweight berücksichtigt. Es handelt sich um den Unterschied zwischen Brutto-Wirkungen, die ohne Berücksichtigung verfügbarer Alternativen entstehen, und Nettowirkungen, die den gesellschaftlichen Mehrwert (Grünhaus und Rauscher 2022), also den zusätzlich geschaffenen Wert, unter Berücksichtigung von existierenden Alternativen, darstellen. Deadweight wird auch als Contrafactual (Morgan und Winship 2015) oder Programmeffekt (Rossi et al. 2015) bezeichnet.

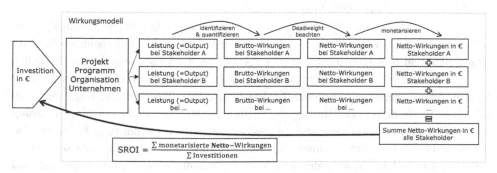

Abb. 1 SROI-Analyse im Überblick. (Adaptiert nach Schober und Then 2015)

Die SROI-Analyse stellt also in Geld bewertete und aggregierte Wirkungen, der erbrachten Leistungen bzw. Aktivitäten von Projekten oder Organisationen, dem investierten Kapital gegenüber. Ergebnis ist eine Verhältniskennzahl, die vergleichbar zum finanziellen Return on Investment anzeigt, wie viel gesellschaftlich relevanter Rückfluss eine Investition bringt. Stakeholder und Wirkungsbetroffene (Grünhaus und Rauscher 2022) werden umfassend in die Analyse einbezogen, was sie von herkömmlichen Cost-Benefit-Analysen und den meisten Nachhaltigkeitsbewertungen unterscheidet.

Vorteil der Bewertung in Geldeinheiten ist die Möglichkeit der Verrechnung und Aggregation unterschiedlicher Wirkungen. Dies ist notwendig, um letztlich den SROI-Wert zu errechnen. Kritik an der SROI-Analyse besteht aufgrund ihrer utilitaristischen Herangehensweise und bezüglich der methodeninhärenten Kommensuration (Espeland und Stevens 1998) mittels Monetisierung, die immer eine gewisse Wertung beinhaltet (Maier et al. 2015). Zudem ist es eine relativ ressourcenaufwendige Herangehensweise (Yates und Marra 2016). Monetarisierung und Kommensuration sind allerdings notwendig, um das Ziel der Aggregation und Verdichtung zu erreichen. Diese wird allerdings nicht immer benötigt, da für manche Steuerungsmaßnahmen oder Kommunikationsaktivitäten einzelne Indikatoren aussagekräftiger sind. Das nachfolgend vorgestellte Instrument der Steuerungsbox zeigt, wie Einzelwirkungen und entsprechende Einzelindikatoren mit der SROI-Analyse verknüpft sind.

3 Steuerungsbox als Zusammenhang zwischen Einzelindikatoren und SROI Wert

Unternehmen, Organisationen oder Projekte, die gesellschaftlichen Mehrwert erheben und darstellen wollen, sind immer wieder vom Umfang einer SROI-Analyse abgeschreckt und setzen lieber auf eine Auswahl an Einzelwirkungen. Die Steuerungsbox als gesamtorganisationales wirkungsbasiertes Steuerungsinstrument (Grünhaus und Rauscher 2021, S. 50; Then et al. 2017, S. 306) zeigt konzeptionell auf, wie einerseits anhand von intendierten Einzelwirkungen gesteuert werden kann, und wo andererseits der Zusammenhang zur SROI-Analyse besteht.

Wie in nachfolgender Abb. 2 dargestellt, werden in Unternehmen regelmäßig verschiedene Leistungen angeboten oder Produkte erstellt. Jede dieser Leistungen benötigt finanziellen und sonstigen Input, mit dem Aktivitäten der Leistungserstellung betrieben werden und Output hervorgebracht wird. Output ist beispielsweise eine bestimmte Zahl an erbrachten Leistungsstunden oder die Anzahl erreichter Kunden bzw. Kundinnen und gibt einen Eindruck über den Umfang der Leistungen. Herkömmliche Leistungssteuerung und herkömmliches Controlling steuern zumeist anhand von Output bzw. Effizienz, also der Input-Output-Relation. Spannend sind aus Wirkungssicht allerdings erst die Folgen des Outputs. Welche Stakeholder und Wirkungsbetroffene sind in welcher Art und welchem Umfang, positiv oder negativ seitens der erbrachten Leistung beeinflusst?

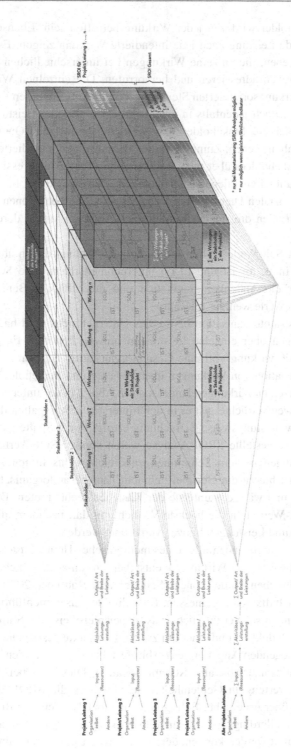

Abb. 2 Die wirkungsorientierte Steuerungsbox (Grünhaus und Rauscher 2021, S. 50; Then et al. 2017, S. 306)[5]

5 Ein Erklärvideo ist unter https://www.wu.ac.at/npocompetence/videos abrufbar.

Nicht jeder Stakeholder wird von jeder Wirkung betroffen sein. Ebenso wenig wird jedes Projekt bzw. jede Leistung auch jede intendierte Wirkung zeigen. Es wird jedoch zumeist Leistungen geben, die einzelne Wirkungen bei unterschiedlichen Stakeholdern bzw. Wirkungsbetroffenen adressieren und hervorrufen. Die einzelnen Wirkungs-Kästchen innerhalb der wirkungsorientierten Steuerungsbox in Abb. 2 werden somit zum Teil leer bleiben. Es wird jedoch jedenfalls in jedem Projekt bzw. jeder Leistung oder jedes Produkts (Ebenen) mehrere Stakeholder bzw. Wirkungsbetroffene (Querspalten) und Wirkungen (Längsspalten) geben. Zumeist werden die einzelnen intendierten Wirkungen bei den jeweiligen Stakeholdern über mehrere Leistungen/Produkte adressiert. Beispielsweise wird es bei stationären Pflegedienstleistungen, ebenso wie bei betreuten Wohnformen und mobilen sozialen Diensten, um Lebensqualität bei betroffenen Klienten und Klientinnen gehen. In allen drei Fällen werden auch Angehörige und deren Entlastung ein Thema sein.

Ob es immer auch Soll-Werte zu den Indikatoren gibt, hängt davon ab, ob es a) ein steuerungsrelevanter Indikator ist und b) ob unternehmensintern eine Soll-Festlegung getroffen wurde. Für die Außenkommunikation und die allfällige Berechnung eines SROI-Werts sind Soll-Werte weniger relevant.

Aus Sicht einer Gesamtorganisation bzw. eines Unternehmens wird häufig eine Darstellung von Wirkungen über einzelne Leistungen hinweg benötigt. Es geht um verdichtete Aussagen, wie wirkungsvoll eine Gesamtorganisation ist. Somit stellt sich die Frage nach der Aggregation von Wirkungen über Projekte und Stakeholder hinweg. Bei einer Aggregation einzelner Wirkungen landet man in Abb. 2 in der untersten Zeile, wird über Stakeholder hinweg verdichtet, ist es in den hintersten Längsspalten dargestellt und eine projektweise bzw. leistungsweise Betrachtung erfolgt in der Spalte ganz rechts. Mit Blick auf die zuvor vorgestellte SROI-Analyse wären somit SROI-Werte für einzelne Projekte bzw. Leistungen in dem Schnittmengenbereich rechts hinten zu finden. Im folgenden Kap. 6 wird hierzu ein Beispiel gebracht. Ein gesamtorganisationaler SROI ist ebenfalls möglich und wäre das unterste der Kästchen rechts hinten. Dieser gesamtorganisationale SROI-Wert stellt die höchste Verdichtung dar, nachdem alle Wirkungen über alle Stakeholder und Leistungen hinweg verrechnet werden.

Diese Aggregation stellt jedenfalls eine methodische Herausforderung dar und beinhaltet Wertentscheidungen. Wirkungen entstehen in unterschiedlichen zeitlichen, räumlichen und inhaltlichen Dimensionen (Schober und Rauscher 2020) und werden mit unterschiedlichen Indikatoren gemessen. Eine direkte Zusammenführung bzw. Verrechnung ist entsprechend schwer möglich. Was ist beispielsweise die Summe aus zweitausend Tonnen CO_2-Reduktion und einer um zwei Basispunkte gestiegenen psychischen Lebensqualität bei pflegenden Angehörigen? Abhilfe gibt es nur über den Umweg eines gemeinsamen Vergleichsmaßstabs, also Kommensuration. Dies kann beispielsweise die Umrechnung und Bewertung in Geldeinheiten sein, wie es die SROI-Analyse macht oder die Aggregation über Anteile bei Befragungen im sozialwissenschaftlichen Kontext. Letzteres funktioniert allerdings nur, wenn die Wirkungen allesamt quantifiziert und mittels Anteilen ermittelt werden können, deren Wichtigkeit gewichtet wurde. Dies wäre beispielsweise der Fall, wenn erhoben wird, wie hoch der Anteil jener ist, die körperliche, finanzielle oder psychische Entlastung verspüren und wie wichtig den Personen das jeweils ist. Über den Anteil der Zustimmung, gewichtet mit der Wichtigkeit, kann ein Index über die Wirkungen errechnet werden, der Auskunft über die Wirkungserreichung insgesamt gibt.

Eine weitere Möglichkeit, die näher am Controlling ist, besteht in der Verrechnung des erreichten Ist-Anteils am Soll-Wert. Solcherart kann eine Aussage über das Ausmaß der Erreichung des leistungsspezifischen oder gar gesamtorganisationalen intendierten Erfolgs getroffen werden. Dieser Bezug auf den Vergleichsmaßstab Zielerreichungsgrad setzt allerdings voraus, dass es überall Soll-Werte gibt. Weiters ist eine ungewichtete Aggregation in der Aussage als Gesamtaggregat schnell irreführend. Beispielsweise könnte der Soll-Wert für CO_2-Reduktion bei zehntausend Tonnen liegen und entsprechend der Zielerreichungsgrad bei 20 % liegen, während der Soll-Wert für den Anteil an psychisch entlasteten Personen bei 70 % liegt und der IST-Wert bei 85 %, also der Zielerreichungsgrad bei 121 %. Ungewichtet aggregiert, ergäbe es einen Zielerreichungsgrad von 70,5 %, was wenig aussagekräftig ist. In solchen Fällen müsste es organisationale Erfolgsbewertungsgewichtungen geben oder der alternative Weg der Monetarisierung gegangen werden.

Erfolgsbewertungsgewichtung kann bei personenspezifischen Leistungen relativ einfach über die Anzahl an betroffenen Personen erfolgen, wie folgendes Beispiel zeigt. Liegt der Anteil an psychischer Entlastung durch eine Pflegedienstleistung beispielsweise beim Stakeholder Angehörige bei 60 %, was einem Zielerreichungsgrad von 75 % entspricht und der Anteil beim Stakeholder betreuungsbedürftige Personen bei 80 %, was einem Zielerreichungsgrad von 95 % entspricht, so wäre der ungewichtete Zielerreichungsgrad bei 85 % ((75 % + 95 %)/2). Handelt es sich allerdings nur um 50 Angehörige und 500 betreuungsbedürftige Personen, verändert sich der Zielerreichungsgrad auf 93 % ((75 %*50 + 95 %*500/550)).

Auf den ersten Blick akzeptabel erscheint die Aggregation innerhalb einer Wirkung über unterschiedliche Stakeholder bzw. Projekte/Leistungen hinweg. Hier ist es ratsam, auf gleiche bzw. möglichst ähnliche Indikatoren und Erhebungsdesigns zu achten. Sinnvoll kann allerdings auch die weitergehende Verrechnung und Aggregation über Wirkungen hinweg sein. Dies wird mit Hinweis auf Inkommensurabilität, also der Unmöglichkeit des wechselseitigen Vergleichs, auch kritisiert. Zugespitzt kann die Frage lauten: Können Co_2-Emmissionen und Menschenleben miteinander verglichen und verrechnet werden, um eine übergeordnete Kategorie, wie den gesellschaftlichen Mehrwert bzw. Social Return zu berechnen?

Wird der wechselseitige Vergleich oder die Verrechnung aufgrund einer bestimmten Werthaltung abgelehnt, beispielsweise da Menschenleben per se keiner Bewertung unterzogen werden sollen, so stellt dies eine besondere Form der Bewertung dar. Das entsprechende Gut, die entsprechende Wirkung bzw. Kategorie (z. B. Menschenleben) wird als einzigartig und unvergleichbar definiert.

Komensuration ist allerdings als sozialer Prozess zu verstehen, der das Potenzial hat, bisher gewohntes in neue Kontexte zu stellen und Machtverteilungen zu ändern (Espeland und Stevens 1998, S. 332). So gesehen könnte eine Verständigung auf neue gesellschaftlich relevante Kategorien, wie den Social Return helfen, herkömmliche unbefriedigende Bewertungssysteme zu überwinden.

Zusammengefasst lässt sich die gesamtorganisationale Steuerung über Einzelindikatoren und die punktuelle Verrechnung derselben hinsichtlich Zielerreichungsgrad gut ermöglichen. Für eine vollständige Gesamtbewertung wird der Schritt über die Monetarisierung jedoch sinnvoll sein. Solcherart kann die Steuerungsbox langsam in Richtung SROI-Analyse ausgebaut werden und ist gleichzeitig vom ersten Wirkungsindikator an ein hilfreiches Instrument zur wirkungsbasierten Steuerung und Kommunikation.

4   Beispiel SROI stationäre Pflegeeinrichtungen

Der etwas abstrakte Zusammenhang zwischen Einzelwirkungen, deren Indikatoren und dem SROI-Wert, wird nun anhand eines Beispiels erläutert, das auf einen Teil der vorgestellten Steuerungsbox fokussiert. Hierbei wird quasi en passant auch auf die Problematik der Aggregation und Kommensuration eingegangen. Das reale Fallbeispiel ist eine SROI-Analyse der stationären Pflegeeinrichtungen im österreichischen Bundesland Burgenland (Bogorin et al. 2019), an der der Autor dieses Beitrags mitgewirkt hat. Im Burgenland gab es zum Untersuchungszeitpunkt im Jahr 2016 44 stationäre Pflegeeinrichtungen, in denen 1151 Pflege- und Betreuungspersonen 3136 Bewohner:innen betreuten. Der finanzielle Aufwand lag bei insgesamt 84 Mio. €. Die SROI-Analyse

SROI APH Burgenland ausgewählte
Wirkungen und Stakeholder in Steuerungsbox

	Physische Be- bzw. Entlastung		Psychische Be- bzw. Entlastung		Zeitliche Be- bzw. Entlastung		Veränderte Kosten		Weitere Indikatoren (Beispiele und Summe restliche Wirkungen)		Summe Wirkungen	
Bewohner:innen	1.628 (52%)	53,2 Mio. €	621 (20%)	1,1 Mio. €	X	X	X	466.000 €	Vermiedener Tod Barrierefreiheit	79,9 Mio. €	X	134,7 Mio. €
Angehörige	411 (14%)	142.700. €	663 (22%)	11,2 Mio. €	1,4 Mio. h	19,3 Mio. €	X	X	Erwerbsarbeit fortsetzen	2,7 Mio. €	X	33,4 Mio. €
Mitarbeiter:innen Pflege und Betreuung	914 (79%)	- 293.800. €	356 (31%)	- 3,3 Mio. €	X	X	X	X	Einkommen, gutes Gefühl	22,3 Mio. €	X	18,7 Mio. €
Krankenhäuser	X	X	X	X	3.000 h	89.000 €	X	58,7 Mio. €	X	0,0 Mio. €	X	58,8 Mio.
Niedergelassene Ärzt:innen	X	X	X	X	1.200 h	52.000 €	X	X	X	0,0 Mio. €	X	0,05 Mio. €
Weitere Stakeholder z.B. Bund, Länder, AMS	X	X	X	X	7.300. h	240.150 €	X	15,9 Mio. €	Sicherheitsgefühl	22,1 Mio. €	X	38,3 Mio. €
Summe Stakeholder	2.914 (40%)	53,0 Mio. €	1640 (22%)	8,9 Mio. €	1,4 Mio. h	19,7 Mio. €	X	75,0 Mio. €	X	127 Mio. €	X	303,2 Mio. €

Abb. 3 Quantifizierte und monetarisierte Wirkungen sowie Stakeholder einer SROI-Analyse zur stationären Pflege. (Quellen: Bogorin et al. 2019; Schober et al. 2015; tw. eigene Berechnungen, eigene Darstellung)

beinhaltete als Alternativszenario, das komplette Fehlen der stationären Einrichtungen (ceteris paribus). Die BewohnerInnen müssten somit von heute auf morgen in alternativen Betreuungssettings, wie mobile Pflege oder Krankenhäuser, untergebracht werden oder würden sonst verwahrlosen bzw. versterben. Vor diesem Hintergrund ergeben sich eine Reihe von Wirkungen bei unterschiedlichen Stakeholdern. Insgesamt wurden 76 Wirkungen verteilt auf 19 Stakeholder bzw. Wirkungsbetroffene in die Analyse einbezogen.

Mit Bezug auf die oben vorgestellte gesamtorganisationale Steuerungsbox analysieren wir nun eine Leistung (stationäre Pflege), die mehrere Wirkungen bei unterschiedlichen Stakeholdern hervorruft. Entsprechend bewegen wir uns auf einer Ebene (z. B. Projekt/ Leistung 1 in Abb. 2 oben). Die Betrachtung könnte natürlich um weitere Leistungen, wie beispielsweise mobile Pflege- und Betreuungsdienste oder betreutes Wohnen ergänzt werden. Nachdem die SROI-Analyse im konkreten Beispiel der stationären Pflege nicht als Steuerungsinstrument intendiert war, gibt es keine Soll-Werte. Alle in Abb. 3 dargestellten Werte sind Ist-Werte.

Aus den vielen identifizierten Wirkungen und Indikatoren in der SROI-Analyse wurden zur Veranschaulichung hier die physische, psychische und zeitliche Be- bzw. Entlastung sowie veränderte Kosten herangezogen. Weiters wurden die Stakeholder Bewohner:innen, Angehörige, Mitarbeiter:innen, Krankenhäuser und niedergelassene Ärzte und Ärztinnen ausgewählt. Wie aus der Tabelle hervorgeht, sind nicht alle Stakeholder von allen Wirkungen betroffen und die Wirkungen variieren zwischen den Gruppen hinsichtlich Quantität und Wert. So sind beispielsweise bei der physischen Be- bzw. Entlastung quantitativ 52 % der BewohnerInnen aber nur 14 % der Angehörigen betroffen. Der Umfang und die Intensität der Be- oder Entlastung durch die stationäre Pflege floss in die Monetarisierung ein. Hierfür wurden die Bewohner:innenverteilung mit alternativen Betreuungssettings modelliert und die Bewohner:innen und deren Angehörige im Alternativszenario entsprechend verteilt. Aufgrund der vorhandenen Kapazitäten könnten beispielsweise 320 Personen in Krankenhäusern untergebracht werden.

Wenig verwunderlich haben die BewohnerInnen netto eine vergleichsweise hohe physische Entlastung (53 Mio. €). Ihr gesundheitlicher Zustand und ihre Lebensqualität würden im Falle der Inexistenz der stationären Pflege stark sinken. Bei den Angehörigen ist dies weniger ausgeprägt, da sie erstens nur in geringerem Umfang physisch belastende Pflegeleistungen erbringen würden und diese Leistungen sich weniger stark auf die physische Gesundheit durchschlagen. Die Mitarbeiter:innen in der Pflege und Betreuung sind mit 79 % umfassend von physischen Belastungen betroffen, die netto allerdings lediglich mit 293Tsd € bewertet wurde. Grund für diese geringe Summe ist die dem Pflegeberuf inhärente körperliche Belastung und der hohe Anteil an Pflegepersonal, das im Alternativszenario einen anderen Pflegejob mit ähnlichen Belastungen machen würde. Über die drei betroffenen Stakeholder hinweg sind 2914 Personen oder 40 % aller im System inkludierten Personen von physischen Be- oder Entlastungen betroffen, die sich in Summe auf 53 Mio. € an Entlastung belaufen.

Ein Wirkungscontrolling könnte nun bei einzelnen Wirkungen und Stakeholdern ansetzen, jene priorisieren, die besonders wichtig sind, hier Soll-Werte definieren und mit Soll-Ist-Vergleichen von Jahr zu Jahr aufzeigen, wie die Entwicklung bei den einzelnen Wirkungen bzw. Stakeholder ist.

In der Kommunikation zu Stakeholdern, Ressourcenbereitsteller:innen und gegenüber der interessierten Öffentlichkeit wird eine weitere Verdichtung wichtig sein. Dies führt uns in der ganz rechten Spalte der Abb. 3 und zur Kommensuration unterschiedlicher Wirkungen über deren monetarisierte Werte. So zeigt sich, dass die Angehörigen in Summe positive Wirkungen von 33,4 Mio. € haben, die überwiegend auf psychische und zeitliche Entlastung zurückzuführen ist. Das sind etwa 11 % der Gesamtwirkungen. Werden noch die Investitionen der Angehörigen in die stationäre Pflege (Kostenbeiträge) in der Höhe von 4,7 Mio. € (nicht in Tabelle angeführt) herangezogen, ergibt sich ein stakeholderspezifischer SROI-Wert von 1:7. Sie bekommen das Siebenfache ihrer Investition als positive Wirkung zurück. Noch stärker ist der Effekt bei Krankenhäusern. Sie investieren gar nicht in die stationäre Pflege und haben als positive Wirkung eine Kostenreduktion von ca. 59 Mio. €. Werden die Gesamtwirkungen nun nochmals über alle Stakeholder hinweg verdichtet, kommen wir in den rechten unteren Schnittbereich der Abb. 3 und zu den Gesamtwirkungen von ca. 303 Mio. € für das Jahr 2016. Der Gesamt-SROI-Wert unter Berücksichtigung der Gesamtinvestitionen von ca. 84 Mio. € liegt somit bei 1:3,6.

Nachdem die vorliegende SROI-Analyse primär den Zweck der Legitimation nach Außen und weniger der Steuerung hatte, könnte im Falle des stärkeren Fokus auf Steuerung, auch auf Indikatoren zurückgegriffen werden, die vermehrt auf quantitative Erhebungen bei den betroffenen Stakeholdern, wie beispielsweise den Mitarbeiter:innen, Angehörigen oder Bewohner:innen ansetzen. Dies hätte erstens den Vorteil einer feineren Steuerungsmöglichkeit und brächte bei einer Mehrjahresbetrachtung ein Längsschnittdesign und damit noch validere Daten als Basis für eine SROI-Analyse.

5   Conclusion

Das vorgestellte Konzept der wirkungsorientierten Steuerungsbox ermöglicht eine differenzierte Sichtweise auf die intendierten Wirkungen der Projekte bzw. Leistungen eines Unternehmens oder einer Organisation. Gleichzeitig bietet es eine Gesamtsichtweise über den Einfluss der Projekte bzw. Leistungen in einzelnen Wirkungsdimensionen, auf einzelne Stakeholder oder aggregiert auf die Gesellschaft insgesamt. Insofern eignet es sich für die Steuerung und als Basis für die Kommunikation zugleich.

Herrscht Skepsis gegenüber einer weitgehenden Monetarisierung, können verschiedene quantitative Indikatoren anzeigen, inwieweit die einzelnen Wirkungen erzielt wurden. In diesem Fall kann zumindest eine Aussage zur betreffenden Wirkung bei den jeweiligen Stakeholdern bzw. Wirkungsbetroffenen über verschiedene Leistungen hinweg getätigt werden. Im Vergleich würde erkennbar werden, ob mobile Pflege oder stationäre Pflege zu stärkerer psychischer Entlastung der pflegenden Angehörigen führt. Aber auch über Stakeholder hinweg, kann, selbst bei unterschiedlichen eingesetzten Indikatoren pro Stakeholder- bzw. Wirkungsbetroffenen gruppe, eine Aussage getroffen werden, indem die Anteile der betroffenen Personen, Gruppen oder Organisationen dargestellt werden. Bereits solche Analysen geben deutliche Hinweise für strategischen und operativen Handlungsbedarf.

Wird die Umrechnung in Geldeinheiten als Methode akzeptiert, können über zusätzliche Verdichtungsmöglichkeiten über Stakeholder und Projekte hinweg sehr prägnante Aussagen zu den jeweiligen Gesamtwirkungen und damit zum gesamten gesellschaftlichen Mehrwert der einzelnen Leistungen oder des Unternehmens bzw. der Organisation getroffen werden. Hier sind wir in der Welt der SROI oder Cost-benefit Analysen. Indikatoren zur Messung einzelner Wirkungen und miteinander verrechnete sowie hoch aggregierte Indikatoren zur Darstellung des gesellschaftlichen Mehrwerts können somit in einem System integriert nebeneinander stehen und ihre jeweiligen Stärken entfalten. In solchen Lösungen läge auch Potenzial für einen alternativen und vor allem fundierten Zugang zur Nachhaltigkeitsberichterstattung. Sie inkludieren ein Wirkungsmodell, Stakeholder und Wirkungsbetroffene und verknüpfen Steuerung mit Legitimation und Außenkommunikation.

Weiterführende Literatur

Grünhaus, C. & Rauscher, O. (2021). Impact und Wirkungsanalyse in Nonprofit Organisationen, Unternehmen und Organisationen mitgesellschaftlichem Mehrwert. Kompetenzzentrum für Nonprofit Organisationen und Social Entrepreneurship, WU Wien https://epub.wu.ac.at/id/eprint/8414.

Grünhaus, C. & Rauscher, O. (2022). Social Impact und Wirkungsanalyse. In: Badelt, C., Meyer M., Simsa, R. (Hrsg.): Handbuch der Nonprofit Organisation. 6. Auflage. Schäffer-Poeschel Verlag. Stuttgart. (Erscheint noch 2022) Handbuch der Nonprofit-Organisation: Buch | Schäffer-Poeschel Shop (schaeffer-poeschel.de).

Schober, C. & V. Then (Hrsg.) (2015): Praxishandbuch Social Return on Investment. Stuttgart: Schäffer Poeschel.

Praxishandbuch Social Return on Investment: Wirkung sozialer Investitionen messen – Schober, Christian, Then, Volker – Amazon.de: Bücher.

Then, V., Schober, C., Rauscher, O., & Kehl, K. (2017). Social Return on Investment Analysis. Measuring the Impact of Social Investment. Palgrave Studies in Impact Finance. Palgrave Macmillan, Cham. https://doi.org/10.1007/978-3-319-71401-1. Erklärvideos zur Wirkungsanalyse und zur wirkungsorientierten Steuerungsbox: www.wu.ac.at/npocompetence/videos/.

Schlaglicht: Indikatorentypen

Julia Mörtel

Indikatortypen

Um den verschiedenen Ansprüchen einer Nutzung in ihrer jeweiligen Funktion nachzukommen, werden Indikatoren unterschiedlich formiert und kategorisiert. Dafür werden je nach deren Verwendung verschiedene Charakteristika für deren Typisierung genutzt, deren Auswahl und Richtigkeit allerdings immer vom jeweiligen Ziel abhängig bleibt.

Eine der Möglichkeiten ist, Indikatoren hinsichtlich ihrer inhaltlichen Ausrichtung zu kategorisieren, also beispielsweise in naturwissenschaftliche, soziale, politische, ökonomische oder ökologische Indikatoren einzuteilen. Diese Einteilung sagt allerdings nichts hinsichtlich ihrer normativen Wertung, Güte oder Richtigkeit des gewählten Modells (vgl. Meyer 2004, S. 11 f.). Dabei ist besonders darauf zu achten, für welchen Gegenstandsbereich Indikatoren ursprünglich vorgesehen wurden, um bei einer Übertragung z. B. von ursprünglich wissenschaftlichen Indikatoren in den politischen Bereich, keine Missverständnisse hinsichtlich deren Erklärungspotentials und kausaler Aussagekraft zu erzeugen.

Dennoch gibt es neben inhaltlichen auch erste grundsätzliche, formale Unterscheidungen, die sich zunächst auf deren Formulierung und Darstellung als qualitative oder quantitative Indikatoren beziehen. Da quantitative Indikatoren immer in ein theoretisches Modell eingebunden und mit der Abbildung eines – anhand von Problemlagen und Interessen – ausgewählten Teils einer Wirklichkeit

J. Mörtel (✉)
Technische Universität Darmstadt, Darmstadt, Deutschland
E-Mail: juliamoertel@web.de

© Der/die Autor(en), exklusiv lizenziert an Springer Fachmedien Wiesbaden GmbH, ein Teil von Springer Nature 2023
J. Mörtel et al. (Hrsg.), *Indikatoren in Entscheidungsprozessen,*
https://doi.org/10.1007/978-3-658-40638-7_13

verbunden sein müssen, ist hier eine analoge Kategorisierung von quantitativen Indikatoren *als objektiv* – im Vergleich qualitativen Indikatoren *als subjektiv* – nicht treffend. Eine Unterscheidung zwischen qualitativen und quantitativen Indikatoren wird durch deren Skalenniveaus herbeigeführt: Nominalskalen ordnen die Objekte einer Kategorie anhand eines Kriteriums der Gleichheit, also qualitativ, zu; metrische Skalen erfordern quantifizierbare Intervalle, zur abgestuften Darstellung des interessierenden Kriteriums an den entsprechenden Objekten. Beide Arten von Indikatoren zeitigen methodische Herausforderungen: bei quantitativen entstehen Schwierigkeiten bei der Erhebung (Quantifizierung, Metrisierung), bei qualitativen bezüglich der Problematik einer vergleichbaren Auswertung unter Bezugnahme auf ein gemeinsames qualitativ formuliertes Kriterium (vgl. Meyer 2004, S. 14 f.).

Bei der Kategorisierung objektiv oder subjektiv geht man bereits von einem quantitativen Erhebungsmodus aus und die Typisierung richtet sich nach dem Skalendesign und der -einteilung, die man zur Darstellung unterschiedlicher Indikatorenwerte heranzieht. „Objektiv" bedeutet in diesem Zusammenhang nicht „interessensneutral", sondern „gegenstandsbezogen". „Subjektiv" sind Indikatoren dann, wenn durch eine Person nicht der Gegenstand selbst, sondern *ihr Verhältnis zum* Erkenntnisgegenstand ausgedrückt und bewertet werden soll. Diese Einschätzungen sind nicht weniger „richtig" als objektive Indikatoren. Im Gegenteil sind solche Bewertungen für viele theoretische Konstrukte aussagekräftiger, gerade wenn es um gesellschaftliche, politische oder marktstrategische Fragestellungen geht, die am Ende verhaltensgesteuerte Ergebnisse beschreiben oder vorhersagen sollen (z. B. Verkaufsattraktivität) und das Potenzial von Personen im *Umgang mit* Sachlagen und *Nutzung von* Möglichkeiten im Fokus der Bewertung haben (vgl. Hubig 2016, S. 15 f.).

Wechselt man zu einer Typisierung gemäß Erhebungszeitpunkt in einem modellierten Ablauf, so wird häufig von Input- und Output-Indikatoren gesprochen, als Hinweis darauf, an welcher Stelle des Prozesses sie erhoben und welche Größen durch sie charakterisiert werden. In Relation zueinander sind sie ein Maß für die Effizienz eines Prozesses. Die dabei zu Grunde liegenden und bewerteten Prozessgrößen werden meist nicht im Rahmen des theoretischen Konstruktes einer komplexen Sachlage modelliert, sondern zur Feinsteuerung von einfachen Ursache-Wirkungs-Ketten bzw. von logischen Beziehungen und haben diagnostische Funktion (vgl. Meyer 2004, S. 7 f.; vgl. Kaplan und Norton 1997, S. 157). Diese Input- und Output-Indikatoren gehören zu den „einfachen" Indikatoren, die nur aufgrund der Messung eines Indikators als absolute Zahl eine Aussage treffen. Werden diese Art von Indikatoren allerdings in Relation zueinander gesetzt, dann ergibt sich eine relative Maßzahl und damit ein relativer

Indikator z. B. durch die prozentuale Standardisierung des Wertes, wie auch zum Beispiel bei Reklamations- oder Arbeitslosenraten der Fall (Meyer 2004, S. 18 ff.).

Eine Unterscheidung, die bereits auf komplexere Konzepte zielt, ist die Einteilung in Outcome- und Impactindikatoren, wobei sich deren Unterscheidung auf den zeitlichen Horizont der Wirkungen bezieht: dabei geben Outcome–Indikatoren die direkten Wirkungen wieder, während Impact-Indikatoren langfristige und strategisch-nachhaltige Ziele in den Blick nehmen (vgl. Meyer 2004, S. 7 f.; vgl. Brown and Svenson 1988). Da solche Kennzahlen immer erst nach dem Eintritt der Wirkung erhoben werden (Lag-Indicators), helfen sie daher nicht frühzeitig bei der Planung zukünftiger Erfolge. Hierzu sind „Lead Indicators", vorlaufende Indikatoren, besser geeignet, die bereits prognostischen Wert besitzen und eine Auskunft über die mögliche Beeinflussung und Kontrolle einer Sachlage geben können und damit eine Entscheidungshilfe darstellen (vgl. Norreklit 2000, S. 68). Werden solche Wirkungen aus vielen einzelnen Indikatoren, latenten Variablen und einer daraus berechneten Kennzahl konstruiert, dann spricht man von komplexen Indizes, die selbst hochaggregiert sind und hinter denen ein Modell mit mehreren zu bewertenden Dimensionen steht, wie sie in komplexen Strukturgleichungs-modellen oder auch ganzen Kennzahlensystemen dargestellt werden (vgl. Meyer 2004, S. 20 f.).

Doch auch die Arten von Sachverhalten, die durch Indikatoren bzw. deren Systeme beschrieben werden, erlauben eine Kategorisierung. So können sie die Beeinflussung oder Entwicklung einer Sachlage beschreiben (Pressure-Indicators), den aktuellen Status quo (State-Indicators) oder die Strategie des Umgangs und die Reaktion auf eine solche mit entsprechenden Maßnahmen (Response-Indicators) (vgl. OECD 2000).

Eine Einteilung von Indikatoren kann auch anhand deren Aussagepotentials bezogen auf die jeweiligen Prüfkriterien erfolgen. Indikatoren können so für Relevanzprüfungen genutzt werden, die angeben, inwiefern die Zielgruppen-bedürfnisse mit den Zielen (eines Projektes) übereinstimmen, oder auch im Rahmen einer Effizienzprüfung Kosten und Nutzenvergleiche anstellen (Projekt-bewertung). Effektivitätsprüfungen über Indikatorenvergleiche gleichen realisierte Wirkungen mit angestrebten Zielen auf einer strategischen Ebene ab, ganz ähnlich zu Zielerreichungsbewertungen, die entweder einer nur kurzfristigen oder auch einer Nachhaltigkeitsprüfung, also einer Beurteilung der Dauerhaftigkeit von Wirkungen gleichkommen können. Werden diese nachhaltigen Wirkungserfolge dann mit den Bedarfen der Stakeholdergruppen, für die sie Effekte zeitigen, ins Verhältnis gesetzt, spricht man auch von Bedarf-Wirkungs-Vergleichen oder Nutzenprüfungen. Diese unterschiedlichen Vergleiche können je nach Nutzung von Indikatoren und gewählten Vergleichsinstanzen auch parallel zueinander erhoben werden und sind daher idealerweise in gleichen Maßzahlen zu erfassen, um einen Vergleich und eine Transformation zu erlauben (Meyer 2004, S. 8 ff.).

So können in all diesen Bereichen Indikatoren auch als Performance Indicators ausgestaltet werden, die, wie oben bereits beschrieben, nicht nur singuläre Werte wiedergeben, sondern auch eine normative Bewertung hinsichtlich eines zuvor festgelegten Kriteriums erlauben oder einem direkten Vergleich zugänglich machen. Denn werden diese in eine allgemeingültige Relation gesetzt, können unterschiedliche Bereiche oder Unternehmungen horizontal zueinander in Bezug gesetzt und über Efficiency Indicators verglichen werden (vgl. Smeets und Weterings 1999, S. 11 f.).

Die Zukunft der Indikatoren für Forschungsbewertung und „offene Wissenschaft"/Open Science. Ein Plädoyer für einen Verzicht auf der Verwendung quantitativer Metriken

René von Schomberg

Ich bedanke mich für die ausgezeichnete Übersetzung aus der Englischen Sprache bei Oliver Schlaudt. Dieser Text ist weiterhin ermöglicht worden dank meiner Senior Fellowship beim Käte Hamburger Kolleg 'Cultures of Research, RWTH Universität Aachen.

Wir leben in einer Evaluierungskultur. Sowohl Einzelpersonen als auch Institutionen werden im Laufe ihres Lebens ständig nach ihrer Leistung bewertet. Die Leistungen von Kindern werden bereits in jungen Jahren gemessen, oft lange bevor sie überhaupt in der Lage sind, sich richtig auszudrücken, und man kann den Eindruck gewinnen, dass Jugendliche in weiterführenden Schulen mehr Zeit damit verbringen, gezielt für alle möglichen Tests und Auswertungen zu „lernen", als damit, tatsächlich zu lernen und neue Dinge und Fähigkeiten zu entdecken. Diese Bewertungskultur ist auch in der Wissenschaft fest verankert: Sie betrifft Institutionen wie Universitäten und einzelne Forscher gleichermaßen.

Im Falle von Wissenschaftlern orientiert sich die Bewertung an ihrer Produktivität und der Qualität ihrer Arbeit. Die Produktivität von Forschern wird üblicherweise durch bibliometrische Indikatoren wie die Anzahl der Veröffentlichungen gemessen, während die Qualität ihrer Arbeit durch Zitationsmetriken und den Ort ihrer Veröffentlichungen bestimmt wird. Man kann die Verwendung von Indikatoren kritisieren, indem man zu

---

Übersetzung aus dem Englischen durch die HerausgeberInnen.

R. von Schomberg (✉)
TU Darmstadt, Käthe-Hamburger-Kolleg, RWTH Aachen, Deutschland
E-Mail: rene.von.schomberg@khk.rwth-aachen.de

© Der/die Autor(en), exklusiv lizenziert an Springer Fachmedien Wiesbaden GmbH, ein Teil von Springer Nature 2023
J. Mörtel et al. (Hrsg.), *Indikatoren in Entscheidungsprozessen*,
https://doi.org/10.1007/978-3-658-40638-7_14

bedenken gibt, dass die „Anzahl der Zitate" zwar darauf hinweist, dass die Veröffentlichung ein besonderes Interesse geweckt hat, dieses Interesse aber möglicherweise darin
bestand, dass das in der Arbeit behandelte Thema in dem Fachgebiet zufällig „sexy"
oder der Artikel einfach provokativ „falsch" war und ein entsprechendes Dementi oder
eine Richtigstellung von Kollegen „erforderlich" machte oder, schlimmer noch, einfach
nur Empörung hervorrief. Umgekehrt wurde Einsteins Abhandlung über die spezielle
Relativitätstheorie nur relativ selten zitiert, obwohl es sich um ein so monumentales
Werk handelt. Die verwendete Metrik „misst" ein bestimmtes Interesse, das in einer
bestimmten wissenschaftlichen Gemeinschaft geweckt wurde, und nicht seine Qualität.
Dasselbe Argument gilt für die „Produktivitäts"-Metriken. Die Anzahl der von einem
Forscher erstellten Arbeiten hat nicht unbedingt etwas mit dem verhältnismäßigen Bei-
trag zu tun, den der Forscher zu seinem Fachgebiet geleistet hat.

Die „Qualität" wissenschaftlicher Zeitschriften wird durch den umstrittenen *Journal
Impact Factor* „gemessen". In all diesen Fällen messen wir nicht das, was wir eigentlich
kennen wollen, z. B. die Qualität, die Originalität und den verhältnismäßigen Beitrag der
Arbeit zum Forschungsstand, z. B. ihre „Exzellenz". Wir setzen vielmehr quantifizierbare Faktoren als Proxy für Qualität, Exzellenz oder Produktivität ein. Erschwerend
kommt hinzu, dass es keine allgemein anerkannten Definitionen für Qualität oder
Exzellenz gibt. Tatsächlich haben wir nicht einmal eine Definition von „Wissenschaft",
geschweige denn von „guter" Wissenschaft.[1] Wir überlassen es den Fachkollegen der
wissenschaftlichen Gemeinschaft, zu bewerten, was unter Qualität, Exzellenz oder guter
Wissenschaft zu verstehen ist, und diese Fachkollegen können sich bei ihrer Bewertung
durchaus auf verfügbare Metriken stützen. Dadurch wird die Bewertung zirkulär und
selbstreferentiell, was wiederum von der wissenschaftlichen Gemeinschaft dadurch
verteidigt wird, dass die Universitäten in ihren (Selbst-)Bewertungen „autonom" und
„unabhängig" sein sollten, während sie jede externe oder gesellschaftliche Bewertung
ihrer wissenschaftlichen Arbeit energisch ablehnen, da dies die (nicht definierte)
Exzellenz ihrer Arbeit gefährden würde.

Hinzu kommt, dass sich die Metriken auf die Forscher und ihre Einrichtungen
konzentrieren (z. B. Hochschulrankings), nicht aber auf das System als solches:
Wie funktioniert denn unser kollektives System der Wissensproduktion? Liefert das
Wissenschaftssystem überhaupt in ausreichendem Maße Ergebnisse, die gesellschaftlich wünschenswert sind? Wir bewerten nicht das Wissenschaftssystem selbst, sondern
scheinen stattdessen einen irrationalen Schönheitswettbewerb zwischen Forschern und
Institutionen zu veranstalten: Schneide ich oder schneiden unsere Institutionen besser

---

[1] Diese Situation führt dazu, dass eine staatliche Finanzierung der Forschung aus „willkür-
lichen" Gründen erfolgt. Bürger, selbst mit einem Doktortitel, können von nationalen Förder einrichtungen keine Mittel für einen Forschungsprojekt erhalten. Es wird einfach davon ausgegangen,
dass sie keine Wissenschaft betreiben, weil sie nicht an einer Forschungseinrichtung arbeiten.
Eine bemerkenswerte Ausnahme bildet das *European Framework Programme for Research*
(Europäisches Forschungsrahmenprogramm), das jede „juristische" Person finanzieren kann.

ab als andere? Gleichzeitig schrecken wir nicht davor zurück, das System zum Gegenstand einer Gamifizierung zu machen: Um die Zahl unserer Veröffentlichungen zu maximieren, stückeln wir Originalarbeiten in mehrere Einzelbeiträge auf, und um die Zahl der Zitate zu maximieren, halten wir Kollegen dazu an, unsere Arbeit zu zitieren.

In der Szientometrie wird seit kurzem widerstrebend anerkannt, dass es keine perfekten Metriken gibt (Wilsdon 2017). Alle quantifizierbaren Metriken können Gegenstand einer Gamifizierung werden, und man scheint nun zu akzeptieren, dass ein qualitatives Urteil unabdingbar ist, wenn man die „Qualität" beurteilen will. Das Peer-Review-Verfahren ist nach wie vor der Hauptkandidat für die Erstellung dieses qualitativen Urteils. Aber die Szientometrie versäumt es, die Frage zu stellen, welche Art von Wissenschaft wir eigentlich fördern wollen. Wollen wir eine Wissenschaft, die in erster Linie neue wissenschaftliche Erkenntnisse liefert? Oder wollen wir eine Wissenschaft, die zu gesellschaftlich wünschenswerten Ergebnissen führt? Oder wollen wir eine Wissenschaft, die sich für eine Vielzahl von Aufgaben eignet? Auch die Forschungsförderer, also diejenigen, die eigentlich ein Interesse daran hätten, dieser Frage nachzugehen, waren lange Zeit darin gefangen, der wissenschaftlichen Gemeinschaft zu „dienen", indem sie einfach die Mittel für diejenige Art von Forschung bereitstellten, die diese selbst fordert. Leider bedurfte es einer globalen Gesundheitskrise wie der Covid19-Pandemie, um die notwendigen Anpassungen in der Art und Weise in Angriff zu nehmen, wie wir die Forschung organisieren, belohnen und finanzieren und wie wir Anreize für die Forscher schaffen, das „Richtige" zu tun.

1   Das Ereignis von Covid-19 hat den Modus Operandi der Wissenschaft verändert: der Übergang zu offener Forschung und Wissenschaft

Die offene Forschung und Wissenschaft hat sich allmählich aus zwei globalen Trends entwickelt: offener Zugang zu Forschungsergebnissen und Open Source. Ersteres bezieht sich auf wissenschaftliche, von Experten begutachtete und online publizierte Ergebnisse, die frei zugänglich und nicht oder nur in begrenztem Umfang urheberrechtlich geschützt sind, während Open Source sich auf Software bezieht, die ohne Eigentumsbeschränkungen gemeinsam erstellt wurde, auf die zugegriffen und die genutzt werden kann.

Mit der Budapester Open-Access-Initiative aus dem Jahr 2002 wurde Open Access erstmals als international wünschenswerte Publikationspraxis verankert. Obwohl Open Access in erster Linie mit einer bestimmten Publikations- oder wissenschaftlichen Verbreitungspraxis gleichgesetzt wurde, versuchte die Budapester Open-Access-Initiative bereits, eine breitere Praxis offener Wissenschaft zu fördern, die die allgemeine Wiederverwendung vieler Arten von Forschungsprodukten umfasst, nicht nur von Publikationen oder Daten. Doch erst in jüngster Zeit haben sich verschiedene Formen der offenen Wissenschaft wirklich zum Konzept einer veränderten wissenschaftlichen Praxis weiterentwickelt, die den Schwerpunkt der Forschertätigkeit von der „möglichst schneller Veröffentlichung" auf die „möglichst frühe gemeinsame Teilhabe" am Wissen verlagert.

Michael Nielsens Buch *Reinventing Discovery: The New Era of Networked Science* aus dem Jahr 2013 ist wohl die erste und umfassendste Darstellung von „Open Scholarship", die sich an eine breite Leserschaft richtet. Michael Nielsen befürwortet die offene Wissenschaft als „die Idee, dass wissenschaftliche Erkenntnisse aller Art so früh wie möglich im Entdeckungsprozess offen geteilt werden sollten."

Das Ökosystem, das der offenen Wissenschaft zugrunde liegt, entwickelt sich sehr schnell weiter. Soziale Netzwerkplattformen für Forscher wie *Research Gate* oder *Academia* ziehen bereits viele Millionen Nutzer an und werden genutzt, um immer mehr Forschungsprojekte nach dem Prinzip des Brain-Sourcings auf den Weg zu bringen und zu legitimieren. Open Scholarship umfasst auch offene Formen der Nutzung von Programmcodes, wissenschaftlicher Entdeckungen und Analysen, offener Forschungs- bewertung und -kontrolle sowie der Öffentlichkeitsarbeit.

Open Scholarship ist in erster Linie das Ergebnis eines Bottom-up-Prozesses, der von einer wachsenden Zahl von Forschern vorangetrieben wird, die zunehmend soziale Medien und eine Vielzahl digitaler Mittel für ihre Forschung nutzen, um global koordinierte Forschungsprojekte zu initiieren und Ergebnisse bereits in einem frühen Stadium des Forschungsprozesses auszutauschen, z. B. durch elektronische Notizbücher, die den welt- weiten Austausch von Forschungsrohdaten zwischen Kooperationspartnern in Echtzeit ermöglichen und den Zugang zu Ergebnissen für potenzielle künftige Mitarbeiter erleichtern.

Ein frühes und wohlbekanntes Beispiel für offene Wissenschaft aus der Zeit vor dem Inter- net ist das Humangenomprojekt, das 1990 begann. Die Daten über das menschliche Genom wurden im Laufe des Projekts in großem Umfang unter den Wissenschaftlern ausgetauscht, während ein Moratorium für die Veröffentlichung eingehalten wurde, um eine optimale Zusammenarbeit zu fördern. Dank dieser Offenheit gelang es, das menschliche Genom in weniger als 15 Jahren zu entschlüsseln. Die offene Wissenschaft hat das Hauptaugenmerk der Forscher von der Veröffentlichung auf die gemeinsame Nutzung von Wissen verlagert.

Die laufenden Veränderungen erfassen in steigendem Maße die wissenschaft- lichen Praktiken, und es entstehen innovative Instrumente zur Erleichterung der Kommunikation, Zusammenarbeit und Datenanalyse. Forscher arbeiten zunehmend zusammen, um Wissen zu schaffen. Online-Tools schaffen einen gemeinsamen Raum, in dem kreative Gespräche in größerem Umfang geführt werden können. Dadurch kann der Problemlösungsprozess beschleunigt und die Bandbreite der zu lösenden Probleme erweitert werden (Nielsen 2013).

Durch die neuen Möglichkeiten des Wissens- und Datenaustauschs haben sich offenere Praktiken herausgebildet, um dringende Probleme in einem frühen Stadium anzugehen. So sequenzierte eine internationale Forschergruppe nur fünf Monate nach dem größten Ebola-Ausbruch der Geschichte drei Virusgenome, die Patienten in Guinea entnommen worden waren. Die Daten wurden noch im selben Monat veröffentlicht. Diese offene wissenschaftliche Praxis erstreckte sich innerhalb eines kurzen Zeit- raums auch auf die Bereitstellung eines experimentellen Impfstoffs und erwies sich als entscheidend für die Bekämpfung einiger kleinerer Ausbrüche im Jahr 2018. Das *National Institutes of Health* in den USA verlangt nun von allen Projektträgern, dass sie spätestens zum Zeitpunkt der Veröffentlichung ihrer Ergebnisse auch ihre großen genomischen Datensätze öffentlich zugänglich machen. Die Weltgesundheitsorganisation (WHO 2015) strebt einen Paradigmenwechsel bei der Weitergabe von Informationen bei Notlagen im Bereich der öffentlichen Gesundheit an, weg von der Beschränkung durch Sperrfristen für die Veröffentlichung, hin zur offenen Weitergabe über moderne, zweckmäßige Plattformen für die Vorveröffentlichung. Forscher, Zeitschriften und Geldgeber müssen sich uneingeschränkt dafür einsetzen, dass dieser Paradigmenwechsel stattfindet. Die WHO räumte ein, dass Patente auf natürliche Genomsequenzen für die weitere Forschung und Produktentwicklung hinderlich sein könnten, und fordert die Forschungseinrichtungen auf, bei der Patentierung und Lizenzierung genombezogener Erfindungen mit Bedacht vorzugehen, um die Produktentwicklung nicht zu behindern und einen angemessenen allgemeinen Nutzen zu gewährleisten. Die Organisation möchte auch, dass wissenschaftliche Verlage die öffentliche Weitergabe relevanter Daten nicht ahnden, sondern fördern oder sogar vorschreiben. Zika war das nächste große neue Problem im Bereich der öffentlichen Gesundheit, das mit wirksamen Initiativen auf der Grundlage der offenen Wissenschaft angegangen wurde.

Die Art und Weise, wie die WHO mit diesen Fragen der öffentlichen Gesundheit umging, und die damit verbundenen lobenswerten Initiativen von einzelnen Forschern, die sich angesichts der Dringlichkeit der Angelegenheit moralisch verpflichtet fühlten, eine offene Wissenschaftspraxis zu betreiben, verdienen es, zu einem Vorbild für die wissenschaftliche Praxis zu werden. Allerdings ist diese Praxis derzeit eher die Ausnahme als die Regel.

Trotz dieser Vorgeschichte neuer Probleme im Bereich der öffentlichen Gesundheit mussten wir bis zur Covid-19-Pandemie warten, einer Gesundheitskrise, die auch die „reichen" Länder der Welt forderte. Erst dann wurde die Wende zur offenen Wissenschaft mehr als nur eine moralische Initiative einzelner Forscher, die bereit waren, ihre Daten sogar um den Preis des Verzichts auf Originalpublikationen offen zu teilen. Jetzt wird diese Wende von öffentlichen Stellen gefördert, darunter auch von der Europäischen Kommission, die Open Science seit 2015 zu einer politischen Priorität erklärt hat (für einen Überblick über die Open-Science-Politik siehe Burgelman et al. 2019). Wir erleben einen notwendigen Wandel im Modus Operandi des wissenschaftlichen Arbeitens: Offene Forschung und Wissenschaft, bei der Forscher Daten und Wissen so früh wie möglich im Forschungsprozess mit allen relevanten Wissensakteuren teilen[2], ermöglichte es, Impfstoffe schnell zu liefern. Ohne die offene Wissenschaft hätte die Markteinführung dieser Impfstoffe unter den üblichen Bedingungen einer wettbewerborientierten Forschung und der Beschränkung der Rechte an geistigem Eigentum mindestens ein Jahrzehnt gedauert.

---

[2] Ich definiere offene Forschung und Wissenschaft (*open research and scholarship*) als „möglichst frühzeitiges Teilen von Wissen und Daten mit allen Wissensakteuren" (von Schomberg 2019, S. 25). Offene Forschung und Wissenschaft hat also zwei Dimensionen: Offenheit hinsichtlich der Wissensressourcen und Offenheit für die Zusammenarbeit mit anderen Wissensakteuren.

Diese Fälle von Krisen im Bereich der öffentlichen Gesundheit bieten ein inspirierendes Modell dafür, wie globale Forschungskooperationen zur Bewältigung der gesellschaftlichen Herausforderungen unserer Zeit beitragen können. Solche Fälle sollten nicht die Ausnahme, sondern die Regel sein. Um jedoch offene Wissenschaft zur Regel zu machen, muss, wie die dramatischen Fälle von Ebola, Zika und Covid-19 zeigen, eine Politik der offenen Wissenschaft umgesetzt werden, die sich auf den Kern der Arbeit von Forschern bezieht und die notwendige Änderung des Belohnungs- und Anreizsystems für Forscher angeht. Dies bedeutet, wie die Fälle der neu auftretenden Krisen im Bereich der öffentlichen Gesundheit zeigen, dass die Bedeutung der Veröffentlichung in großen wissenschaftlichen Zeitschriften im Kontext einer voll funktionsfähigen offenen Wissenschaft relativiert wird und andere Forschungsergebnisse wie offene Daten, offene Software usw. an Bedeutung gewinnen werden. Offene Forschungsergebnisse werden vor der Veröffentlichung und nicht erst nach der Veröffentlichung verfügbar sein. Tab. 1 und 2 fassen den Unterschied zwischen geschlossener und offener Wissenschaft und die Gratifikation der beiden verschiedenen Arten des wissenschaftlichen Arbeitens zusammen.

Tab. 1 Geschlossene versus offene Wissenschaft. (Eigene Darstellung)

Geschlossene Wissenschaft	Offene Wissenschaft
Schaffung von individuellem Ansehen	Netzwerke schaffen, kommunizieren und zusammenarbeiten
Konzentration auf und Interesse an wissenschaftlichen Grenzgebieten, neue und interessante Ergebnisse	Konzentration auf und Interesse an gesellschaftlicher Bedeutung: zu allgemeinen Herausforderungen beitragen und gesellschaftlich wünschenswerte Ergebnisse hervorbringen (SDGs usw.)
Ausdauer und viel Glück: nur 7 % der Nature-Beiträge werden veröffentlicht	Gemeinsame Nutzung und frühzeitige Veröffentlichung in Open-Access-Portalen oder „Facebooks" für Wissenschaftler (Zenedo, Researchgate usw.)
Zitate: Üben Sie sich in Geduld!	Schnellere und höhere Zitationsraten
	Offene wissenschaftliche Praxis der gemeinsamen Nutzung offener Daten wird in der Wissenschaft zunehmend zur Notwendigkeit: datenintensive Wissenschaft (siehe HGP)

Tab. 2 Belohnung des derzeitigen Wissenschaftssystems vs. Belohnung von offener Forschung und Wissenschaft. (Eigene Darstellung)

Gratifikationen des derzeitigen Wissenschafts-systems		Gratifikationen von offener Forschung und Wissenschaft	
Gratifikationen einzelner konkurrierender Wissenschaftler – Erlangung wissenschaftlichen Ansehens		Gratifikationen von Zusammenarbeit und Austausch zur Erzielung gesellschaftlicher Auswirkungen (z. B. Covid-19)	
So viel und so schnell wie möglich veröffentlichen: *publish or perish!*		Wissen/Daten so früh wie möglich in offener Zusammenarbeit teilen: Zusammenarbeit oder keine Auswirkungen!	
Exzellenz als selbstreferentielles Kriterium		Relativer Beitrag zu Forschungsaufträgen mit Schwerpunkt auf gesellschaftliche Herausforderungen: Zusammenarbeit mit offenen Forschungsprogrammen oder keine gesellschaftlich erwünschte Wirkung!	
Anreize für Forscher, bestimmte Ergebnisse zu erzielen (hauptsächlich Veröffentlichungen)	Gebrauch von quantitativen Metriken zur „Messung" von Qualität und Produktivität	Anreize für Forscher, ein bestimmtes Forschungsverhalten an den Tag zu legen: Austausch von Wissen/Daten, Zusammenarbeit, transnational, transdisziplinär, mit allen Wissensakteuren	Relativer Beitrag zu einem Forschungsauftrag – qualitative Bewertung des *Forschungsverhaltens*

2 Auf dem Weg zu einer neuen Metrik – oder Verzicht auf Metriken?

Die normative Frage, die dem Einsatz jeglicher Art von Metriken vorausgehen sollte (aber nur selten gestellt wird), ist die Frage, welche Art von Wissenschaft wir überhaupt fördern wollen und welche Art von wissenschaftlichen Ergebnissen wir tatsächlich als lohnend erachten. Ich habe dafür plädiert, dass die „offene Wissenschaft und Forschung" *(open research and scholarship)* eigentlich die Art von Wissenschaft ist, die wir fördern sollten, wenn wir das „System" der Wissenschaft produktiv machen wollen. Der einzelne Forscher sollte nur nach seinem verhältnismäßigen Beitrag zu einer wissenschaftlichen Aufgabe beurteilt werden. Wenn Handwerker ein Haus bauen wollen, werden sie nicht nach einer „Metrik" wie der Anzahl der Nägel, die sie in das Holzwerk geschlagen haben, entlohnt, sondern nach der Art und Weise, wie sie zur „Mission" der Fertigstellung des Hauses beigetragen haben, und zwar nach bestimmten Qualitätsstandards, der Qualität der Erledigung der einzelnen Aufgaben und der Effizienz ihrer Zusammenarbeit. Warum sollte es anders sein, wenn man einen Wissenschaftler bei der Erfüllung eines Forschungsauftrags entlohnt? Exzellente Wissenschaft ist auch selten eine Frage individueller intellektueller Überlegenheit, die durch ein wettbewerbs-orientiertes Fördersystem honoriert wird, sondern immer mehr eine Frage exzellenter Zusammenarbeit zwischen einer großen Zahl von Wissenschaftlern. Der Artikel, in dem der empirische Beweis für die Existenz, der vor hundert Jahren von Einstein ver-muteten Gravitationswellen erbracht wurde – und für den ein Nobelpreis verliehen wurde – wurde von eintausend Autoren verfasst.[3] Der fünfhundertundzweite Mitautor dieses Artikels war wahrscheinlich weniger an der Gesamtkonzeption und -organisation der Forschung beteiligt als die erstgenannten Autoren, war aber für den Abschluss der Forschung ebenfalls unerlässlich. Die Forschung ist zunehmend vernetzt und arbeitet zwangsläufig zusammen, so wie Bauarbeiter bei der Fertigstellung eines komplexen Gebäudes. Forscher, die bei einer Mission einen „kleineren" Auftrag hatten, können bei einer anderen Mission einen größeren Beitrag leisten, doch beide Missionen sind für die „Produktivität" des Wissenschaftssystems relevant, und wir brauchen sowohl kleinere als auch größere Verrichtungen um die gesellschaftlich wünschenswerten Ergebnisse zu erzielen.[4]

Eine geschlossene Wissenschaft für Covid-19 hätte einige Jahre nach dem Auftauchen des Virus einige „hochwertige" Veröffentlichungen in Fachzeitschriften mit hohem Impact hervorgebracht. Wir hätten die wissenschaftliche Gemeinschaft nur in dem Maße einbezogen, wie sie unter Wettbewerbsbedingungen Finanzmittel erhalten hätte. Dies hätte dazu geführt, dass einige wenige über einen längeren Zeitraum gute wissen-schaftliche Arbeit geleistet hätten, und in der Zwischenzeit hätten wir das eine oder andere Menschenleben verloren… Open Science rettet Menschenleben! Der Mangel an Zusammenarbeit und die angespannte Konkurrenz zwischen den Forschern mag die Forscher „produktiv" machen, was die Produktion von Veröffentlichungen angeht, macht aber das System als solches ineffizient. Der Einsatz von Metriken, die eine geschlossene Wissenschaft unterstützen, gefährdet das Ergebnis gesellschaftlich wünschenswerter Leistungen wie die Herstellung eines Impfstoffs. Aber Open Science macht das Wissen-schaftssystem nicht nur produktiver, sondern auch reaktionsfähiger für gesellschaft-liche Anforderungen. Das macht die Frage der Schaffung einer „altmetrics", die auch die „Auswirkungen" der Arbeit von Wissenschaftlern erfassen würde, überflüssig und

---

[3] Es ist eine Ironie des Schicksals, dass der prestigeträchtige Nobelpreis nach wie vor von der „Brillanz" eines einzelnen Wissenschaftlers ausgeht, während in jüngster Zeit fast alle Preis-träger ausdrücklich einräumten, dass ihre Arbeit ohne umfangreiche Zusammenarbeit mit anderen Wissenschaftlern auf ihrem Gebiet nicht möglich gewesen wäre. Die Preise müssten in der Regel einfach an mehr als nur eine Person vergeben werden.

[4] Häufig werden Forschungsarbeiten mit gesellschaftlich sehr relevanten und wünschenswerten Ergebnissen nicht als „sexy" genug angesehen, um in wissenschaftlichen Zeitschriften veröffent-licht werden zu können, und landen daher in der riesigen und weiter anwachsenden „grauen" wissenschaftlichen Literatur (z. B. Forschungsarbeiten zur Verbesserung der Sanitärsysteme in Entwicklungsländern: sehr relevant, aber kein Kandidat für eine Veröffentlichung in einer „High-Impact"-Zeitschrift).

unangebracht. Eine Altmetrik, die den „Impact" der Arbeit einzelner Wissenschaftler „misst", würde ein Wissenschaftssystem unterstützen, das in Bezug auf den „richtigen" Impact der Wissenschaft „unproduktiv" ist, so wie die Bibliometrie derzeit eine Wissenschaft unterstützt, die in Bezug auf die Lieferung von „Qualitätswissenschaft" unproduktiv ist. Die normative Frage, die der Frage nach der „Messung" der Auswirkungen vorausgeht, betrifft die Richtung, die wir der Forschung (und der Innovation) geben wollen.[5] Open Science, die sich mit Covid 19 befasst, verbindet „Qualität und Produktivität" des Wissenschaftssystems (Produktion relevanter neuer Erkenntnisse und wissenschaftlicher Entdeckungen) mit der Effizienz der Erzielung eines gesellschaftlich wünschenswerten Ergebnisses (z. B. eines Impfstoffs). Die Verwendung von Metriken wäre hier unangemessen gewesen.

Wir brauchen also nicht nur keine Metriken, sondern sie würden auch immer ein Hindernis dafür darstellen, das Wissenschaftssystem produktiv zu machen – sowohl was die Gewinnung wissenschaftlicher Erkenntnisse als auch was die Erzielung gesellschaftlich wünschenswerter Ergebnisse angeht. Wie aber soll man dann „offene Wissenschaft" bewerten?

Wir müssen weiterhin Anreize für die Forscher schaffen, das „Richtige" zu tun, und zwar auf der Ebene der Anreize für ein angemessenes Forschungsverhalten (z. B. frühzeitiger Daten- und Wissensaustausch und Zusammenarbeit bei den „richtigen" Themen, um gesellschaftlich wünschenswerte Ergebnisse zu erzielen). Einige mögen einwenden, dass dies wiederum ein Messen und Zählen erfordert, z. B. wie viele offene Datensätze ein Forscher produziert oder an wie vielen offenen Kooperationen er beteiligt war. Dies würde natürlich an der Tatsache scheitern, dass die Wissenschaften wirklich vielfältig sind und die „Menge" der gemeinsam genutzten Daten im Bereich der Geschichtswissenschaft einen anderen Stellenwert hat als im Bereich der Biowissenschaften. Gleichwohl wurde vorgeschlagen, unterschiedliche Indikatoren für verschiedene wissenschaftliche Bestrebungen zu verwenden (Wouters 2020). Diese Denkweise berücksichtigt jedoch nicht die Notwendigkeit, Forscher danach zu bewerten, inwieweit sie zu einer „Forschungsmission" beigetragen haben, sei es eine Mission der Pionierforschung (wie die zu Gravitationswellen) oder eine Mission der angewandten Forschung (zu einem Impfstoff für Covid 19). Dabei handelt es sich im Wesentlichen um ein qualitatives Urteil. Solche Beurteilungen könnten im Rahmen herkömmlicher Peer Reviews, aber auch in erweiterten Peer Reviews unter Einbeziehung der relevanten Interessengruppen erfolgen, wenn die „Auswirkungen" von Forschungsmissionen zu bewerten sind. Daher gilt für jedwede Wissenschaft, dass „Messen", z. B. der Einsatz einer Metrik, niemals eine Option ist. Möglicherweise könnten wir anstelle einer Metrik an Indikatoren denken, die anzeigen, inwieweit Forscher sich auf offene

---

[5] Die Schaffung von Anreizen für Forscher, „Forschung und Innovation auf gesellschaftlich wünschenswerte Ziele auszurichten", ist Gegenstand der Responsible Research and Innovation, siehe ausführlich: Von Schomberg (2019).

Wissenschaftspraktiken einlassen und damit zum Wissenschaftssystem als solchem beitragen. Zu diesem Zweck kämen die „Anzahl" der kollaborativen Netzwerke und die Menge der früh geteilten Datensätze infrage. Sie könnten uns helfen, das globale Wissenschaftssystem im Hinblick auf sein Eintreten für offene Wissenschaft zu bewerten. Die Bewertung einzelner Forscher sollte jedoch immer qualitativer Natur bleiben. Es gibt keine sinnvollen Metriken für diese Aufgabe.

Weiterführende Literatur

Burgelman J-C, Pascu C, Szkuta K, Von Schomberg R, Karalopoulos A, Repanas K and Schouppe M. 2019. Open Science, Open Data, and Open Scholarship: European Policies to Make Science Fit for the Twenty-First Century. Front. *Big Data* 2:43.

European Commission high-level advisory group report. 2020. *Progress on open science: Towards a shared research knowledge system. Final report of the Open Science Policy Platform.* https://doi.org/10.2777/00139

UNESCO. 2021. *UNESCO Recommendation on Open Science.* https://en.unesco.org/science-sustainable-future/open-science/recommendation

Hicks, D., P. Wouters, L. Waltman, S. de Rijcke, & I. Rafols. 2015. Bibliometrics: The Leiden Manifesto for research metrics. *Nature* 520:429. https://doi.org/10.1038/520429a

Moher, D., F. Naudet, I.A. Cristea, F. Miedema, J.P.A. Ioannidis, & S.N. Goodman. 2018. Assessing scientists for hiring, promotion, and tenure. *PLoS Biol* 16(3): e2004089. https://doi.org/10.1371/journal.pbio.2004089

Nielsen, Michael 2013. *Reinventing Discovery: The New Era of Networked Science,* Princeton University Press

Von Schomberg, R. 2019. 'Why responsible innovation' in: R. Von Schomberg and J. Hankins (eds) *International Handbook on Responsible Innovation: A Global Resource.* Cheltenham: Edward Elgar, pp. 12–32.

World Health Organization (WHO). 2015. Developing Global Norms for Sharing Data and Results During Public Health Emergencies. Statement arising from a WHO Consultation held on 1–2 September 2015. Available online at: https://www.emro.who.int/rpc/rpc-events/global-norms-for-sharing-data-and-results-public-health-emergencies.html

Wilsdon, J. 2017. *Next-generation metrics, responsible metrics and evaluation for open science,* Publication office of the European Union

Wilsdon J., et al. 2015. *The Metric Tide: Report of the Independent Review of the Role of Metrics in Research Assessment and Management.* https://doi.org/10.13140/RG.2.1.4929.1363

Wouters, P. 2020. *Indicator Frameworks for Fostering Open Knowledge Practices in Science and Scholarship,* Publication office of the European Union

Schlaglicht: Qualität und Quantität

Oliver Schlaudt

Qualität und Quantität

Indikatoren bieten Quantifizierungen von Phänomenen, die zuvor nicht in Zahlen ausgedrückt wurden – Intelligenz, wissenschaftliche Qualität, Lebensqualität, Liberalität von Nationen, Investitionsklima, Geschlechterungleichheit usw. usf. Die teils schwerwiegenden Probleme der Indikatorik, die auch den Gegenstand des vorliegenden Buches darstellen, haben Kritik und Ablehnung der quantitativen Herangehensweise hervorgerufen. Manchmal bemühen diese Kritiken das Argument, die Indikatorik wolle „das Unmessbare messen", was offenkundig „absurd" sei (Schuhmacher 1973/1993, S. 31). Der Soziologe Steffen Mau spricht von einer „Vergleichbarkeitsillusion". Jenseits einer „Kommensurabilitätsgrenze" habe man es mit Sachverhalten zu tun, „die eigentlich unvergleichbar sind" (Mau 2017, S. 59 f.). Oft wird in diesem Zusammenhang das Gegensatzpaar von Quantität und Qualität bemüht. So schreibt der Ökonom Mathias Binswanger: „Qualität ist grundsätzlich nicht messbar, und das gilt es zu akzeptieren."; „Das Problem ist nur, dass die heute in Wirklichkeit wichtigen Leistungen sich einer quantitativen Messbarkeit entziehen, da es dort in erster Linie um Qualität, nicht Quantität geht." (Binswanger 2010, S. 218 und S. 67; vgl. Binswanger 2015, S. 81). *„Quantifying Quality and Other Problems"* überschreibt ein Kunstökonom kokett seinen Artikel, und schöpft dabei offenkundig aus dieser kategorialen Spannung zwischen Quantität und Qualität (Mason 2003).

O. Schlaudt (✉)
HfGG – Hochschule für Gesellschaftsgestaltung, Koblenz, Deutschland
E-Mail: oliver.schlaudt@hfgg.de

© Der/die Autor(en), exklusiv lizenziert an Springer Fachmedien Wiesbaden GmbH, ein Teil von Springer Nature 2023
J. Mörtel et al. (Hrsg.), *Indikatoren in Entscheidungsprozessen,*
https://doi.org/10.1007/978-3-658-40638-7_15

Lässt sich eine Grenze zwischen dem Messbaren und dem Unmessbaren ziehen? Gibt es Dinge, die unvergleichbar sind? Bilden Quantität und Qualität einen Gegensatz? Aristoteles nennt die beiden letzteren in der Tat als zwei verschiedene Kategorien, da sie verschiedenartige Fragen antworten, nämlich „was?" (im Sinne von „was für eines" oder „wie beschaffen") und „wieviel?" (Aristoteles 1998). Noch in der heutigen Forschung wird grundsätzlich zwischen qualitativen und quantitativen Methoden unterschieden, und der Gegensatz von Qualität und Quantität schwingt auch in den „zwei Kulturen" mit, in welche C.P. Snow das Geistesleben der westlichen Gesellschaften zerfallen sah (vgl. Snow 1961): naturwissenschaftliche Ausbildung vs. humanistische Bildung, Erklären vs. Verstehen, Universelles (Naturgesetze) vs. Partikulares und Einzigartiges (Werke, Personen, Epochen) – und eben Quantität vs. Qualität.

Schon im 14. Jahrhundert haben sich indes sogar die an den europäischen Universitäten wirkenden, zutiefst aristotelischen Scholastiker davon überzeugt, dass Quantitäten immer quantitative Bestimmungen einer Qualität sind (vgl. Maier 1951). Auch eine Gewichtsangabe beruht auf dem kategorischen Unding der Quantifzierung einer Qualität, nämlich von Gewicht oder Schwere. Das Unding ist eben keines, wenn man es nur zeitlich auflöst: Nachdem man auf die Frage des „was für eines" mit „ein Schweres" geantwortet hat, ist es legitim – d. h. zumindest nicht prinzipiell ausgeschlossen –, dass man mit der Frage nach dem „wie schwer" fortfährt. Bei den sogenannten „intensiven Größen" schwingt der alte Gegensatz von Quantität und Qualität noch mit. Schwere ist (relativ) leicht messbar ist, da doppelt so große Körper derselben homogenen Substanz auch doppelt so schwer sind. Deswegen kann man Gewicht messen, indem man Gewichte zählt. Aber zwei Gläser Wasser haben gemischt nicht die doppelte Temperatur. Temperatur ist eine „Intensität", die in Graden gemessen wird. Noch im 18. Jhdt. definierte der Philosoph Christian Wolff den Grad als die „Quantität der Qualität" („qualitatum quantitas", Wolff 1746, S. 555), womit sich der scheinbare Widerspruch auflöst, weshalb Wolff schließlich befinden konnte: „Man kann die Qualitäten messen, oder alle Qualitäten sind messbar" („Qualitatis metiri licet, seu qualitates omnes sunt mensurabiles", ebd., S. 561).

Es ist hilfreich, die Streitfrage nach der Messbarkeit und ihren Grenzen aus einem größeren Abstand zu betrachten. Quantifizierung und Messung führen zu einer bestimmten Form von symbolischer Darstellung von Sachverhalten. Damit haben wir es mit einem Spezialfall von sprachlicher oder symbolischer Repräsentation zu tun, welche Fähigkeit ein Grundcharakteristikum der menschlichen Kultur ausmacht. Der Philosoph Ernst Cassirer sprach vom Menschen als dem „symbolischen Tier" (animal symbolicum): Das Symbol unterbreche den unmittelbaren Reiz-Reaktionsmechanismus biologischer Organismen, und der Mensch lebt daher nicht einfach in einer Welt, sondern macht sich ein Bild von der

Welt, welches in seine Handlungsorganisation und Entscheidungsfindung Eingang findet (vgl. Cassirer 1944).

Aus dieser Warte betrachtet sind das (rein) Qualitative und das (auch) Quantitative nur zwei verschiedene Formen symbolischer Repräsentation. Viele als solche empfundene Zumutungen, die der Quantifizierung angelastet werden, gehen bei genauerer Betrachtung tatsächlich schon mit der (rein) sprachlich-qualitativen Repräsentation einher. Schon die bloße Benennung eines Gegenstandes durch ein Nomen bringt eine *Objektivierung* oder *Verdinglichung* mit sich (der Gegenstand muss gedanklich stillgestellt werden, um ihn benennen zu können), eine *Abstraktion* oder *Reduktion* (insofern das Nomen den Gegenstand nicht in all seinen Spezifika erfasst) und schließlich auch eine *Vergleichbarkeit* (da der Gegenstand nur unter einem Aspekt angesprochen wird, wird er unter diesem Aspekt anderen Gegenständen derselben Art vergleichbar). All dies sind Implikationen nicht erst des Messens, sondern schon des bloßen Sprechens.

Darüber hinaus lässt sich beobachten, dass die Grenze von der qualitativ-sprachlichen zur quantitativ-numerischen Repräsentation fließend ist und wir in unseren alltäglichen Rede- und Denkweisen durchaus Schritte hin zu einer vergleichenden Anordnung unternehmen, die in Form der ausdrücklichen Quantifizierung und Messung anstößig wirken mögen. Kann man wissenschaftliche Exzellenz, die Intensität von erotischer Zuneigung und die Tiefe von Freundschaft messen? Zumindest unterscheiden wir in der alltäglichen Sprache sicher zwischen einem Genie, einem Normalwissenschaftler und einem kleinen Geist, räumen der großen Liebe einen anderen Stellenwert ein als einer flüchtigen Verliebtheit, und sortieren treffsicher und in wechselseitigem Einverständnis zwischen der besten Freundin, einer guten Freundin und einer losen Bekanntschaft.

Für das Studium der Indikatorik ergibt sich daraus, dass es vermutlich keinen Sinn hat, eine Grenze zwischen dem, was messbar ist, und dem, was prinzipiell nicht messbar ist, ziehen zu wollen, und weniger noch, zwischen Quantität und Qualität einen Gegensatz konstruieren zu wollen. Umgekehrt bedeutet dies aber nicht, dass jeder Versuch der Quantifizierung gelingt. Die Kriterien des Gelingens oder Scheiterns müssen offenbar vorsichtiger und pragmatischer freigelegt werden, indem man sehr genau jeden Indikator, seine Ziele, die ihm unterliegenden Techniken, seinen Einfluss auf die Sicherheit von Entscheidungen und die Folgen seiner Anwendung untersucht. Aus diesem Grund besteht der vorliegende Band vor allem aus Fallstudien.

Evaluation und Leistungsbewertung an Hochschulen: Indikatormodelle und ihre Stärken und Schwächen

Theodor Leiber

1 Gegenwärtige Herausforderungen für Hochschulen

Die Kernaufgaben von Hochschulen sind Studium und Lehre (Persönlichkeitsbildung; inhaltliche und methodische Ausbildung, insbesondere des akademischen Nachwuchses; Bildung zur Berufsfähigkeit), Forschung und Third Mission (z. B. Wissens- und Technologietransfer; regionales Engagement; Weiterbildungsangebote; transdisziplinäre und soziale Innovationen). Im Rahmen dieses breiten Auftrags zu Aufklärung, Bildung und Innovation in Wissensgesellschaften sehen sich Hochschulen als kreative lernende Organisationen und strategische offene Republiken von Akademikern und Studierenden (Brubacher 1967) gegenwärtig mit vielfältigen und komplexen Herausforderungen konfrontiert.

Dazu zählen die digitale Transformation (Marks et al. 2020; Leiber 2022b), beschränkte Führungskompetenzen (Patel und Hamlin 2017) und der multipel-hybride Charakter von Hochschulen, die viele unterschiedliche, teilweise konkurrierende Aufgaben, Anspruchsgruppen und Zuständigkeiten aufweisen und zahlreiche Organisationseinheiten und einzelne Wissenschaftler:nnen mit ihren ausgeprägten Bereichsautonomien umfassen, die um begrenzte Ressourcen konkurrieren. Es stellen sich Zukunftsaufgaben in Bezug auf Modernisierungen der Organisation (z. B. Leitbilder – Werte, Ziele, Visionen – verbessern, insbesondere unter Berücksichtigung von Nachhaltigkeitszielen und Ressourcen- und Risikomanagement), der Wissensgenerierung und -verbreitung (Inter- und Transdisziplinarität) sowie des Bildungsmodells (z. B. neue Lehr-Lern-Modelle; lebenslanges Lernen).

T. Leiber (✉)
Evaluationsagentur Baden-Württemberg (evalag), Mannheim, Deutschland
E-Mail: leiber@evalag.de

© Der/die Autor(en), exklusiv lizenziert an Springer Fachmedien Wiesbaden GmbH, ein Teil von Springer Nature 2023
J. Mörtel et al. (Hrsg.), *Indikatoren in Entscheidungsprozessen*,
https://doi.org/10.1007/978-3-658-40638-7_16

Weitere Herausforderungen durch nicht- oder anti-demokratische Kontext-bedingungen haben sich zu ernsthaften Bedrohungen für Hochschulen als kritische gesellschaftlich wirkmächtige Institutionen entwickelt. Entsprechende Attacken (nicht nur) auf die Hochschulen als selbstbestimmte und kreative Institutionen gehen von diktatorischen Staaten und dominanten politischen Religionen aus, die beispielsweise die demokratische Gewaltenteilung und die Allgemeine Erklärung der Menschenrechte missachten. Problematisch sind in diesem Zusammenhang auch die in verschiedenen Ländern beobachtbaren (macht-)politischen Optionen der Digitalisierung, die Modi der Einflussnahme und Überwachung ermöglichen, die akademische Freiheiten und Kreativität unterminieren können. Hinzu kommt die Bedrohungsquelle eines wissen-schaftsfeindlichen und anti-aufklärerischen Populismus.

Solchen Herausforderungen kann ohne systematische, aufklärerisch-kritische Evaluation nicht produktiv und proaktiv begegnet werden, die insbesondere Perspektiven der Qualitäts- und Organisationsentwicklung fokussiert (Leiber 2019a), die sich auf die Werte, Ziele und Visionen der Kernaufgabenbereiche von Hochschulen und die darin erreichten Leistungen beziehen. Solche Evaluationen können durch Deming- oder PDCA-Zyklen (PDCA = Plan-Do-Check-Act; Moen und Norman 2011; vgl. Abb. 1) bzw. durch ein erweitertes Seven-Step Action Research Process Model (Leiber 2019a, S. 325–326) modelliert werden. Insbesondere die Phase der Überprüfung des Erreichungsgrades (Check) der gesetzten Ziele (Plan) basiert dabei auf qualitativen und quantitativen Indikatoren für Prozessvoraussetzungen (Inputs), Prozessverläufe (process flow) und Prozessergebnisse (Outputs, Outcomes, Impacts), die im Folgenden unter dem breiten Sammelbegriff „Leistungsindikatoren" zusammengefasst werden. Sie indizieren erreichte Leistungsgrade, die im Abgleich mit gesetzten Zielleistungen Bewertungen und Empfehlungen für Innovationen (Act) mit dem Zweck der Leistungsverbesserung ermöglichen. Die Option, dass evaluative Qualitätsentwicklung in mittel- und lang-

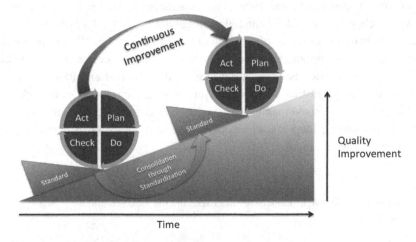

Abb. 1 Deming- oder PDCA-Zykus (PDCA = Plan-Do-Check-Act; Moen und Norman 2011)

fristiger Perspektive den Charakter einer Sisyphus-Aufgabe trägt (Kühl 2020), ist in Abb. 1 mitzudenken.

Vor diesem Hintergrund konzentrieren sich die weiteren Überlegungen auf die folgenden Fragen und Ziele:

- Welchen Wert hat Evaluation im Hochschulbereich?
- Welche Rolle spielen dabei Leistungsindikatoren?
- Welche Herausforderungen und Grenzen von Evaluation an Hochschulen lassen sich feststellen?

2 Evaluation: Begriff und Funktionen

Evaluation ist eine Form der angewandten Sozialforschung, die darauf abzielt, Entscheidungsprozesse, auch außerwissenschaftliche, systematisch zu unterstützen, die zur Lösung praktischer, gesellschaftlicher und politischer Probleme beitragen (Clemens 2000, S. 215). Insofern beinhalten Evaluationen in der Regel auch komplexe Aushandlungsprozesse und können als transdisziplinär charakterisiert werden. Für wissenschaftsbasierte Evaluationen ist es unabdingbar, genau zu wissen, was, wofür, nach welchen Kriterien, von wem und wie evaluiert wird. Sie zeichnen sich somit durch folgende Kriterien aus (Stockmann 2016, S. 36): 1) Die Evaluationsgegenstände sind klar definiert. 2) Zur Informationsgewinnung werden empirische (sozialwissenschaftliche) Forschungsmethoden eingesetzt. 3) Bewertungen erfolgen nach explizit festgelegten, intersubjektiv belegbaren Kriterien. 4) Zur Bewertung von Informationen werden systematische (vergleichende) Verfahren eingesetzt. 5) Evaluationen sollten durch speziell kompetente und geschulte Personen (Evaluator:nnen) durchgeführt werden. 6) Evaluationen haben das Ziel, den Wert von Evaluationsgegenständen zu ermitteln (check), um Handlungsempfehlungen zur Verbesserung der Evaluationsgegenstände zu generieren (act; follow-up).

Evaluationen können somit vier mögliche Funktionen erfüllen (Stockmann 2016, S. 38 ff.):

- Wissen generieren
- Qualitätsentwicklungs- und Lernprozesse anstoßen (formative Evaluation)
- Evaluierte Gegenstände legitimieren
- Kontrolle ausüben

3 Evaluation im Hochschulbereich

3.1 Zentrale Funktionen und Ziele

Die Funktionen der Evaluation als Kernverfahren der strategischen Hochschulsteuerung lassen sich folgendermaßen spezifizieren (vgl. Eaton 2003):

Stärkung der epistemischen Transparenz und evidenzbasierten Selbststeuerungsfähigkeit

Das durch Evaluation generierte Wissen über die Organisation und ihre Governancestrukturen (z. B. akademische Autonomie; organisationale und kompetitive Rechenschaftslegung) kann zur Stärkung der Selbststeuerungsfähigkeit genutzt werden.

Erhaltung und Verbesserung der Leistungsqualität

Diese Evaluationsfunktion kann in vier Subfunktionen unterteilt werden: (i) Sicherstellung, dass der Evaluationsgegenstand (z. B. Institution, Programm, Organisationseinheit) etablierte (Mindest-)Standards erfüllt; (ii) Erfüllung der Anforderung von Deming-Zyklen; (iii) Einbeziehung von Hochschulmitgliedern und Organisationseinheiten in die Evaluation (Partizipation); und (iv) kontinuierliche Professionalisierung der Evaluation und Realisierung konstruktiver Selbstkritik.

Stärkung und Verteidigung der akademischen Werte

Evaluationen können dazu beitragen, die Grundwerte der Hochschule – institutionelle Autonomie; akademische Freiheit; Engagement für Studium, Forschung, Third Mission und Allgemeinbildung– zu stärken (anstatt sie zu unterminieren).

Pufferung gegen Politisierung

Da Hochschulstrategien und Mittelgeber Evaluationsergebnisse benötigen, um organisationale und akademische Strategie und Leistungsqualität zu sichern, zu stärken und effektiv zu finanzieren, dient Evaluation als Maßnahme zum Schutz von Hochschulen vor unangemessener politischer Einflussnahme (z. B. in der Personalpolitik und -verwaltung, der Finanzpolitik, der institutionellen Strategie) und (anderem) schädlichem externem und internem Druck.

3.2 Indikatormodelle und Datenerhebungsmethoden

Im Hochschulbereich werden heute verschiedene Methoden und Verfahren der Qualitäts- und Leistungsbewertung angewendet, die unterschiedliche Qualitäts- und Leistungsbereiche und Evaluationsziele abdecken und quantitative wie qualitative Leistungsindikatoren nutzen. Entsprechend lassen sich diese Methoden und Verfahren als unterschiedliche Indikatormodelle verstehen, die ausgewählte Leistungsbereiche mit bestimmten Indikatoren zu erfassen versuchen. Dazu zählen beispielsweise

- Forschungsrankings (z. B. Academic Ranking of World Universities (ARWU), Times Higher Education (THE), Centre for Science and Technology Studies (CWTS) Leiden) (vgl. Leiber 2017)
- Forschungsinformationssysteme (FIS), mit denen Kerndaten und Indikatoren gesammelt und aufbereitet werden (z. B. Kerndatensatz Forschung – Standard für Forschungsinformationen in Deutschland (KDSF); Common European Research Information Format (CERIF))
- Akkreditierung im Bereich Studium und Lehre (z. B. Programmakkreditierung und institutionelle Akkreditierung)
- Rankings für Studium und Lehre (z. B. nationale Rankings wie Centrum für Hochschulentwicklung-(CHE-)Ranking, Deutschland; Teaching Excellence Framework (TEF)-Ranking, Großbritannien)
- Studierendenumfragen (z. B. National Survey of Student Engagement: NSSE, USA; Student Experience Survey: SES, Australien) (vgl. Leiber 2020)
- Indikatorengestützte Berichtssysteme auf verschiedenen administrativen Ebenen (z. B. auf Bundesebene „Bildung in Deutschland"; Landesberichtssysteme; Berichtssysteme einzelner Hochschulen)
- Internationale komparative Rankings über alle Leistungsbereiche (z. B. U Multirank)
- Leistungsorientierte Mittelvergabe (LOM) (z. B. Anreize zur Leistungssteigerung und zum effizienten Einsatz von Ressourcen durch kompetitive Mittelverteilung auf Basis quantitativer Leistungsindikatoren)
- Leistungsvereinbarungen zwischen Ministerien und individuellen Hochschulen

Die wichtigsten Datenerhebungsmethoden in Evaluationen im Hochschulbereich sind:

- Peer review – qualitativ
- Qualitative Inhaltsanalyse (vgl. Mayring 2020) angewandt auf (i) Textdokumente; (ii) transkribierte Interviews (strukturiert, semi-strukturiert, narrativ); (iii) transkribierte Fokusgruppendiskussionen (semi-strukturiert, narrativ) mit verschiedenen Stakeholder-Gruppen; (iv) schriftlich dokumentierte offene Umfragefragen mit verschiedenen Stakeholder-Gruppen.
- Statistische Methoden – quantitativ
- Bibliometrie – quantitativ

3.3 Leistungsindikatoren: Definition, Kriterien und Beispiele

Leistungsindikatoren können definiert werden als Konzepte, die qualitative und quantitative Informationen und Daten (inklusive deren Erhebungsmethoden) repräsentieren, die

institutionelle, organisatorische oder individuelle Leistungen charakterisieren. Leistungsindikatoren liefern Informationen über den erreichten Grad der geplanten Qualitätsleistung
(Check-Phase des PDCA-Zyklus). Sie sollten auf empirischen Theorien über die Strukturen
und Prozesse (Mechanismen) basieren, auf deren Grundlage die zu überprüfenden Qualitätsleistungen generiert werden. Leistungsindikatoren können somit ein breites Spektrum
von Kenngrößen unterschiedlicher Komplexität abdecken: von Leistungskennzahlen als
Quantifizierungen von Objekt- oder Prozessmerkmalen bis hin zu komplexen qualitativen
Leistungsinformationen, die in Kontexten theoretischer Modellannahmen über zugrunde
liegende Strukturen, Prozesse, Inputs, Outputs konstituiert werden. Leistungsindikatoren
beziehen sich auf Standards und Ziele (plan), an denen der festgestellte Leistungsindikator-
Wert und damit der erreichte Grad an Leistung oder Erfolg gemessen wird (check).

Gemäß etablierten Evaluationskriterien müssen Leistungsindikatoren nützlich,
angemessen, fair und präzise sein (vgl. DeGEval 2016):

Nützlichkeit

Leistungsindikatoren sollten Evaluator:innen so informieren, dass Leistungen auf
der Grundlage von Bewertungen und Handlungsempfehlungen verbessert werden
können. Die Leistungsindikatoren müssen den Informations- und Wissensbedarf der
Evaluator:innen abdecken.

Angemessenheit

Die Verfahren zur Beschaffung von Daten und Informationen für Leistungsindikatoren
müssen methodisch und ökonomisch angemessen sein. In der Regel sollten Leistungsindikatoren nicht isoliert, sondern als Gruppe verwendet werden, um die Vielschichtigkeit und Vernetzung von Leistungsphänomenen angemessen zu erfassen.

Fairness

Die Erhebung, Interpretation und Nutzung von Daten und Informationen für Leistungsindikatoren sollte so geplant und durchgeführt werden, dass die Rechte, die Sicherheit
und die Würde der betroffenen Personen geschützt werden (Leiber und Meyer 2019;
SQELT-ECPPDM 2020).

Präzision

Erhebungsmethoden und Datenquellen für Leistungsindikatoren sollten so gewählt
werden, dass die Verlässlichkeit der erhobenen Daten und deren Validität in Bezug
auf die Beantwortung der Fragen zur Leistungsmessung nach fachlichen Maßstäben
gewährleistet sind. Die technischen Standards sollten sich deswegen an den Qualitätskriterien der empirischen Forschung orientieren. Die Informationsquellen und Daten,
die für Leistungsindikatoren verwendet werden, sollten mit angemessener Genauigkeit
dokumentiert werden.

Exemplarisch sei hier auf den hochschulischen Leistungsbereich Studium und Lehre
verwiesen, für den seit mindestens drei Jahrzehnten Indikatormodelle unterschiedlichen

Inhalts und Ausmaßes vorgeschlagen, diskutiert und angewandt werden (Leiber 2019b). Tab. 1 zeigt acht ausgewählte quantitative und qualitative Leistungsindikatoren für Studium und Lehre, die einem Projekt entstammen, in dem mehr als 800 Indikatoren zur Bewertung von Lehr-Lern-Prozessen zusammengestellt wurden (SQELT-PI 2020).

3.4   Herausforderungen und Grenzen

Abgesehen von der Möglichkeit, dass die Qualitätskriterien wissenschaftsbasierter Evaluationen nicht (vollständig) erfüllt sein können, lassen sich einige grundlegende, sich gegenseitig nicht ausschließende Herausforderungen für Evaluationen im Hochschulbereich identifizieren.

Komplexität der Qualitätsprozesse

Hochschulen sind multipel-hybride lernende Organisationen, deren Kernbereiche durch Kreativität, kritisches und innovatives Denken und Experimentieren, eine hohe Entwicklungsdynamik sowie akademische Freiheiten und organisationale Autonomie geprägt sind. Es ist deswegen nicht einfach, die Qualitätsprozesse und -ergebnisse von

Tab. 1 Ausgewählte Leistungsindikatoren für Studium & Lehre (SQELT-PI 2020)

Lern- und Lehrumgebung
Anzahl und Dauer der Interaktionen der Studierenden mit Lehrenden in Lehrveranstaltungen/auf digitalen Plattformen/während weiterer Aktivitäten (pro Semester/Studienzeitraum)
Zugangsnoten der Studierenden (pro Studiengang)
Lernkompetenzen und Lernprozesse
Durchschnittliche Interaktionsdauer pro Studierenden hinsichtlich bestimmten Lernaktivitäten (z. B. Lösen von Übungen, Ansehen von Videos, Hören von Vorlesungen, Teilnahme an Arbeitsgruppen)
Kompetenzen der Studierenden in Bezug auf Lernen und selbstgesteuertes Lernen (z. B. Kenntnisse und Verständnis der Studierenden von Lerntheorien, eigenen Lernprozessen, problembasiertem Lernen, forschendem Lernen, Praktika, Online-Lernen, mobilem Lernen, Blended Learning)
Lehrkompetenzen und Lehrprozesse
Anteil der Lehrenden, die an pädagogischen Weiterbildungen teilgenommen haben
Qualität der Rekrutierungsverfahren für Lehrende/Professor:innen (z. B. Verfahrensverantwortlichkeiten; Rekrutierungs- und Auswahlverfahren; Qualitätskriterien der Rekrutierung)
Lernergebnisse und Lerngewinn in Bezug auf Zukunftskompetenzen und deren Bewertung
Lerngewinne der Studierenden in Kompetenzen für nachhaltige Entwicklung (z. B. gemäß den 17 Nachhaltigkeitszielen der UNESCO)
Prüfungsergebnisse der Studierenden in Methodenkompetenzen (z. B. Abschlussnoten; Bewertungen einzelner Prüfungs- und Leistungsleistungen wie Referate, Hausarbeiten, Workshops innerhalb von Studiengängen und Studienmodulen)

Hochschulen angemessen detailliert und verlässlich zu erfassen. Dies macht es, insbesondere unter Bedingungen knapper Mittel, schwierig, umfassende Evaluationen zu realisieren, die die Erwartungen aller beteiligten Stakeholder gleichmäßig erfüllen können.

Unklare (politische) Verantwortlichkeiten und gesetzliche Verankerung

Für verpflichtende Evaluationen (z. B. Programmakkreditierung) ist der Verpflichtungsgrad in verschiedenen Ländern unterschiedlich geregelt, von sanktionsbehafteten Gesetzen und Verwaltungsvorschriften bis hin zu vagen Ausführungen in Hochschulgesetzen und flexiblen Verordnungen. Akademische Freiheiten und organisationale Autonomie einerseits und legalistische Führung durch Hochschulpolitik andererseits stehen hier in einem permanenten Spannungsverhältnis und werden auf unterschiedliche Weise ausgehandelt oder dekretiert.

Evaluationsüberlast und -müdigkeit

Obwohl Evaluationen in den aktuellen Steuerungsmodellen von Hochschulen eine zentrale Rolle spielen, ist die Akzeptanz im akademischen Bereich beschränkt, insofern die Wirksamkeit von Evaluationen in Bezug auf akademische Qualitätsentwicklung bezweifelt wird. Hinzu kommt teils die Wahrnehmung einer Evaluationsüberlast und Evaluationsmüdigkeit (vgl. Hansen et al. 2019).

Mangelhafte Verfahrenselemente

Unter dem Label Verfahrensmängel lassen sich mehrere Phänomene subsumieren:

- **Mangelhafte Kommunikation**
  Hochschulen bemängeln teilweise die mangelhafte Kommunikation externer Evaluationsanbieter. Mögliche Gründe aufseiten der Evaluator:nnen sind mangelnde Dienstleistungsorientierung und Professionalität sowie ein rudimentäres Verständnis der multipel-hybriden und autonomen Organisation Hochschule.
- **Mangelhaftes Follow-up**
  Fehlende oder rudimentäre Umsetzung von Evaluationsempfehlungen *(follow-up)* ist ein klassisches Defizit bei Evaluationen: Sehr oft werden evaluative Handlungsempfehlungen nicht oder nicht in zufriedenstellendem Umfang realisiert, d. h. Deming-Zyklen werden nicht geschlossen, deren letzte Phase (Act) wird nicht oder allenfalls rudimentär umgesetzt.
- **Mangelnde Entwicklungsorientierung**
  Ex post-Bewertungen vergangener Leistungen ohne Thematisierung von Entwicklungsansätzen (summative Evaluationen) resultieren in einem Mangel an Entwicklungsperspektiven und tragen somit wenig oder nichts zum Evaluationsziel Qualitätsentwicklung bei.

Mangelhafte Implementierung

Eine weitere Rubrik sammelt Phänomene der mangelhaften Umsetzung in der Praxis:

- Evaluierungsberichte, die nicht angemessen zwischen Fakten (Sachstandsbericht), Bewertungen und Änderungsempfehlungen differenzieren, sind nur bedingt zielführend und schwierig interpretierbar.
- Evaluator:nnen können ineffektiv oder ineffizient sein (z. B. Fehlinterpretation von Evaluationskriterien; mangelhafter Evaluationsfrageleitfaden; schlechte Organisation des Evaluationsverfahrens).
- Peers können ineffektiv oder ineffizient sein (z. B. Kompetenz- und Expertisedefizite in Bezug auf Verfahrenskriterien; ideologische Einstellungen zur Evaluation; der Transparenz und Partizipation abträgliche Rollenverständnisse).
- Im Wettbewerb um Klienten kann eine Tendenz zur Absenkung der Qualitätsanforderungen zugunsten positiverer Evaluationsergebnisse auftreten.

Schwierigkeit, Akademiker einzubinden

Es ist oft schwierig, Wissenschaftler:nnen zur Mitwirkung an Evaluationen zu gewinnen. Zum Beispiel, weil bei Hochschulmitgliedern das Missverständnis existiert, dass aufgrund des Rechts auf Selbstverwaltung und des Rechts auf akademische Freiheit (externe) Evaluationen unzulässig seien. Oder weil Akademiker:nnen Staatsbeamte sind, die besondere Schutzrechte genießen, weswegen die Durchsetzung von (evidenzbasierten) Entwicklungsempfehlungen und Sanktionen oft erschwert oder sogar unmöglich ist.

4 Resümee: Evaluation und Indikatoren im Hochschulbereich

Die Anforderungen an wissenschaftsbasierte Evaluationen sind hoch: Sie sollen im Idealfall (i) unter vertretbarem Aufwand umfassende Information über die Qualitätsperspektiven der evaluierten Gegenstände liefern; (ii) die Interessen der involvierten Anspruchsgruppen *(stakeholder groups)* erfüllen; (iii) relevante und zuverlässige (evidenzbasierte) Bewertungen der evaluierten Gegenstände ermöglichen; (iv) als Entscheidungsgrundlage dienen; (v) die Entscheidungsfindung begründen; (vi) zu Qualitätsverbesserungen der evaluierten Gegenstände führen (Großmann und Wolbring 2016, S. 8–9). Um diese Funktionen erfüllen zu können, sind quantitative und qualitative (Leistungs-)Indikatoren unverzichtbar, die ein breites Spektrum von Kenngrößen der Strukturen, Prozesse, Inputs und Outputs der evaluierten Gegenstände abdecken, auf deren Grundlage erreichte Leistungs- und Erfolgsgrade evaluiert werden können.

In diesem Sinne ist Evaluation in Hochschulen unverzichtbar für die strategische Steuerung der lernenden Organisation und ihre systematische Qualitätsentwicklung. Evaluationen können ihre im Hochschulkontext intendierten Kernfunktionen erfüllen,

d. h. zur Stärkung der epistemischen Transparenz und Selbststeuerungsfähigkeit, Erhaltung und Verbesserung der Leistungsqualität, Stärkung und Verteidigung der akademischen Werte und Pufferung gegen Politisierung beitragen. Sie können damit zwischen den Akteuren und Stakeholdern vertrauensbildend wirken, die Profilbildung unterstützen und die Wettbewerbsfähigkeit verbessern. Entwicklungsorientierte Evaluationen sind somit auch zentral bei der Bewältigung der eingangs charakterisierten Herausforderungen der Hochschulen.

Eine intrinsische Meta-Schwachstelle von Qualitätssicherung und Evaluation sollte dabei nicht vergessen werden: das nicht seltene Phänomen der „Zielverschiebung" *(goal displacement)* in Organisationen (Merton 1968, 199–202), das vorliegt, wenn Mittel und Werkzeuge in Organisationen, die bestimmten Zielen dienen sollen, zu Selbstzwecken transformiert werden. Eine solche bürokratische Zielverschiebung ist die immer mögliche negative Seite zielorientierten Planens, Handelns, Bewertens und Korrigierens, wie es durch den Deming-Zyklus exemplifiziert wird.

Hinzu kommt, dass Charakteristika von Hochschulen die Implementierung und Wirksamkeit von Evaluationen systemisch beschränken. Dazu zählen die Komplexität der Kernprozesse der Hochschule; die Nicht-Quantifizierbarkeit der überwiegenden Mehrheit der Hochschulleistungen (vgl. SQELT-PI 2020); die Schwierigkeit, zukünftige mögliche Leistungs- und Kreativitätsprozesse einzuschätzen (z. B. *ex ante*-Evaluation kreativer Forschung); generische Mängel approximativer Indikatormodelle (z. B. Reduktion auf wenige handhabbare Indikatoren; stark aggregierte Indikatordaten; abstrakte Indikatoren); Grenzen des Peer-Reviews aufgrund von Vorurteilen und kognitiven Beschränkungen. Darüber hinaus existieren Paradoxien und Dilemmata in der Praxis der organisationalen Leistungsoptimierung (Kühl 2020), mit denen sich auch die Evaluation im Hochschulbereich auseinandersetzen muss.

PDSA-Zyklus
Der PDSA-Zyklus (auch Deming-Zyklus, Deming-Kreis, Shewhart-Zyklus) ist ein grundlegendes Konzept permanenter Verbesserungsprozesse. Ein PDSA-Zyklus besteht aus den vier aufeinanderfolgenden Phasen Plan-Do-Study-Act (dt. Planen – Umsetzen – Untersuchen – Handeln), die mit dem Ziel der Qualitätssteigerung wiederholt durchlaufen werden (vgl. Abb. 2). (Eng verwandt ist der PDCA-Zyklus – Plan-Do-Check-Act –, der sich lediglich in der Namensgebung und Bedeutungsdetails der dritten Phase vom PDSA-Zyklus unterscheidet, indem anstelle des von Deming bevorzugten wissenschaftsgeleiteten und entwicklungsorientierten Untersuchens der Modus des eher kontrollierenden Überprüfens gesetzt wird.) In dieser grundlegenden, abstrakten Form kann sich ein PDSA-Zyklus auf sehr unterschiedliche Gegenstände, Strukturen oder Prozesse beziehen, deren Qualität verbessert werden soll. So kann der PDSA-Zyklus beispielsweise bei der Weiterentwicklung von Fabrikationsprodukten und Dienstleistungen, aber auch von Studien- und Forschungsprogrammen angewendet werden.

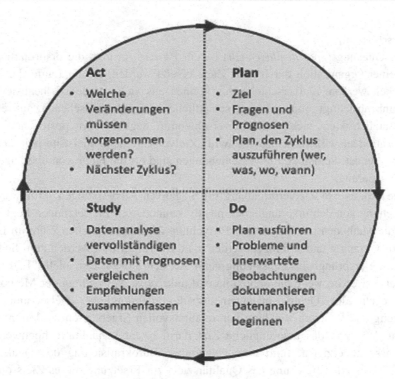

Abb. 2 PDSA-Zyklus – nach Moen und Norman (2010, S. 28)

Die erste Phase des PDSA-Zyklus (Plan) bezieht sich auf die Planung der betrachteten Gegenstände, Strukturen oder Prozesse und beschreibt und analysiert deren Ziele und die Methoden der Zielverfolgung. Die zweite Phase (Do) referiert auf die Umsetzung der Planung, entspricht also der Ausführung der zur Zielverfolgung geplanten Methodenanwendungen und Handlungen. Mit der dritten Phase des PDSA-Zyklus (Study) erfolgt der wichtige Schritt, die Zielerreichung zu überprüfen, also den Zielerreichungsgrad festzustellen. Falls sich aus dieser Bewertung ergibt, dass die Zielerreichung vollständig und optimal ist, werden die Elemente der Plan- und Do-Phase als Standard gesetzt; der PDSA-Zyklus kann nach angemessenem Zeitabstand zu einer erneuten Untersuchung wieder eingesetzt werden. Falls sich aus der Bewertung in der Study-Phase dagegen ergibt, dass die Zielerreichung nicht vollständig und optimal ist, werden Empfehlungen zur Verbesserung der betrachteten Gegenstände, Strukturen oder Prozesse abgeleitet, die dann in der vierten Phase des PDSA-Zyklus (Act) umgesetzt werden. Dies impliziert, dass die zuvor verfolgten Ziele und gefassten Methoden der Zielverfolgung entsprechend modifiziert oder gegebenenfalls auch grundsätzlich verändert werden müssen, um Qualitätsverbesserungen zu erreichen.

Zielverschiebung

Zielverschiebung (*goal displacement*) ist ein Prozess, in dem die ursprünglichen Ziele einer Organisation durch neue Ziele ersetzt werden, die im Laufe der Zeit entwickelt werden. Zielverschiebungen können aus vielen Gründen, beabsichtigt oder unbeabsichtigt und auf unterschiedlichen Organisationsebenen auftreten. Grundsätzlich kann sich eine Zielverschiebung negativ oder positiv auf die Organisation auswirken; heutzutage wird „Zielverschiebung" meist im pejorativen Sinn verwendet. Pejorative Zielverschiebungen sind oft die Folge von überzogener Bürokratisierung.

Eine prominente Zielverschiebung mit negativen Auswirkungen infolge einer Abweichung von den ursprünglichen positiv konnotierten Zielsetzungen liegt vor, wenn die Methoden und Regeln zur Erreichung der ursprünglichen Ziele im Lauf der Zeit vorrangig und wichtiger werden als diese: die Mittel werden zum Selbstzweck, die ursprüngliche Zielsetzung gerät aus dem Fokus. Ein solcher Fall liegt beispielsweise vor, wenn die unflexible und unkreative Anwendung der Methoden und Regeln des Qualitätsmanagements die ursprüngliche Zielsetzung der Sicherung und Weiterentwicklung von qualitätsvollen Ergebnissen zu dominieren beginnt. Während das ursprüngliche Ziel darin bestand, qualitativ hochwertige Ergebnisse zu erzielen, führt eine überzogene Bürokratisierung des Qualitätsmanagements zur Erreichung des Qualitätsziels zur Ersetzung dieses Ziels durch das Ziel, die formalen Anforderungen des implementierten Qualitätsmanagements zu erfüllen. Bei der pejorativen Zielverschiebung konzentrieren sich die Aktivitäten der Organisation somit auf die Verfahren zur Zielerreichung und es kommt zu Verzerrungen in der Funktionsweise der Organisation. Diese Verzerrung spiegelt das Erreichen von Zielen wider, die die Organisation ursprünglich nicht beabsichtigt hatte.

In Fällen, in denen die ursprünglichen Ziele der Organisation bereits erreicht oder aus anderen Gründen nicht mehr adäquat sind, können Zielverschiebungen positive Auswirkungen haben, da sie der Organisation ermöglichen, sich auf neue Ziele zu fokussieren. Zum Beispiel würde eine Organisation, die ursprünglich eine Seuche bekämpfen sollte, ihre Ziele verschieben, sobald die Mittel der Seuchenbekämpfung entwickelt sind. Andere Fälle dieser Art können auftreten, wenn die ursprünglichen Ziele der Organisation zu ambitioniert und langfristig oder unsicher oder abstrakt sind und deswegen im Sinne einer operationalen Erreichbarkeit durch weniger ambitionierte, kurzfristigere oder konkretere Ziele ersetzt werden.

Weiterführende Literatur

Arn, C. & F. Röösli. 2017. Bürokratische Zielverschiebung: Negativeffekte von Evaluationen theoretisch rekonstruieren und praktisch meiden. *Zeitschrift für Hochschulentwicklung*, 12(3):133–151.

Dahler-Larsen, P. 2012. *The Evaluation Society*. Redwood City: Stanford University Press.

Dahler-Larsen, P. 2019. *Quality: From Plato to Performance*. London: Palgrave Macmillan.

Dahler-Larsen, P. (Hrsg.). 2019. *A Research Agenda for Evaluation*. Cheltenham: Edward Elgar Publishing.

Döring, N. 2022. *Forschungsmethoden und Evaluation in den Sozial- und Humanwissenschaften*. Berlin: Springer.

Moen, R. D. & C. L. Norman. 2009. *Evolution of the PDCA cycle*. 11 pp. https://rauterberg. employee.id.tue.nl/lecturenotes/DG000%20DRP-R/references/Moen-Norman-2009.pdf (zuletzt abgerufen am 27.10.2022).

Moen, R. D. & C. L. Norman. 2010. Circling back. Clearing up myths about the Deming cycle and seeing how it keeps evolving. *Quality Progress,* 43(11):22–28.

Pinheiro, R., L. Geschwind, H. F. Hanssen, & K. Pulkkinen, K. (Hrsg.). 2019. *Reforms, Organisational Changes and Performances in Higher Education*. London: Palgrave Macmillan.

Rossi, P.H., M. W. Lipsey, & G.T. Henry. 2019. *Evaluation: A Systematic Approach*. London: Sage.

Stockmann, R., & W. Meyer. 2014. *Evaluation. Eine Einführung*. Opladen: Budrich.

Warner, W. K., & A. E. Havens. 1968. Goal displacement and the intangibility of organizational goals. *Administrative Science Quarterly*, 12(4):539–555.

Schlaglicht: Evaluation

Theodor Leiber

Evaluation

Evaluationen sind Formen angewandter Sozialforschung zur systematisch-wissenschaftlichen Generierung von Qualitätsbewertungen von Evaluationsgegenständen und gegebenenfalls Entwicklungsempfehlungen in Bezug auf Entscheidungs- und Handlungsprozesse, die zur Lösung praktischer, meta-wissenschaftlicher, gesellschaftlicher und politischer Probleme beitragen (vgl. Clemens 2000, S. 215). Evaluationen sind also Bewertungen von Qualitäts- und Entwicklungsniveaus von Evaluationsgegenständen (z. B. materielle Ausstattung von Organisationen; Leistungen von Schülern, Studierenden oder Lehrenden; Wirkungen von Studienprogrammen oder Programmen der Entwicklungszusammenarbeit; Erfolge von Forschungsprogrammen; Effektivität und Effizienz von Organisationen; etc.). Angesichts der Vielfalt von Evaluationsgegenständen finden Evaluationen grundsätzlich in Spannungsfeldern verschiedener Stakeholderinteressen, Werte, Institutionen und Überzeugungssysteme statt. Somit beinhalten Evaluationen in der Regel komplexe Aushandlungsprozesse und sind insofern transdisziplinär. Sie sind von Machtbeziehungen vielfältiger Art durchsetzt (vgl. z. B. Nordesjö und Fred 2021) und keinesfalls unabhängig von Kontext, Geschichte und Politik.

Für wissenschaftsbasierte Evaluationen ist es unabdingbar, genau zu wissen, was, wofür, nach welchen Kriterien, von wem und wie evaluiert wird (vgl. Stockmann 2016, S. 36; Yarbrough et al. 2010, S. xxv; Wanzer 2021). Sie müssen deswegen eine Reihe von Qualitätskriterien erfüllen: Evaluationsgegenstände und

T. Leiber (✉)
evalag Evaluationsagentur Baden-Württemberg, Mannheim, Deutschland
E-Mail: leiber@evalag.de

J. Mörtel et al. (Hrsg.), *Indikatoren in Entscheidungsprozessen*,
https://doi.org/10.1007/978-3-658-40638-7_17

Evaluationsziele sind zu klären; Qualität und Leistung (z. B. Wert, Funktionen, Wirkungen) der Evaluationsgegenstände sind zu ermitteln *(check),* um Handlungsempfehlungen zu deren Verbesserung generieren zu können *(act)* (siehe PDCA-Zyklus).

In der Check-Phase sind empirische (sozialwissenschaftliche) Forschungsmethoden zur Informationsgewinnung zu nutzen, die Bewertungen durch Experten müssen nach explizit festgelegten, intersubjektiv rechtfertigbaren Kriterien erfolgen, systematische (vergleichende) Verfahren zur Bewertung von Informationen sind einzusetzen und die Durchführung muss durch speziell kompetente und geschulte Personen (Evaluator:nnen) erfolgen. Wichtig ist, dass im Anschluss an die Check-Phase die Act-Phase realisiert wird, in der die entwickelten Qualitäts- und Leistungsbewertungen und gegebenenfalls Handlungsempfehlungen umgesetzt werden *(follow-up).*

Indikatoren in Wissenschaftsmanagement und Wissenschaftspolitik – eine Praxisperspektive

Matthias Adam

1 Einleitung

Indikatoren sind im Wissenschaftsmanagement und auch in der Wissenschaftspolitik breit und vielfältig im Einsatz. Einige exemplarische Verwendungsweisen aus meiner beruflichen Praxis im Strategiedezernat der Technischen Universität Darmstadt stellt dieser Beitrag vor. Ich zeige Beispiele aus der indikatorabhängigen Mittelverteilung, dem Qualitätsmanagement und aus Hochschulrankings. Allen diesen Einsatzweisen ist gemeinsam, dass Indikatoren als wichtige Werkzeuge für das Management eines auf Autonomie und Wettbewerb ausgerichteten Hochschul- und Wissenschaftssystems verstanden werden können.[1] Indikatoren sollen Vergleichbarkeit herstellen, werden für die Setzung finanzieller Anreize verwendet, dienen der Überprüfung von Zielen und werden letztlich für Entscheidungen herangezogen. Die gewählten Beispiele unterscheidet dabei deutlich, wie entscheidungsrelevant und auch wie sinnvoll die Indikatoren jeweils sind.

---

[1] Siehe Erhardt, Meyer-Guckel und Winde (2008) für eine einschlägige praxisorientierte Publikation.

M. Adam (✉)
TU Darmstadt, Darmstadt, Deutschland
E-Mail: matthias.adam@tu-darmstadt.de

J. Mörtel et al. (Hrsg.), *Indikatoren in Entscheidungsprozessen*,
https://doi.org/10.1007/978-3-658-40638-7_18

2   Indikatorbasierte Mittelverteilung

Die indikatorbasierte Mittelverteilung ist in Deutschland seit etlichen Jahren Praxis in der Wissenschaftssteuerung auf mehreren Ebenen: wenn Bundesländer ihre Mittel an die Hochschulen verteilen, diese dann intern an ihre Fakultäten oder Fachbereiche vergeben, und diese wiederum damit Institute, Arbeitsgruppen oder Professuren finanzieren.[2] Im Rahmen der Besoldung von ProfessorInnen sind zudem Gehälter zu gewissen Anteilen an Leistungsindikatoren geknüpft. Die Mittelverteilung des Landes Hessen an seine Hochschulen sowie die Mittelverteilung innerhalb der TU Darmstadt sind hierfür exemplarisch.

Die Grundfinanzierung des Landes Hessen für seine fünf Universitäten umfasste in 2021 rund 1,4 Mrd. EUR. Davon entfielen 237 Mio. EUR oder ein Sechstel auf das „Erfolgsbudget", das rein indikatorbasiert verteilt wird. Die Indikatoren sind einfach gebaut: Es zählen die Höhe der Drittmittel, die Anzahl der Promotionen, die Zahl der Absolventinnen und Absolventen (insgesamt sowie von BildungsausländerInnen) und die Zahl neuberufener Professorinnen. Für jeden der Indikatoren ist ein fester Anteil des Erfolgsbudgets reserviert, der dann nach den jeweiligen Mengen (in der Regel dem Durchschnitt der drei letzten verfügbaren Jahre) auf die Universitäten verteilt wird. Fachspezifika bildet das Erfolgsbudget nur sehr punktuell ab. So werden Promotionen in der Medizin nur zu einem Viertel gewichtet, und Promotionen von Frauen in den MINT-Fächern (Mathematik, Informatik, Naturwissenschaft, Technik) werden im Teilbudget Gender zusätzlich honoriert. Ansonsten ist für die Universitäten ein Drittmitteleuro, eine Promotion, eine Neuberufung einer Professorin oder ein Abschluss über alle Fächer hinweg dasselbe wert. Tab. 1 zeigt das Erfolgsbudget für die Universitäten in Hessen in 2021, Tab. 2 den Anteil am Gesamtbudget.

Mit dem hessischen Erfolgsbudget wird ein überschaubares Set recht einfacher Indikatoren in durchaus relevantem Umfang direkt finanzwirksam. Die zugrundeliegende Orientierung an den Hochschulreformen der 1990er und 2000er Jahre, die auf Autonomie, Wettbewerb und Outputsteuerung setzten, wird in der folgenden Beschreibung im Hessischen Hochschulpakt erkennbar:

> „Durch die Reduktion der Parameter auf wenige outputorientierte Leistungsindikatoren werden die Steuerungswirksamkeit und Anreizwirkung erhöht." (HMWK 2020, S. 34)

Über diese Grundorientierung gab es in den Verhandlungen zwischen Hochschulen und Ministerium, die alle fünf Jahre um den Hochschulpakt geführt werden, bislang nur wenig Diskussion. Ich möchte nicht spekulieren, ob dies für eine allgemeine Akzeptanz spricht oder eher für eine verbreitete Einschätzung unter den Universitäten und möglicherweise in der Fachabteilung des Ministeriums, dass Aufweichungsversuche wenig

---

[2] Siehe Maleki (2019), Kap. 2 für einen Überblick und weitere Literatur.

Tab. 1 Erfolgsbudget der Universitäten in Hessen 2021 (in Euro)[3]

Teil-budgets	Forschung und Wissenschaftlicher Nachwuchs		Lehre	Gender		Internationales
100,00 %	70,33 %		21,13 %	6,87 %		1,67 %
237.469.959	167.012.622		50.177.402	16.314.186		3.965.748
Parameter	**Eingeworbene Drittmittel**	**Promotionen (gewichtet)**	**AbsolventInnen**	**Berufung von Frauen**	**Promotionen von Frauen in MINT-Fächern**	**Abschlüsse Bildungsausländer-Innen**
Anteil im Teilbudget	92,66 %	7,34 %	100,00 %	50,00 %	50,00 %	100,00 %
Betrag je Parameter	154.753.896	12.258.726	50.177.402	8.157.093	8.157.093	3.965.748

Tab. 2 Gesamtbudget Universitäten Hessen 2021[4]

Budgetbestandteile	Mio. Euro	Anteil
Sockelbudget	1108	78,0 %
Erfolgsbudget	237	16,7 %
Weitere Bestandteile (Globalhaushalt)	74	5,2 %
Summe	**1419**	**100 %**

Aussicht auf Erfolg hätten. Stattdessen wurden die konkreten Indikatoren und deren relative Gewichtung in den Verhandlungen häufiger intensiv diskutiert. Beispielsweise wird von manchen Universitäten der hohe Anteil der Forschung und darunter der Drittmittel infrage gestellt. Andere Universitäten verteidigen dies mit dem Hinweis, das weitaus umfangreichere Sockelbudget in Hessen sei durch hochschulspezifische Zielzahlen für Studierende bereits stark an Leistungen in der Lehre gekoppelt. Es gibt also keine gemeinsame Interpretation davon, welche relative Bedeutung die indikatorgestützte Budgetverteilung in Hessen etwa Lehre und Forschung jeweils zuweist. Zwar gaben alle Hochschulen zu diesem Erfolgsbudget durch Unterzeichnung des Hochschulpakts ihre Zustimmung, allerdings im Rahmen eines umfassenderen Pakets, zu dem das Sockelbudget sowie diskretionäre Mittel (wie Sondertatbestände oder Projektmittel) hinzukamen. Man kann also sagen: auf der Ebene Hochschulfinanzierung des Landes ist eine

[3]Quelle: Hessisches Ministerium für Wissenschaft und Kunst, 2021 – Unterlagen für die TU Darmstadt (Dezernat I – Hessischer Hochschulpakt 2021–25). Nicht öffentlich zugänglich.

[4]Quelle: Hessisches Ministerium für Wissenschaft und Kunst, eigene Zusammenstellung. Ohne ZVSL-Mittel des Bundes, projektabhängige Landesmittel und Bauinvestitionen. Der Haushalt für die Hochschulen für Angewandte Wissenschaften und die Kunsthochschulen in Hessen ist analog aufgebaut, wobei der Anteil des indikatorabhängigen Erfolgsbudgets etwas niedriger ist.

in substanziellem Umfang indikatorbasierte Mittelverteilung sowohl geübte Praxis wie auch hochschulpolitische Realität.

Innerhalb der TU Darmstadt werden die Mittel ebenfalls zu einem signifikanten Anteil indikatorabhängig verteilt: Vom Landesbudget der Fachbereiche – in Summe in 2021 rund 130 Mio. EUR – werden 40 % über Indikatoren vergeben, im Wesentlichen für Studierende, AbsolventInnen, Drittmittel und Promotionen.[5] 60 % der Mittel gehen als Basisbudget nach der Anzahl der Planprofessuren an die Fachbereiche. Innerhalb der Universität betreiben wir etwas größeren Aufwand als auf Landesebene für die Konstruktion der Indikatoren. So berücksichtigen wir die unterschiedlichen Kostenstrukturen der Fächergruppen innerhalb einer technischen Universität. Beispielsweise bilden Gewichtungen in den Indikatoren „Studierende" und „AbsolventInnen" die typischen Ausgaben pro Studierende ab, die wir aus der bundesweiten Statistik ermitteln. Wir bilden zudem die interdisziplinäre Vernetzung der Studiengänge ab und rechnen AbsolventInnen anteilig den jeweils beitragenden Fachbereichen an.

Die grundsätzliche Akzeptanz dieser indikatorbasierten Mittelverteilung bei den Fachbereichen TU Darmstadt ist anhaltend hoch. Das zeigen unsere Abfragen bei den Fachbereichen anlässlich der turnusmäßigen Überarbeitungen des Modells etwa alle vier Jahre wie auch die Diskussionen in den dann jeweils einberufenen Arbeitsgruppen. Hinter dieser Akzeptanz steht aus meiner Sicht die Einschätzung, dass Verteilungsentscheidungen über verschiedenartige Fächer hinweg an einer Universität ohnehin zu treffen sind und dass ein Verteilungsmodell ein klar umrissenes Spielfeld für die entsprechenden Verhandlungen bietet. Entsprechend haben die Fachbereiche meist dezidierte Vorstellungen, wie und warum das Modell – in der Regel nicht zu ihrem Nachteil – im Einzelnen verändert werde sollte. In den Verhandlungen treffen verschiedene Perspektiven aufeinander, typischerweise fächerspezifische Interessen (etwa das Interesse eines Fachs, seine Ausstattung zu verbessern, um konkurrenzfähiger zu sein), die Sachlogik des Modells (etwa bundesweite Vergleichsdaten zur durchschnittlichen Ausstattung in einzelnen Fächern), organisations- oder situationsbedingte Sondersituationen (etwa ein in einer technischen Universität besonders hoher Bedarf an Mathematiklehre) sowie strategische Ziele des Präsidiums. Das Verteilungsmodell ist im Idealfall ein gut handhabbares Instrument, um diese Perspektiven transparent zu verhandeln und zu entscheiden.

Diese Beispiele zeigen: Eine zentrale Steuerungsgröße in der Wissenschaft, nämlich die Verteilung von Finanzmitteln, ist zu recht erheblichen Anteilen automatisiert an Indikatoren geknüpft. Nicht nur auf den hier beschriebenen Ebenen, auch bei der Verteilung von Fachbereichs- oder Fakultätsmitteln an Institute und Arbeitsgruppen oder im persönlichen Gehalt von ProfessorInnen finden sich solche Indikatoren regelmäßig. Indikatoren werden hier nicht nur breit genutzt, die ihrem Einsatz zugrundeliegenden Ideen von Autonomie, Wettbewerb und Outputsteuerung sind nach meiner Erfahrung

---

[5] Siehe Adam (2017) zur Historie des Verteilungsmodells an der TU Darmstadt.

auch nur selten Gegenstand von Grundsatzdiskussionen. Sie erscheinen als ein recht selbstverständlicher Teil der Governance und des Managements von Wissenschaft, mit dem die Beteiligten pragmatisch umgehen.[6]

3   Qualitätsmanagement

Für Evaluationen und Bewertungen in der Wissenschaft gilt *informed peer review* als akzeptierter und breit angewandter Standard. (Vgl. Wissenschaftsrat 2011) Expertinnen und Experten aus dem Fach („peers") stützen sich demnach auf Indikatoren, um Personen, Projekte, Einheiten oder Institutionen wissenschaftlich zu bewerten. Indikatoren machen komplexe Qualitätsziele überprüfbar und Leistungen vergleichbar, die Bewertung folgt aus ihnen aber nicht automatisch. Im Urteil der *peers* können besondere Umstände etwa fachlicher oder thematischer Art in eine Bewertung eingepreist werden.[7] Der Wissenschaftsrat schreibt dazu:

> „[I]nformed peer review ist sowohl einer reinen Reputationsbewertung als auch einer automatisierten indikatorenbasierten Bewertung vorzuziehen, da einerseits durch die Indikatorenbasis rein subjektive (Vor-) Urteile auf den Prüfstand gestellt werden und andererseits eine Einordnung und mögliche Relativierung der für sich genommen nicht immer hinreichend aussagekräftigen Indikatoren durch Fachleute stattfindet." (Wissenschaftsrat 2011, S. 17–18)

Im Qualitätsmanagement an der TU Darmstadt spielt die institutionelle Evaluation der Fachbereiche eine zentrale Rolle. Alle etwa sechs bis acht Jahre berichten die Fachbereiche gegenüber extern besetzten Begutachtungskommissionen über ihre Entwicklung und strategischen Planungen. Der aus der Evaluation resultierende Bericht ist Grundlage einer Zielvereinbarung zwischen Präsidium und Fachbereich. Allen am Verfahren Beteiligten – dem Fachbereich, den Gutachtenden und dem Präsidium – stellen wir ein Datenset zur Verfügung, das stets Strukturdaten (Personal, Grundmittel), Daten zu Studium und Lehre (StudienanfängerInnen, Studierende und AbsolventInnen, Lehrauslastung, Abschlussquote) sowie Forschungsdaten (Drittmittel, Promotionen, Preise) enthält. Mehrjährige Verläufe sowie ein Vergleich mit anderen technischen Universitäten dienen der Einordnung der Daten. Die Fachbereiche steuern weitere Daten hinzu, insbesondere zu Publikationen. Abb. 1 zeigt beispielhaft unsere Aufbereitung einer studiengangsbezogenen Abschlussquote.[8]

---

[6] Was jedoch noch keine Aussage über die Wirksamkeit der Indikatoren im Sinne des Setzens von Leistungsanreizen oder der Gestaltung eines Wettbewerbs ist. Siehe hierzu Henke und Dohmen (2012).

[7] Einen guten Überblick über Kritik an *peer review* bieten Osterloh und Frey (2015).

[8] Für die Abschlussquote verfolgen wir die Studierendenkohorten nur innerhalb der Universität, nicht hochschulübergreifend. „Weggang" bedeutet daher nicht (immer) Studienabbruch, sondern schließt auch Hochschulwechsel ein.

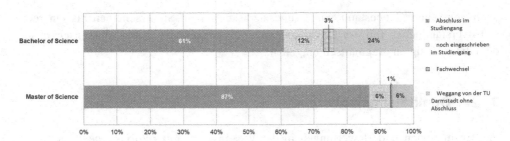

Abb. 1 Abschlussquote aus einem Datenset der Evaluation eines Fachbereichs, TU Darmstadt. (Eigene Darstellung)

Die bereitgestellten Daten werden nach unseren Erfahrungen in diesen Evaluationen rege genutzt. Sie vermitteln einerseits einen summarischen Überblick über den Fachbereich. Andererseits beurteilen die Expertinnen und Experten regelmäßig etwa die Studierendenzahl, die Abschlussquote, die Höhe der Drittmittel oder den Umfang und die Qualität von Publikationen auf ihrer Basis. Zugleich stehen solche Bewertungen selten wirklich im Fokus der Evaluationsergebnisse. Die Expertinnen und Experten setzen sich in der Evaluation zwei Tage mit dem Fachbereich, dessen Forschung und Studiengängen, seiner Organisation und der Zukunftsplanung auseinander. Die Informationen aus den vorgelegten Berichten des Fachbereichs und den Gesprächen mit dessen Mitgliedern sind meist deutlich gewichtiger und prägen die Empfehlungen etwa zur Schwerpunktsetzung in der Forschung, zur Weiterentwicklung von Studiengängen oder zu organisatorischen Veränderungen.

Dieses Beispiel für *informed peer review* zeigt, wie Indikatoren eine das Urteil von ExpertInnen unterstützende oder absichernde Funktion haben. Ein Automatismus von Daten über Indikatoren zu Entscheidungen besteht in den institutionellen Evaluationen gerade nicht. Zugleich werden die Daten und Indikatoren in dieser Funktion meist von allen Seiten als sinnvoll und nützlich betrachtet. Wichtige Voraussetzung dafür ist nach unserer Erfahrung, dass sie nachvollziehbar zustande kommen und damit vertrauenswürdig sind. Dies erreichen wir an der TU Darmstadt insbesondere durch ein Data Warehouse, das die Daten langfristig mit stabiler Definition aufbereitet und den Fachbereichen die Möglichkeit bietet, sie selbst auszuwerten.

Zugleich ist in den letzten Jahren klargeworden, dass der Standard der *informed peer review* in der Praxis der Wissenschaft stark unter Druck gerät. Wissenschaftssystem und Wissenschaftsorganisationen stoßen bei den zeitlichen und personellen Ressourcen für *peer review* an Grenzen. Das Aufkommen etwa an Publikationen wie Drittmittelbeantragungen wächst kontinuierlich.[9] In der Folge kommen bei Begutachtungen vermehrt quantitative

---

[9] Beispielsweise ist die Zahl der Anträge auf Einzelförderungen der Deutschen Forschungsgemeinschaft zwischen 2010 und 2020 um rund ein Drittel gestiegen. (Eigene Berechnung auf Grundlage von DFG 2010 und DFG 2020.) Bornmann und Mutz 2015 schätzen die Wachstumsrate der Anzahl wissenschaftlicher Publikationen weltweit seit 1945 auf 8 bis 9 % pro Jahr.

Indikatoren zum Einsatz, etwa die Zahl der Publikationen, die Impact-Faktoren von Zeitschriften oder Zitationskennzahlen wie der Hirsch-Faktor. (DFG 2022, S. 21) Solche einfach recherchierbare Indikatoren, oft auch personenbezogen lizenzfrei im Internet verfügbar, verlocken offenbar GutachterInnen wie Institutionen zunehmend dazu, eine inhaltliche Auseinandersetzung mit wissenschaftlichen Leistungen eher knapp zu halten. Die Deutsche Forschungsgemeinschaft hat in Reaktion darauf klargestellt, dass dies nicht ihren Standards guter wissenschaftlicher Praxis entspricht (DFG 2022, S. 34). Die EU formuliert in diesem Sinn:

> "[T]he evolution of the research assessment systems in Europe should be guided by the following principles [...]:
>
> a) moving to a more balanced approach between the quantitative and the qualitative evaluation of research, by strengthening the qualitative research assessment indicators while developing the responsible use of quantitative indicators;..." (EU Council 2022, S. 5)

Für Evaluationen und Bewertungen in der Wissenschaft erscheinen quantitative Indikatoren als süßes Gift: verlockend, weil einfach zu handhaben und schnellen Vergleich versprechend, aber möglicherweise in die Irre führend, wenn sie die Urteile von ExpertInnen ersetzen und dann die eigentliche Qualität von Wissenschaft aus dem Blick gerät.

4   Hochschulrankings

Am vielleicht umstrittensten im Wissenschaftssystem ist die Verwendung von Indikatoren in Hochschulrankings. Auch hoch sichtbare internationale Rankings wie die von Times Higher Education (THE), Quacquarelli Symonds (QS) oder Shanghai Ranking[10] erscheinen methodisch sehr fragwürdig. Dabei ist ihre Bedeutung enorm gewachsen: für die generelle Reputation von Universitäten, deren Attraktivität für Studieninteressierte und für die Hochschulpolitik in vielen Staaten.[11] Beispielsweise führte Großbritannien 2022 eine neue Visa-Option ausschließlich für AbsolventInnen von Universitäten ein, die unter den besten 50 der Welt gerankt werden.[12]

---

[10] Siehe https://www.timeshighereducation.com/world-university-rankings, https://www.topuniversities.com/university-rankings, https://www.shanghairanking.com/ (zuletzt abgerufen 28.01.2022).

[11] Siehe Hazelkorn und Mihut 2021 für eine umfassende Analyse und Kritik von Hochschulrankings. Vgl. auch Hazelkorn und Mihut 2022.

[12] BBC (2022) und https://www.gov.uk/government/publications/high-potential-individual-visa-global-universities-list/high-potential-individual-visa-global-universities-list-2021 (zuletzt abgerufen 08.07.2022).

Tab. 3 Indikatoren Times Higher Education World University Ranking 2022 (Zusammenstellung Dezernat I/TU Darmstadt)

Indikator	Details	Gewichtung	
Teaching	Teaching reputation survey	15 %	30 %
	Doctorates awarded to academic staff	6 %	
	Students to academic staff	4,5 %	
	Institutional income per academic staff	2,25 %	
	Doctorates to bachelor degrees awarded	2,25 %	
Research	Research reputation survey	18 %	30 %
	Research income per academic staff	6 %	
	Papers per staff	6 %	
Citations	Normalised citation average per paper	30 %	30 %
International Outlook	Proportion of international staff	2,5 %	7,5 %
	Proportion of international students	2,5 %	
	International collaboration	2,5 %	
Industry Income	Industry income to academic staff	2,5 %	2,5 %

Schon was Hochschulrankings eigentlich abbilden wollen, ist vielfach nicht klar.[13] Welchen Rangplatz eine Hochschule beispielsweise im World University Ranking 2022 von THE erringt, wird aus Indikatoren für Lehre, Forschung, Zitationen, Internationalität und Transfer errechnet. Welche Qualität von Universitäten zeigt das Abschneiden dann? Und bedeutet beispielsweise der geringe Anteil des einzigen Transferindikators „Industry income to academic staff" (2,5 %), dass Transfer für diese Qualität nachrangig ist?

Noch merkwürdiger wird das Bild, wenn man die einfließenden Daten genauer betrachtet. So ist das Datum „academic staff" bei THE Bezugsgröße in mehreren Indikatoren (siehe Tab. 3). Es wird als Stärke im Sinne einer hohen Promotionsintensität gewertet, wenn der Indikator „doctorates awarded to academic staff" hoch ist, während schlechte Lehrqualität angenommen wird, wenn die Relation „students to academic staff" hoch ist. Das mag noch einige Anfangsplausibilität haben. Allerdings gelingt die Erhebung vergleichbarer Daten für *academic staff* über die verschiedenen Hochschulsysteme nicht. Während Promovierende in Deutschland oft als wissenschaftliche MitarbeiterInnen beschäftigt werden und auch im Selbstverständnis einiger

---

[13] Davon gibt es Ausnahmen, insbesondere reine Publikationsrankings, die sich allein auf die Publikationsleistung beschränken. Beispielsweise bietet das CWTS Leiden-Ranking vielfältige Daten und Metriken zu Publikationsleistungen von Hochschulen. Siehe https://www.leidenranking.com/ (zuletzt abgerufen 28.01.2022).

Disziplinen bereits als *professionals* gelten (etwa in den Ingenieurwissenschaften), zählen sie in vielen anderen Systemen als Studierende. Nicht wenige deutsche Universitäten meldeten (und melden) daher ihre wissenschaftlichen MitarbeiterInnen, unter denen Promovierende oft die größte Gruppe bilden, als *academic staff*. Sie fielen dadurch im Ranking lange durch besonders gute Betreuungsrelationen auf. Ein Indikator wie „doctorates awarded to academic staff" machte dann aber kaum noch Sinn: denn er bildete nicht mehr die Intensität der Qualifizierung wissenschaftlichen Nachwuchses ab, sondern am ehesten so etwas wie eine (allerdings durch das weitere wissenschaftliche Personal verwässerte) Erfolgsquote der Promovierenden – zu viel niedrigeren absoluten Werten und daher mit deutlich weniger Punkten im Ranking. Einige dieser Universitäten merkten dann, dass sie mit einer engeren Definition des *academic staff* im THE-Ranking besser fahren. Fortan haben sie ihre angestellten Doktorand:innen nicht mehr als *academic staff* gemeldet, obwohl sie oft in der Lehre engagiert sind. Das hat die ausgewiesene Betreuungsrelation bei Studierenden verschlechtert. Unter dem Strich haben andere Indikatoren wie die Promotionsintensität, die institutionelle Finanzierung und die Publikationsproduktivität diesen Nachteil im Ranking mehr als ausgeglichen. Einzelne deutsche Universitäten sprangen durch solche Maßnahmen im THE-Ranking von einer Auflage zur nächsten um 100 Plätze nach vorne.

Sicherlich kann man Optimierungsversuche solcher Art belächeln.[14] Das eigentliche Problem sehe ich aber in Rankingindikatoren, die mit Kategorien arbeiten, die über die Hochschulsysteme hinweg sehr unterschiedlich ausgestaltet sind. In der Wissenschaftsphilosophie spricht man von „inkommensurablen" Kategorien: die charakterisierenden Merkmale der Studierenden- und Personalkategorien in unterschiedlichen Ländern lassen sich nicht auf die gemeinsamen Nenner „students" und „academic staff" bringen. Wenn man Promovierende in Deutschland zum *academic staff* zählt, erscheint die gemessene Publikationsproduktivität zu niedrig, da Promovierende typischerweise keine mit promovierten WissenschaftlerInnen vergleichbare Publikationsleistung aufweisen; und der Indikator, der die Promotionsintensität messen soll, liefert wie gesehen völlig falsche Ergebnisse. Lässt man Promovierende aus der Kategorie des *academic staff* heraus, fällt dagegen ihr Leistungsbeitrag in der Betreuung von Studierenden aus der Bewertung; da Promovierende der Ingenieurwissenschaften in Deutschland oft stark in Industrieprojekten engagiert sind, wird dann auch der Vergleich im Indikator „industry income to academic staff" schief.

Kurz und knapp: Die Qualität von Universitäten lässt sich auf solchen Kategorien basierend nicht sinnvoll mit Indikatoren abbilden. Die weltweite Vergleichbarkeit, die herzustellen das zentrale Versprechen der Rankings sind, wird nicht erreicht. Das ist umso kritischer, als Rankings für die Reputation und auch die Wahrnehmung von Hochschulen bei den wichtigen Gruppen der international mobilen Studierenden und

---

[14] Siehe die Berichterstattung im Spiegel (2014).

WissenschaftlerInnen große Bedeutung erlangen. Große Rankinganbieter wie THE und QS sind gewinnorientierte Unternehmen, sich offenbar nicht der Funktionalität des internationalen Wissenschaftssystems verpflichtet fühlen. Vielmehr streben sie nach Erweiterung ihres Geschäftsbetriebs und entwickeln fortlaufend neue Rankings, jüngst etwa ein Nachhaltigkeitsranking,[15] mit denen sie immer größere Datenbestände bei den Universitäten einsammeln. Sie verdienen dann Geld mit Werbung von Universitäten auf ihren Webseiten, bieten ihnen aber auch Analysetools und Beratung an, die Vergleiche mit konkurrierenden Hochschulen ermöglichen sollen.[16] Sie verkaufen also Daten, die unter anderem von den Universitäten selbst auf eigene Kosten geliefert wurden, an mit ihnen konkurrierende Universitäten mit dem Versprechen, aus der Analyse wettbewerbs-relevante Vorteile zu erzielen. Angesichts der Kritik an der Rankingmethodik und den nur schwach qualitätsgesichert scheinenden Datenmeldungen von Hochschulen würde ich bezweifeln, dass diese Tools für das strategische Wissenschaftsmanagement wirk-lich nützlich sind. Darauf ist das Angebot aber auch gar nicht angewiesen, um zu über-zeugen. Denn die Instrumente können auch lediglich dazu eingesetzt werden, die Tiefen der Rankingmethodik selbst auszuloten. Universitäten können mit ihnen herauszufinden, wie sie ihre eigene Platzierung optimieren. Sehr offen bewirbt THE in einer Produkt-broschüre ihr Analysetool „THE Explore":

> „*THE* Explore allows you to create hypothetical scenarios featuring changes to your university's core data and then shows you how these changes would have affected your per-formance in our current ranking." (Times Higher Education 2022, S. 3)

Die hypothetischen Szenarien in diesem Zitat können im Sinne einer Verbesserung der Leistungen der Hochschule selbst wie lediglich einer Optimierung der Datenlieferung verstanden werden. Der Hochschulforscher Igor Chirikov weist auf Anhaltspunkte hin, wonach der Rankinganbieter QS optimierte Datenlieferungen von zahlenden Kunden seiner Analysetools eher akzeptiert hat als von anderen Universitäten (Chirikov 2021). Das würde das Geschäftsmodell in gewisser Weise abrunden. Und damit wäre mit Sicherheit der Punkt erreicht, an dem Indikatoren im Wissenschaftssystem mehr schaden als nutzen.[17]

---

[15] Siehe https://www.timeshighereducation.com/impactrankings (zuletzt abgerufen 30.06.2022).

[16] Siehe https://www.timeshighereducation.com/datapoints/ und https://www.qs.com/solutions/research-intelligence/ (zuletzt abgerufen 28.01.2022).

[17] Ich danke Markus Müller und Birgitta Zielbauer für hilfreiche Hinweise und Kommentare zu diesem Beitrag.

Weiterführende Literatur

Mittelverteilung: Dohmen, D. 2015. Anreize und Steuerung in Hochschulen: Welche Rolle spielt die leistungsbezogene Mittelzuweisung? *FiBS Forum* Nr. 54. https://www.econstor.eu/bitstr eam/10419/107591/1/818785284.pdf

Qualitätsmanagement: Editorial „Support Europe's bold vision for responsible research assessment", *Nature* 607: 636 (2022), https://doi.org/10.1038/d41586-022-02037-8

Rankings: Hazelkorn, E., & G. Mihut (Hrsg.). 2021. *Research Handbook on University Rankings. Theory, Methodology, Influence and Impact.* Cheltenham: Edward Elgar.

Schlaglicht: Zahlen und Metriken

Oliver Schlaudt

Zahlen und Metriken

Mit „Zahlen" meint man oft die geschriebenen Zahlzeichen oder Ziffern. Streng genommen sind Zahlen diejenigen abstrakte Gegenstände, die durch Zahlwörter und Zahlzeichen benannt werden. Die einfachsten Zahlen sind die sogenannten natürlichen Zahlen: 1, 2, 3, … In der Funktion als *Ordinalzahlen* bestimmen sie Stellen in einer Anordnung („erster, zweiter, dritter, …"), als *Kardinalzahlen* die Kardinalität oder Mächtigkeit von Mengen, d. h. Anzahlen von Gegenständen beliebiger Natur („ein Planet", „zwei Symmetrieachsen", „drei Strophen" …). In der Funktion als Kardinalzahlen werden die natürlichen Zahlen schrittweise über die ganzen und die rationalen Zahlen zu dem Kontinuum der reellen Zahlen erweitert, wie sie dann insbesondere als *Maßzahlen* Verwendung finden. Indikatoren umfassen alle drei Fälle: In Rankings hat man es mit Ordinalzahlen zu tun, bei Geburts- oder Todesfallzahlen mit Anzahlen, bei Fertilitäts- oder Mortalitätsraten mit Maßzahlen.

Die Zahlzeichen entstanden vor etwa 5000 Jahren in Mesopotamien als Verwaltungsinstrumente eines frühen, zentralistisch organisierten staatlichen Gebildes (Nissen, Damerow und Englund 1990). Zahlzeichen erlaubten es, Informationen schriftlich zu fixieren, sie somit über lange Zeiträume und große geographische Abstände zu übermitteln, und somit wiederum soziale, ökonomische und administrative Tätigkeiten auf einer größeren organisatorischen Skala zu koordinieren. Während dieser Gebrauch der Zahlen – insbesondere die

O. Schlaudt (✉)
HfGG – Hochschule für Gesellschaftsgestaltung, Koblenz, Deutschland
E-Mail: oliver.schlaudt@hfgg.de

© Der/die Autor(en), exklusiv lizenziert an Springer Fachmedien Wiesbaden GmbH, ein Teil von Springer Nature 2023
J. Mörtel et al. (Hrsg.), *Indikatoren in Entscheidungsprozessen*,
https://doi.org/10.1007/978-3-658-40638-7_19

Schulung von Personal im kompetenten Umgang mit ihnen – bereits zur Entwicklung komplexer Rechentechniken führte, begann man vermutlich erst im antiken Griechenland die Zahlen als abstrakte Gegenstände zu betrachten, deren Eigenschaften und Gesetze auch unabhängig von praktischen Anwendungen erforscht werden können, womit die Arithmetik als Lehre von den Zahlen und den Zahloperationen entstand.

Die Anwendung der Zahlen auf Gegenstände umfasst als den einfachsten Fall das *Zählen*. Das Zählen setzt als solches voraus, dass die zu zählenden Einheiten zuvor ideell fixiert wurden. Was im Alltag meist unproblematisch ist, kann in vielen Fällen der Indikatorik zu einem Problem werden. Versuche, zum Beispiel Vorfälle von geschlechtsspezifischer Gewalt *(gender-based violence)* statistisch zu erfassen, erzeugt einen Konflikt zwischen dem kulturspezifischen Inhalt der Definition und dem Ziel der internationalen Vergleichbarkeit: Eine allgemeinverbindliche Festlegung des Begriffs wird zwangsläufig im Einzelfall davon abweichen, was lokal (schon oder noch nicht) als geschlechtsspezifische Gewalt erlebt und verstanden wird. Passt man die Begriffsbedeutung an das lokale Verständnis an – z. B. in dem Bestreben, einem Opfer geschlechtsspezifischer Gewalt nicht die Deutungshoheit über das Erlebte abzusprechen –, verliert man jedoch die internationale Vergleichbarkeit (siehe dazu Merry 2016; Muller 2019, S. 134–135).

Das Beispiel zeigt nicht nur das Problem kultureller und politischer Vorentscheidungen, die in vielen Fällen unvermeidlich in den Prozess des Zählens Eingang finden, sondern verdeutlicht auch, dass das Zählen in den meisten Fällen mit einer ebenfalls unvermeidlichen *Abstraktion* oder *Dekontextualisierung* einhergeht. Die unterstellten ideellen Einheiten verhalten sich einfacher als die wirklichen empirischen Gegenstände. Umgekehrt lassen sich diese wirklichen Gegenstände ohne eine solche Vereinfachung nicht unbedingt zählen: Obst verdirbt, Wolken fließen ineinander, Tiere vermehren sich oder zerfleischen sich gegenseitig. Dinge zählbar zu machen, geht also im Allgemeinen bereits mit einem Informationsverlust einher, womit ein prinzipieller Grundkonflikt der Indikatorik benannt ist.

In der *Messung* gilt das Interesse nicht der Anzahl diskreter Gegenstände, sondern der Bestimmung der kontinuierlichen Ausprägung einer Eigenschaft durch Vergleich mit einem Standard (vgl. Schlaudt 2020; Meyer 2022). Die Probleme des Zählens stellen sich damit wieder ein. Verlangt das Zählen eine Kategorisierung der Gegenstände, unter welcher sie sich wie die ideellen Einheiten der Arithmetik verhalten, so gilt nun dasselbe für die zu messende Eigenschaft. Diesen Schritt, die anvisierte Eigenschaft durch einen quantitativen Begriff zu fassen, kann man als *Quantifzierung* beschreiben (vgl. Böhme 1976). Als weiterer Schritt kommt nun die *Metrisierung* oder Etablierung einer Metrik hinzu. Eine Metrik stellt technisch gesprochen eine Abbildung oder Zuordnungsvorschrift zwischen den Ausprägungen der Eigenschaft einerseits und den Zahlen andererseits dar. Die Metrik ist einerseits durch die Struktur der Eigenschaft bestimmt, enthält andererseits aber auch konventionelle Momente (z. B. die Festlegung der Maßeinheit wie Meter, Sekunde und Kilogramm oder des Nullpunktes einer Temperaturskala).

Quantifizierung und Metrisierung können problematische Vorentscheidungen transportieren. Ein plastisches Beispiel sind Indikatoren gesellschaftlicher Ungleichheit. Quantifizierung entspricht hier der Herausbildung von „Ungleichheit" als sozialwissenschaftlicher und politischer Kategorie. Metrisierung besteht in der Gestaltung eines konkreten Maßes der Ungleichheit. Der erste Schritt transportiert einen impliziten politischen Gestaltungsrahmen, indem er festlegt, welche Parameter als fix betrachtet werden und welche nicht. Graeber und Wengrow (2021, S. 7) spitzen zu: „Der bloße Begriff der 'Ungleichheit' stellt schon ein Framing sozialer Probleme dar, das dem Zeitalter der technokratischen Reformer entspricht, die von vornherein davon ausgehen, dass hier keine echte Vision für einen Wandel der Gesellschaft zur Debatte steht."

Die bekannteste Metrisierung der Ungleichheit stellt vermutlich der Gini-Koeffizient dar, der die Ungleichheit auf einer Skala von 0 (Gleichverteilung des Reichtums) bis 1 (völlige Reichtumskonzentration) angibt. Thomas Piketty lehnt es in seinen Analysen ab, mit diesem Indikator zu arbeiten. Zum einen erlaube er nicht, zwischen Ungleichheit in Kapitalvermögen und Arbeitseinkommen zu differenzieren, hinter denen verschiedene ökonomische Mechanismen stehen. Zum anderen aber biete der Gini-Koeffizient vor allem keine feinkörnigere Auflösung der Ungleichheiten zwischen den einzelnen Einkommensgruppen und innerhalb derselben. „Statistische Indizes wie der Gini-Koeffizient", fasst Piketty zusammen, „geben eine abstrakte und sterile Sicht der Ungleichheit wieder, die es den Menschen schwer macht, ihre Position in der heutigen Hierarchie zu verstehen" (Piketty 2014, S. 267). Piketty zieht es aus diesen Gründen vor, Vermögensanteile nach den Perzentilen der Vermögenshierarchie in den älteren „Gesellschaftstabellen" aufzuschlüsseln: „Gesellschaftstabellen sollten die handfesten und praktischen Aspekte der Ungleichheit darstellen, indem sie die Anteile der verschiedenen sozialen Gruppen (und insbesondere der verschiedenen Schichten der Elite) am nationalen Reichtum herausstellten, und in dieser Hinsicht gibt es eindeutige Affinitäten zu dem von mir verfolgten Ansatz. Gleichzeitig ist der Geist dieser Sozialtabellen weit entfernt von den sterilen, der historischen Realität enthobenen statistischen Maßstäben der Ungleichheit wie denen von Gini und Pareto, die im zwanzigsten Jahrhundert allzu gerne verwendet wurden und die dazu beitragen, die Verteilung des Reichtums zu naturalisieren. Die Art und Weise, wie man versucht, Ungleichheit zu messen, ist niemals neutral." (ebd., S. 270).

Living by objectives: Self-Tracking und Nudging im digitalen Kapitalismus

Anna-Verena Nosthoff und Felix Maschewski

Der französische Philosoph Gilles Deleuze schrieb Anfang der 1990er Jahre mit *Post-skriptum über die Kontrollgesellschaften* einen kurzen, aber breit rezipierten Text über den „fortschreitende[n] und gestreute[n] Aufbau einer neuen Herrschaftsform" (Deleuze 1993, S. 261 f.). Ausgehend von Michel Foucaults Machtanalytik erkennt Deleuze, dass im Laufe des letzten Jahrhunderts angepasste Modulationen aufgetreten seien, die die gesellschaftsprägenden Disziplinaranstalten – vom Gefängnis bis zur Kaserne – reformierten, ablösten. An ihre Stelle träten offenere Systeme, „ultra-schnelle Kontrollformen mit freiheitlichem Aussehen" (Ebd., S. 255), sodass das dynamische Unternehmen die Stechuhr der Fabrik, das lebenslange Lernen immer mehr die Schule, „die Medizin ohne ‚Arzt und Kranken', die potentielle Kranke und Risikogruppen erfasst" (Ebd., S. 261 f.) die Klinik ersetze. Deleuzes gesellschaftsphilosophische Spekulation beschrieb einen so epochalen wie subtilen Übergangsprozess, verknüpfte Verfahren der Flexibilisierung mit jenen einer anbrechenden Digitalisierung und ließ in der Frühphase des World Wide Web auf doppelbödige Bonmots – „überall hat das Surfen schon die alten Sportarten abgelöst" (Ebd., S. 258) – kritische Aussagen folgen: „Marketing heißt jetzt das Instrument der sozialen Kontrolle." (Ebd., S. 260) Der Text endet schließlich mit einer wohlüberlegten Verwunderung über eine neue, für den Philosophen durchaus fragwürdige Mentalität:

A.-V. Nosthoff (✉) · F. Maschewski
London School of Economics and Political Science, Berlin, UK
E-Mail: a.nosthoff@lse.ac.uk

F. Maschewski
E-Mail: felix.maschewski@criticaldatalab.org

© Der/die Autor(en), exklusiv lizenziert an Springer Fachmedien Wiesbaden GmbH, ein Teil von Springer Nature 2023
J. Mörtel et al. (Hrsg.), *Indikatoren in Entscheidungsprozessen*,
https://doi.org/10.1007/978-3-658-40638-7_20

„Viele junge Leute verlangen seltsamerweise, ‚motiviert' zu werden, sie verlangen nach neuen Ausbildungs-Workshops und nach permanenter Weiterbildung: an ihnen ist zu entdecken, wozu man sie einsetzt, wie ihre Vorgänger nicht ohne Mühe die Zweckbestimmung der Disziplinierung entdeckt haben" (Deleuze 1993, S. 262).

Deleuzes Beobachtungen haben heute kaum Patina angesetzt, wurden über die Jahre unter diversen Stichworten – vom „flexiblen Menschen" (Sennet 1998) bis zum „unternehmerischen Selbst" (Bröckling 2007) – diagnostisch erweitert und erfahren im „Zeitalter des Überwachungskapitalismus" (Zuboff 2018) immer neue Intensivierungen. Die „permanente Weiterbildung" kann nun, technisch gestützt, gänzlich neue Wirkmächtigkeit entfalten, da der Mensch nicht mehr nur als philosophische „Chiffre eines ‚dividuellen' Kontroll-Materials" (Deleuze 1993, S. 262) durch das Reale mäandert, sondern sich dank der wachsenden Verbreitung tragbarer Tracking-Technologien, sogenannter Wearables, sehr viel umfassender als Ressource der technisch-gestützten (entscheidungslogischen) Lebensführung indexiert. Das „Life-Logging" (Selke 2014), das „Self-Tracking" (Neff und Nafus 2016) oder das „Quantified Self" (QS) (vgl. Lupton 2016; Duttweiler et al. 2016; Mämecke 2021) sind nur die bekanntesten Gesten und Gestalten einer so umfassenden wie körperbezogenen sozialen Metrisierung (vgl. Mau 2017), die sukzessive auch das formt, was man eine „Gesellschaft der Wearables" (Nosthoff und Maschewski 2019) nennen kann.

Das Marketing spielt, mit Deleuze angenommen, auch in diesem Prozess eine bedeutsame Rolle: Gerade der Konzern Apple, der noch immer als Inbild der Kreativwirtschaft gilt, bietet seit der Einführung des Macintosh 1984 immer wieder aufschlussreiches Anschauungsmaterial und zeigt in dem Spot „Better You"[1] (Apple Watch Series 4) aus dem Jahr 2018, wie emanzipatorische Versprechen an Selbstvermessungstechnologien geknüpft; wie neoliberale Subjektivierungsformen mit kybernetischen Steuerungswissen, wie (Entscheidungs-)Freiheit mit permanenter Kontrolle assoziiert wird.

1   Digitale Zwillinge

Die Szenerie der Werbung zur Apple Watch Series 4 zeigt einen bärtigen Mittdreißiger, der bequem auf der Couch sitzt und eine Sportveranstaltung schaut, ehe er sich plötzlich seinem Doppelgänger gegenübersieht. Nach kurzem, fast platonischem Erstaunen erhält der Zwilling auf seiner Smartwatch eine unzweideutige Botschaft: „Zeit, aufzustehen!" Was der Apparat sagt, ist Programm: Der Zwilling steht auf, sein Gegenüber folgt ihm, doch eine latente Unsicherheit bleibt. Nachdem ein weiterer Doppelgänger vom Fenster aus gesichtet wird, gehen die beiden der Sache – gänzlich wortlos – auf den Grund, vor die Tür, dem Spaziergänger hinterher. Sobald sie aufgeholt haben, zieht eine weitere

[1] https://www.youtube.com/watch?v=0cBJBj_tbHM (Zugegriffen 5.5.2022).

Ich-Spaltung im dynamischen Ausfallschritt am Trio vorüber. Bald hat die Gruppe auch diese eingeholt, doch wird sie sofort von der fünften Version hinter sich gelassen. Auch diesmal wird die Verfolgung aufgenommen, sodass sich ein Wett- und Dauerlauf aller gegen alle entwickelt. Im finalen Akt am Strand wird das Quintett aus immer sportlicheren Klonen schließlich von einer letzten Kopie überholt: ein frisches Ich, das nicht atemlos rastet, keine Pause benötigt, ins Meer springt, die Wellen teilt und neuen Zielen entgegenjagt. Die Botschaft des Ganzen ist dann nicht der Wunsch nach ozeanischer Verbundenheit, sondern ein simpler Motivationsspruch: „Du hast ein besseres Ich in dir!" Will heißen: ein agileres, gesünderes Ich, ein Ich der Aktivität und des Potenzials, ein Ich, der Zukunft und Selbst-Bestimmung.

Der Werbespot bemüht so eine Ikonografie des Empowerments, appelliert an die häufig als neoliberal deklarierten Werte der Eigenverantwortung, -initiative und Aktivität; an eine Befreiung als fortschreitendes Power-Posing. Er bestimmt das Ziel der dargestellten Ich-Formen als Exerzitium, in dem Ich und Über-Ich, Weisung und Wunsch fast natürlich ineinander greifen. Jedes Selbst bildet dabei nur eine Entwicklungsstufe, die, an einem numerischen Ideal orientiert, immer wieder herausgefordert wird – wer nur kurz stillhält, fällt hinter das „bessere Ich" zurück. In dieser individuell-indexierten Gleichzeitigkeit des Ungleichzeitigen wirkt jeder Doppelgänger wie Ansporn und fröhliches Verhängnis in einem. Hat man sein Ziel erreicht, wartet nur das nächste Rennen, das nächste Überholmanöver. Wobei jedes Tun, ganz kybernetisch, als Information gefasst, eine Entscheidung repräsentiert und der „Körper als Prozess" (Reichert 2015, S. 77) begriffen wird – bei dem auch Irrgänge produktiv wirken.

Zwar kann in dem Wettlauf der werblichen Ich-Ideale auch die fast olympische Affirmation des „Höher, Schneller, Weiter" kaum die recht beschränkte Idee eines unendlichen Fortschritts überdecken. Doch erscheint das Leben als entscheidungslogischer Steigerungsprozess dank Big Data und algorithmischer Musteranalyse im Zeichen der Komplexitäts- bzw. Kontingenzreduktion durchaus verführerisch: Man weiß immer, woran man ist, wo man steht und wie es besser gehen könnte, vielleicht gehen *sollte*. Dies ist keineswegs ein neues Phänomen und lässt sich in der Genealogie humanwissenschaftlicher Vermessungslehren nachvollziehen (vgl. Bernard 2017; Mämecke 2021, S. 55 ff.).

2 Every breath you take, and every move you make

Apples Smartwatch scheint das bekannte Motto der Firma zu reformulieren: Aus dem *Think different!* ist ein *Be different!* geworden. Das Anderssein gilt dabei zunächst für das Produkt selbst, und so soll das Wearable das bekannte *self-knowledge through numbers* der QS-Bewegung einerseits fortschreiben, andererseits transzendieren. Als

„ultimativer Fitnessbegleiter"[2] angepriesen, ist die Smartwatch mehr als ein banaler Schrittzähler, vielmehr – so das Marketingnarrativ – ein progressives Tool für den Gestaltwandel. Ausgestattet mit optischen und elektrischen Sensoren (seit 2018 kann man sogar EKGs aufzeichnen, seit 2020 gar den Sauerstoffgehalt im Blut), können die NutzerInnen Puls oder Schritte, Kalorienverbrauch genauso wie die Schlafqualität bestimmen, sämtliche Regungen als präzise Aktivitätsfortschritte messen und an daten-basierten Indikatoren orientieren – sei es beim Joggen, Surfen oder Spielen mit den Kindern: Jede Bewegung zählt.

Über die Leitwährung der „Aktivitätsringe" aus Bewegen, Trainieren und Stehen werden sämtliche *Kreisläufe* der Performanz identifiziert, sodass schon leichte Erschütterungen wie das Aufstehen oder Zähneputzen ökonomisch genau in eine auto-matische, fast pietistische Buchführung übersetzt werden. Schon Gary Wolf, einer der Gründer der QS-Bewegung, erklärte die Idee:

> „When we quantify ourselves, there isn't the imperative to see through our daily existence into a truth buried at a deeper level. Instead, the self of our most trivial thoughts and actions, the self that, without technical help, we might barely notice or recall, is understood as the self we ought to get to know." (Wolf 2010)

Die Wissbegier definiert das „bessere Ich" als vermessenes, und so wirken Körper und Selbst im Self-Tracking ununterscheidbar. Genau deswegen können immer mehr Bereiche des Lebens über die Praktiken des Monitorings, Ratings und Scorings fast widerspruchslos erschlossen werden, wobei Apples hauseigene Apps – vom achtsam-keitsfördernden Atmen bis zum Zyklustracking – die einstmals kreative Ich-Erfassung früher Selbstvermesser in passgenau Produkte überführt. Das sonst erratische Sein kann nun in Statistiken oder Aktivitätskurven, in die Eindeutigkeit der Zahl verwandelt, ver-waltet und sortiert werden. Schnell erkennen die NutzerInnen beim Scrollen durch die Aktivitätsringe, wann sie gut oder schlecht waren. Die „Sorge um sich" (Foucault) über-setzt sich in alltägliche Leistungsschau: „Schließe sie [die Ringe] jeden Tag."[3]

Mit Foucault gesprochen kann man in solchen Motiven eine Mischung aus disziplinargesellschaftlichen Modi erkennen, die im Dienst einer gesteigerten Taug-lichkeit stehen, „die Zeit, den Raum, die Bewegungen bis ins Kleinste [zu] codieren" (Foucault 1998, S. 175) sowie biopolitischen Verfahren, die den digitalen „Eintritt des Lebens und seiner Mechanismen in den Bereich der bewussten Kalküle" (Foucault 1977, S. 170) bedeuten. Hinter der Kompletterfassung und den bunten Ringen steht die Praxis einer „überwachungskapitalistischen Biopolitik" (Maschewski und Nosthoff 2022), die das Leben selbst als Produktivfaktor, das Aktivitäts- als Humankapital versteht und es

---

[2] https://www.apple.com/de/newsroom/2018/09/redesigned-apple-watch-series-4-revolutionizes-communication-fitness-and-health/ (Zugegriffen 5.5.2022).

[3] https://www.apple.com/de/watch/close-your-rings/ (Zugegriffen 5.5.2022).

sukzessive mit mathematischer Modellierung amalgamiert: „Wenn du stehst, beweg dich etwas. […] Das klingt vielleicht nach einer Kleinigkeit, aber regelmäßiges Bewegen hilft dir, Energie zu tanken und produktiver zu sein."[4]

3 Living by objectives

Die Mechanismen von Überwachen und Bewerten, die häufig als narzisstische Vermessenheitsverzerrung wahrgenommen werden, avisieren die zunehmende Synchronisierung von ökonomischer Rationalisierung und kreativer Selbstverwirklichung (vgl. Mämecke 2021, S. 12). Stets soll ein verborgenes Potenzial aktiviert, in sich selbst investiert, der Bewegungsumsatz gesteigert, die Lebensform verfeinert werden. Damit dies gelingt, wird auch der Alltag in einen kontinuierlichen Wettbewerb umgewandelt, der täglich neue Ziele vorgibt. Mit jedem aufgezeichneten Datum bestimmt sich ein individuelles Wertesystem, das den Soll-Ist-Vergleich des Ichs anschaulich und das *living by objectives* möglich macht. Schon die Erfassung alltäglicher Aktivitäten akzentuiert eine Dynamik, die mit jeder erreichten, eine immer neue Benchmark fordert, mit dem Eifer zur fortlaufend optimierten Normbewältigung auch die Norm der fortlaufenden Optimierung verfestigt. So deutet die Smartwatch fast unmerklich das In-der-Welt-Sein um, bindet es nicht nur ans Leisten, sondern dynamisiert es über ein konstitutives Noch-Nicht zu einem Immer-Besser-Werden (vgl. Schlaudt 2018, S. 177). So ist man niemals einfach nur fit oder gesund: Es geht vielmehr darum, fitter und gesünder zu werden.

Schon im Positionswechsel zwischen Ich und Ideal-Ich wirkt die Arbeit am Selbst wie eine Trockenübung für den alltäglichen gesellschaftlichen Wettbewerb. Dabei darf sich das zu verbessernde Ich auch als spielender Mensch *(homo ludens)* angesprochen fühlen (vgl. Reichert 2015, S. 68): Für jede Energieleistung bietet die Apple Watch Ermunterungen, für gebrochene Rekorde „virtuelle Auszeichnungen" zur Erweiterung des „digitalen Trophäenschranks." Die kontinuierliche Steigerung im Wettlauf mit sich selbst erscheint so fröhlich gamifiziert, die technokratische Inventur als bunter Aktivitätsring fast erheiternd innovativ und jede irreale Medaille als Belohnung im Kampf um Anerkennung. Das Spiel wirkt rückhaltloser als jede Disziplin. Oder, wie es zur Apple Watch heißt: „Damit macht es so viel Spaß, gesünder zu leben, dass du gar nicht mehr damit aufhören willst."[5]

Im forcierten Wettlauf um das „bessere Ich" etabliert sich das Wearable schließlich als fast paradigmatische „Technologie des Selbst", die Individuen „bestimmte Operationen […] mit ihrer eigenen Lebensführung vollziehen" lässt, „und zwar so, dass sie sich selber transformieren […] und einen bestimmten Zustand von Vollkommenheit, Glück,

---

[4] https://www.apple.com/de/watch/close-your-rings/ (Zugegriffen 5.5.2022).
[5] ebd.

Reinheit, übernatürlicher Kraft erlangen" (Foucault 1984, S. 35 f.). Auf dem hochauflösenden Zifferblatt der Smartwatch ist stets erkennbar, ob man den (eigenen) Ansprüchen genügt oder, mit Nietzsche gesprochen, der wird, der man ist.

Das vermessene Selbst wirkt damit als der neue Geist in der Maschine, als technisch aufgerüsteter Innovationsschub, der sich qua Smartwatch von morgens bis abends als bewegendes, als atmendes und schlafendes, aber auch als krankes Wesen in fortlaufender Optimierung übt. Ebendiese hautnahe Annäherung kalkulierter Beweggründe bildet die Verheißung der Technologie. Denn die „tragbare Kontrolle" (Maschewski und Nosthoff 2020) verspricht die Leistungsfähigkeit zu erhöhen, im alltäglichen *survival of the fittest* agiler und zugleich resilienter zu werden, suggeriert schließlich, die Geschicke ganz *objektiv* selbst in der Hand zu haben – oder zumindest am Handgelenk zu tragen.

Frei nach dem ökonomischen Leitspruch: Was man nicht messen kann, kann man nicht managen, avanciert der kleine schwarze Spiegel zum ultimativen Medium der Selbstregierung; zur tiefblickenden Schnittstelle, die als „Befreiungsschlag gegen Bevormundung und Herrschaft verstanden werden" (Mämecke 2021, S. 138) will und mit jedem erfassten Datum die „Black Box Leben" (Muhle und Voss 2017) als gemachtes, vor allem aber als machbares Spiel erscheinen lässt. Dass der erweiterte Aktionsradius mit dem Zusammenschnurren des Alltags auf einen Bewegungsring, d. h. mit einer ganz spezifischen Ästhetik der Existenz verbunden ist, ist also keineswegs ein Schönheitsfehler, sondern gilt im Digitalzeitalter als Verdienst. Wenn „sich selbst regieren heißt, die eigene Wettbewerbsfähigkeit [zu] fördern" (Bröckling 2007, S. 107), dann spielt allerdings auch die Motivation durch subtile Anstöße eine entscheidende Rolle.

4   Das Medium ist die Massage (Nudging)

Die Apple Watch ist als Maschine der „guten Form" ein Medium der Ich-Gestaltung. Doch da nicht alles und jeder aufgrund codierter Aktivitätshaushalte von alleine läuft, ermöglicht sie auch einen Modus der ästhetischen (Selbst-)Dressur. Die befehlsförmigen Botschaften – „Zeit aufzustehen!" et cetera –, die in selbstgewählten Abständen auf dem Screen erscheinen, wirken als Anrufungen, das schlechtere, dickere und unproduktivere Ich ins Schwitzen zu bringen. Über die mit sanften Vibrationen am Handgelenk versehenden Notifications, sogenannte *Taps,* können sich die NutzerInnen an das Schließen ihrer Ringe, die fehlende Schritte oder – so paradox es klingt – das Zu-Bett-Gehen erinnern lassen. Spezifische Verhaltensmuster werden dank Wearable nicht nur erfasst und analysiert, sondern lassen sich eintrainieren bzw. -massieren, aus- und zurichten: Das Medium ist die Massage.

Mit den kleinen „Lifehacks" übt sich der Self-Tracker also in einer Art Selbstgestaltung und damit, da ermächtigt und doch algorithmisch orchestriert, in der Praxis des Nudgings (Sunstein und Thaler 2009), zu deutsch: Anstoßens. So wirken die kurzen Taps exakt wie die sanften Schubser „in die richtige Richtung", die Verhaltensökonomen wie Cass Sunstein und Richard Thaler im Sinn haben, um „das Verhalten der Menschen zu beeinflussen", „ihr Leben länger, gesünder und besser zu machen". Die „Entscheidungsarchitekten" – dazu zählen auch die Ingenieure der Smartwatch – wollen dabei keineswegs Entscheidungen inhaltlich bestimmen, lediglich kontextuell vorstrukturieren, um libertär-paternalistisch die Freiheit zu „erhalten" oder gar zu „vergrößern" (Sunstein und Thaler 2009, S. 14–15). Das Gebot soll in der ‚anstößigen' Mechanik durch das attraktive Angebot ersetzt, das „bessere" Leben nicht vorgeschrieben, sondern nahegelegt werden (vgl. Nosthoff und Maschewski 2019, S. 30 ff.).

Da der fehlbare Mensch in verhaltensökonomischer Perspektive zu selten „richtige" Entscheidungen für sich trifft, häufig träge und bequem ist, gilt es, ihm über smarte Entscheidungsdesigns und psychodynamisch wirksame Architekturen auf die Sprünge zu helfen. Idealtypisch, so erklären Sunstein und Thaler, empfiehlt es sich etwa, Junkfood oder die süßen Nachtische hinter die gesünderen Optionen zu platzieren, damit Änderungen in den ‚Standardeinstellungen' vorzunehmen. Zu einem „numerische[n] Äquivalent zur räumlichen Anordnung von Apfel und Pudding" (Simanowski 2019) schwingt sich die Apple Watch dann fast ganz automatisch auf, formt mit ermutigenden Taps und vorinstallierten Benchmarks eine enganliegende Umwelt. Jeden Tag wissen die NutzerInnen, was sie lassen, was sie tun sollen bzw. wollen: Bewegen: 450 kcal, Trainieren: 30 Min., Stehen: mind. 12-mal am Tag – so die allgemeinen Standards des „persönlichsten Geräts" (Jonathan Ive, damaliger Chef-Designer Apples) Apples.

Während das Nudging zumeist als eine elegante Form der Verhaltensmodifikation beschrieben wird, lässt sich in den verhaltensökonomischen Streicheleinheiten auch ein „behavioristisches Konditionierungsprogramm" erkennen, „das nicht an die Vernunft appelliert, sondern ihre Defizite ausgleichen soll." (Bröckling 2017, S. 189) Denn wo gute, rationale Vorsätze früher fast unmerklich im diffusen Gestöber des Alltags verschwanden, ist das Indikatoren-Korrektiv ‚smarterer' Entscheidungen nun stets präsent (vgl. auch Bernard 2017, S. 101 f.); wird als algorithmisierter Ausgang des Menschen aus seiner selbstverschuldeten Unförmigkeit annonciert.

Im Muster angeleiteter Aufklärung ändert sich schließlich auch die Erscheinung des „besseren Ichs". Es ist weniger eine lose Wunschvorstellung, wirkt stattdessen als minutiöser Appell, der auf jede Lücke im Tagesablauf hinweist, so persönlich wie persistent die Kongruenz von Soll und Haben fordert. Denn wer die Leistung nicht bringt, der wird ermahnt bzw. motiviert: *„Felix, you're so close to closing your Move ring. A brisk, 17-min walk should do it"* Oder: *„You didn't close a ring yesterday, Anna. Close at least one today."* Dass man sich auch gegen solche automatisierten Botschaften fürs schlechte Gewissen entscheiden, die „besseren Ichs" teilnahmslos vorbeiziehen lassen kann, ist offensichtlich. Doch klar ist auch, wer verantwortlich zu machen ist, wenn man die (eigenen?) Vorgaben verfehlt. So gilt auch hier, was Ulrich Bröckling für die neoliberalen Regierungslogiken schlussfolgert: „Sie installieren keine Reiz-Reaktions-Automatismen, sondern erzeugen einen Sog, der bestimmte Verhaltensweisen wahrscheinlicher machen soll als andere" (Bröckling 2007, S. 38).

Damit ist das digitale Endgerät nicht einfach eine Maschine, die NutzerInnen fremdsteuert, wie es eine technikdeterministische Lesart unterstellt. Die Kontrollreflexe wirken subtiler, zugleich ambivalenter: Einerseits ermöglicht die Smartwatch als fast klassische *„extension of men"* die Steigerung der Fähigkeiten – von den Tiefen des Fühlens (Pulsschlag) bis zu den Höhen neuer Leistungen (Schrittfolge). Andererseits richtet sie den Einzelnen ganz programmlogisch auf den Imperativ der Effizienz zu, soll Entscheidungsprozesse rationalisieren, um auch die alltäglichen Aktivitäten an maschinelle Kalküle anzuschmiegen. Damit hat die Vermessung des Selbst einen durchaus doppelbödigen Effekt. Denn so emanzipatorisch das Self-Tracking – im Zeichen der (Selbst-)Erfassung und -Darstellung – scheint, so klar wird auch, dass es stets mit dem Gang in die digitalen Netze einhergeht. Es geht nicht um Autonomie *von der,* sondern *durch die* Technik.

So steckt in der verhaltensökonomischen Programmatik, d. h. im konsequenten Wunsch, das Mängelwesen Mensch jenseits aller Innerlichkeit qua Entscheidungsarchitektur von außen umzugestalten, schließlich auch die Annahme eines weisungsbedürftigen Wesens. Um Schritt zu halten, müssen seine Wege präzise berechnet, die träge Masse motiviert werden, wobei mathematischen Messtechniken eine reflexive Hermeneutik, die eindeutigen, objektiven Ziffern das schwammige Gefühl ersetzen. Klarer als die wohlmeinenden Verhaltensökonomen gibt man bei Apple dann auch freimütig zu, dass es nicht um ‚sanfte' Eingriffe im Zeichen der „richtigen Richtung" geht, sondern „ein Tap am Handgelenk wie ein Tritt in den Hintern"[6] wirkt. Doch bei aller disziplinierenden Strenge folgt der Self-Tracker auch fast poetischen Motiven: Bei der Apple Watch gibt es, mit Rainer Maria Rilke gesprochen, „keine Stelle, die dich nicht sieht. Du musst dein Leben ändern."

5   Vom Quantifizierten Selbst zum Quantifizierten Kollektiv

Die jungen, motivationshungrigen Leute, von denen Deleuze sprach, sind älter geworden. Mit der Zeit scheinen sich auch ihre dynamischen Welt- und Selbstverhältnisse immer eindringlicher als Lebensart manifestiert zu haben. Im Self-Tracker finden sie ihre zeitgemäße Verkörperung. Gerade diese Indikatorengestalt, die alles ganz genau sondiert und quantifizierend weiterbilden will, personifiziert den von Deleuze beschriebenen Systemwechsel im „digitalen Kapitalismus" (Staab 2019) und damit schließlich den „Prototyp der biopolitischen Fitnessgesellschaft" (Martschukat 2019). Als fast glückliche Korrelation aus Wollen und Sollen, Wunsch und Anforderung vereint der Self-Tracker dabei spielerisch Ambivalenzen: Denn der Kontrolleur seiner Selbst empfindet die nahezu positivistische „Feinsteuerung von Lebensweisen" (Mau 2017, S. 181) als lustvolle Motivation, synchronisiert nicht nur Selbstregierung mit Selbstunterwerfung, Freiheit mit permanenter Kontrolle, sondern übt sich genau damit in einer Selbstpraxis, bei der sich individuelle immer häufiger in kollektive Kreisläufe übersetzen.

---

[6] ebd.

Obwohl Apple das „bessere Ich" 2018 zum Nukleus digitaler Lebensformen erklärte, vollzog der Konzern auch einen Beleuchtungswechsel, da das Tracking-Device zwar als Werkzeug der Selbstoptimierung und -Darstellung verkauft wird, aber auch – durch die uneigennützige Weitergabe biometrischer Daten – als eines der gemeinschaftlichen, innovativen Gesundheitsfürsorge wirken soll. Erstmals signifikant wurde diese Idee in der mit Stanford Medicine 2017–2018 durchgeführten Apple Heart Study, bei der die Wearable-gestützte Detektion von unentdecktem Vorhofflimmern erforscht wurde. Die Studie war mit mehr als 400.000 TeilnehmerInnen die bis dato größte ihrer Art, konnte nachweisen, dass die Sensoren des Wearables unregelmäßige Herzschläge aufspüren (Perez et al. 2019). Damit erfindet sich Apple sukzessive als Gesundheitsdienstleister neu (vgl. Maschewski und Nosthoff 2022) – oder, in den Worten des Apple CEOs Tim Cook: „If you zoom out into the future, and you look back, and you ask the question, 'What was Apple's greatest contribution to mankind?' It will be about health."[7]

Diesem Impetus folgt der Konzern seither zielstrebig und ermöglicht es dem QS, sich mehr und mehr in ein quantifiziertes Kollektiv einzuschreiben. So erforscht Apple in Kooperation mit Institutionen wie der WHO, einigen privaten Universitäten oder der American Heart Association Bereiche von der Hör- oder Herz- oder mentalen Gesundheit bis hin zum weiblichen Zyklus. All das mit dem Ziel, die „medizinische Forschung zu demokratisieren, indem Kunden von Apple durch Nutzung ihnen vertrauter Technologien die Möglichkeit haben, an Forschungen teilzunehmen."[8]

Neben solchen großangelegten fast sozialromantischen Vermessungsprojekten, die den Einzelnen mit technischen Innovationen und einfühlsamer Rhetorik umgarnen, ging der Konzern zuletzt gleichfalls expansiver vor. So kommt die Apple Watch in biopolitischen Großprojekten (wie dem von Apple protegierten LumiHealth-Programm in Singapur) verstärkt auch in „smarten" Versicherungsmodellen zum Einsatz. Während in Deutschland Krankenversicherungen daran feilen, Fitnesstracker und Health-Apps in Prämienmodelle zu integrieren (vgl. Bernard 2017, S. 110 f.), ist man in den USA schon einen Schritt weiter (vgl. Maschewski und Nosthoff 2019, S. 92 ff.). Dort gestaltete man erstmals 2018, wie beim Lebensversicherer John Hancock, Angebote, die das Tragen von Fitnesstrackern für Neuversicherte nicht optional, sondern obligatorisch machen. Dabei trackt der Versicherer qua Smartwatch nicht nur jeden Schritt und Liegestütz oder analysiert den alltäglichen Konsum, er vergibt dafür auch Punkte, die als Score gesammelt die Höhe der nun individuellen Versicherungsgebühren bestimmen – die sog. pay as you live-Tarife. Doch es bleibt nicht bei finanziellen Verheißungen. Die smarte Versicherung verspricht als Dienst am Kunden auch auf das Verhalten der Einzelnen einzuwirken, es über eine enganliegende Umwelt aus Nudges und Services neu zu motivieren, immer besser

---

[7] https://www.cnbc.com/2019/01/08/tim-cook-teases-new-apple-services-tied-to-health-care.html (Zugegriffen am 5.5.2022).

[8] https://www.apple.com/de/newsroom/2021/03/apple-hearing-study-shares-new-insights-on-hearing-health/ (Zugegriffen am 5.5.2022).

zu regulieren. Konkret heißt dies, dass, wer die sanfte Stupser als Motivation versteht und monatlich 500 Punkte durch die täglich erforderlichen 10.000 Schritte oder eine gesunde Ernährung sammelt, verhaltensabhängig bis zu 25 % weniger für seine Versicherung zahlt und sogar Gutscheine oder die obligatorische Apple Watch kostenlos erhält. Wer allerdings faul ist, wird sanktioniert und z. B. verpflichtet, nicht nur den vollen Preis für seine Apple Watch – mehrere Hundert Dollar – sondern auch höhere Tarife zu zahlen.[9] Der Versicherer baut damit ein sozio-technisches Ökosystem aus Angeboten und Sanktionen auf, bei dem die Versicherten ihre eigene Überwachung qua Wearable geradezu konsumieren. Ein solcher Versicherungspanoptismus macht schließlich nicht nur klar, dass die Arbeit am Körper kein bloß privates Vergnügen ist, sondern auch, dass sich hier der „Kontaktpunkt" (Foucault zit. n. Lemke 2000, 29) einer Macht kristallisiert, die die Grenzen von Selbst- und Fremdführung ununterscheidbar werden lässt: no pain, no gain.

Disziplinierung/Disziplinargesellschaft

Die modernen bürgerlichen Revolutionen beanspruchten eine Befreiung der Menschen aus den Banden der feudalen Ständegesellschaft. Wie der französische Historiker Michel Foucault herausarbeitete und in vielen Aspekten untersuchte, konnte diese Befreiung nur zum Preis einer gleichzeitigen „Disziplinierung" erfolgen, denn die befreiten Individuen müssen ja gleichwohl in der Lage und willens sein, sich zum Beispiel den strengen Normen der modernen Arbeitswelt zu fügen. Die bürgerliche Gesellschaft leistet diese Disziplinierung durch eine Reihe von Institutionen – von der Schule über Psychiatrie und Kaserne bis zur Fabrik. Nebenher springt dabei das moderne „Individuum" – sortiert nach Geschlecht, Alter, Begabung usw. – als statistisch erfassbare Größe heraus. Nach Foucault stellt in diesem Sinne das „Panoptikon", also das ideale Gefängnis, in welchem jeder Insasse von einer zentralen Instanz permanent überwacht werden kann, eine Allegorie der modernen Gesellschaft und der ihr eigenen Regierungsform dar. Das Bewusstsein, potenziell einer ständigen Beobachtung und Evaluierung ausgesetzt zu sein, führt dabei zu einer Internalisierung der Machtverhältnisse und Erwartungen, welche die tatsächliche Ausübung der Macht sogar fast überflüssig machen.

Man sieht sofort, dass indikatorengestützte Evaluierungssysteme die Infrastruktur einer Disziplinierung im Foucaultschen Sinne bilden können. In der heutigen, neoliberal geprägten Gesellschaft können sie einen Prozess der Selbstoptimierung fördern, dem ein Selbstverständnis als „unternehmerisches" Subjekt zugrunde liegt. Soziale Netzwerke und Geräte des Self-Tracking geben der Disziplinierung eine spielerische Dimension, wodurch die Internalisierung noch reibungsloser abläuft und die Machtverhältnisse vollends unsichtbar werden. In der Tat wurden Plattformen wie Facebook in der Literatur als „virtuelles Panoptikon" beschrieben (Romele et al. 2017; Waycott et al. 2017).

---

[9] https://www.johnhancock.com/life-insurance/vitality/apple-watch.html (Zugegriffen am 5.5.2022).

Der Text ist eine erweiterte und überarbeitete Fassung von: Maschewski, Felix/Nosthoff Anna-Verena 2021: Smarte Optimierung im digitalen Kontrollregime: Vom quantifizierten Selbst zum quantifizierten Kollektiv, in: Hauser, Thomas/Merz, Philippe (Hg.), *Vom Bürger zum Konsumenten, Wie die Ökonomisierung unser Leben verändert,* Stuttgart, 141–153.

Weiterführende Literatur

Ulrich Bröckling. 2007. *Das unternehmerische Selbst. Soziologie einer Subjektivierungsform.* Frankfurt a. M.: Suhrkamp.

Gilles Deleuze. 1993: „Postskriptum über die Kontrollgesellschaften", in: ders. *Unterhandlungen. 1972–1990,* Frankfurt a. M.: Suhrkamp, S. 254–262.

Michel Foucault. 1977. *Überwachen und Strafen. Die Geburt des Gefängnisses.* Frankfurt a. M.: Suhrkamp.

Lupton, D. 2016: *The Quantified Self. A Sociology of Self-Tracking.* Cambridge: Cambridge University Press.

Nosthoff, A.-V., & F. Maschewski. 2019. *Die Gesellschaft der Wearables, Digitale Verführung und soziale Kontrolle,* Berlin: Nicolai.

Schlaglicht: Gütekriterien für Indikatoren: Validität, Reliabilität, Objektivität

Wolfgang Meyer

Gütekriterien für Indikatoren: Validität, Reliabilität, Objektivität

Indikatoren sind in erster Linie Messinstrumente und somit gelten hier auch dieselben Qualitätsanforderungen. Die Besonderheit besteht allerdings in der Anzeigefunktion, d. h. im Unterschied zu anderen Messinstrumenten bilden Indikatoren nicht nur direkt ein Messobjekt ab, sondern sollen indirekt auch noch Aufschluss über andere, nicht direkt gemessene Konstrukte geben.

Dies betrifft zunächst das Kriterium der „Validität", bei der in der wissenschaftlichen Literatur vor allem zwischen „Inhalts- und Konstruktvalidität" unterschieden wird (z. B. Hartig et al. 2012). Mit der „Inhaltsvalidität" ist der Kernbereich der Indikatoren angesprochen: es geht hier um die bestmögliche Operationalisierung eines Konstrukts, ein Indikator soll genau das messen, was er von der Intention her messen soll. Im Unterschied zu anderen Messinstrumenten steht dabei aber weniger das eigentliche Messobjekt als das dahinterstehende Konstrukt im Fokus. Bei einer Blutdruckmessung geht es nicht primär darum, ob das Messinstrument exakt den Blutdruck misst, sondern um die Abbildung gesundheitsgefährdender Probleme im Blutkreislauf. Theoretisch kann also auch ein wenig valides Messinstrument (mit Bezug auf die Genauigkeit der Messung des Blutdrucks) ausreichend valide zur Abbildung des Konstrukts Gesundheitsgefährdung sein. Und umgekehrt ist auch denkbar, dass ein sehr präzises und den Messgegenstand sehr valide erfassendes Messinstrument aufgrund der geringen Abbildungsqualität wenig Aussagekraft für ein dahinterstehendes Konstrukt hat.

W. Meyer (✉)
Arbeitsgruppe Evaluation, Universität des Saarlandes, Saarbrücken, Deutschland
E-Mail: w.meyer@mx.uni-saarland.de

© Der/die Autor(en), exklusiv lizenziert an Springer Fachmedien Wiesbaden GmbH, ein Teil von Springer Nature 2023
J. Mörtel et al. (Hrsg.), *Indikatoren in Entscheidungsprozessen*,
https://doi.org/10.1007/978-3-658-40638-7_21

149

Es geht bei Indikatoren also mehr um eine „Inhaltsvalidität zweiter Ordnung", die noch schwieriger zu erfassen ist, weil eine direkte Messung des Konstrukts mit alternativen Messinstrumenten nicht möglich ist.

Diese „Inhaltsvalidität zweiter Ordnung" entspricht der „Konstruktvalidität", also der Zuverlässigkeit der Aussagen, die aus den Messergebnissen für ein umfassenderes Konstrukt abzuleiten sind. Während die Aussagen zur „Inhaltsvalidität" in erster Linie theoretischer Art sind – die Erwartung, dass ein Anstieg der Quecksilbersäule mit dem Blutdruck zusammenhängt – und in dieser Hinsicht einer empirischen Überprüfung bedürfen, sind die Annahmen der „Konstruktvalidität" meist zu komplex und häufig auch zu wenig stabil für eine solche empirische Prüfung (im Beispiel der Zusammenhang zwischen dem Blutdruck und dem Gesundheitszustand). Die Prüfung der „Konstruktvalidität" erfolgt deshalb in der Praxis durch Messung von Konvergenzen, also der Zusammenhänge zwischen Indikatoren, welche denselben Gegenstand abbilden sollen. Das Beispiel der Skalenbildung in der Psychologie zeigt, wie hier durch Mehrfachabbildungen mit alternativen Messinstrumenten Validierungen möglich sind. Dies geschieht z. B. bei der Konstruktion von Intelligenzskalen, bei denen jeder einzelner Indikator ausreichend hoch mit der Gesamtskala korrelieren muss, um in das Inventar aufgenommen werden zu können (vgl. Sparfeldt et al. 2022).

Auch bezüglich des zweiten Kriteriums der Messqualität, der „Reliabilität", ergeben sich bei Indikatoren Besonderheiten, die hier allerdings weniger mit den spezifischen Eigenschaften denn mit dem Einsatz von Indikatoren verbunden sind. Unter „Reliabilität" wird die Verlässlichkeit einer Messung erfasst, also die Wahrscheinlichkeit, dass unter gleichen Rahmenbedingungen bei einer Wiederholung immer wieder dasselbe Messergebnis erzielt werden kann. Da Indikatoren häufig im Rahmen des Monitorings zur dauerhaften Steuerung von Prozessen eingesetzt werden, kommt der Reliabilität eine besondere Bedeutung zu: die Indikatoren dürfen z. B. nicht zu einem Zeitpunkt „Alarm" geben und zu einem anderen nicht, weil sie dann erstens als Anzeiger nicht verlässlich sind und zweitens durch „Fehlalarme" auch das Vertrauen in ihre Verlässlichkeit beschädigt wird. Auf der anderen Seite geht es auch hier weniger um eine immer gleich genaue Messung als um eine dauerhaft nützliche Anzeige, die nicht nur vom Messen, sondern auch von den Intentionen der Nutzer abhängig ist. Da diese ebenfalls Schwankungen unterliegen kann, gibt es eine „Reliabilität zweiter Ordnung", eine Kontinuität hinsichtlich der Nutzung und Interpretation von Indikatoren, die bisher deutlich weniger thematisiert worden ist (vgl. Meyer 2017).

Ein grundsätzliches Messproblem, das „Reliabilitäts-Validitäts-Dilemma", betrifft Indikatoren ebenso. Hier geht es um die Schwierigkeit, dass eine besonders reliable Maßzahl nur über eine geringe Konstruktvalidität verfügt (vgl. Tischler 2018, S. 15 ff.). Wiederum gibt es neben dem klassischen Dilemma der Messtheorie eine zweite, mehr praxisorientierte Dimension, die bei der Anwendung von Indikatoren zum Tragen kommt. So können z. B. Veränderungen im Konstrukt die Konstruktvalidität eines Indikators verändern, ohne dass dadurch die Reliabilität der Messung beeinträchtigt wird. Aufgrund der Plausibilität der Ergebnisse werden dann Indikatoren in derselben Weise weiterverwendet und interpretiert, obwohl sich ihre Aussagekraft verändert hat. Umgekehrt können Veränderungen der Indikatorenwerte inhaltlich interpretiert werden, obwohl sie auf ein methodisches Artefakt zurückzuführen sind. Es kann also unter Umständen sinnvoll sein, selbst gut funktionierende und akzeptierte Indikatoren auszutauschen oder durch andere Maßzahlen zu ergänzen, damit diese Effekte aufgefangen werden können.

Schließlich ist noch auf die „Objektivität" einer Messung einzugehen. Hierunter wird der Einfluss der Rahmenbedingungen auf das Messergebnis verstanden und generell sollten Messungen möglichst unabhängig immer dieselben Ergebnisse liefern und vor allen Dingen nicht von der Person der Messenden abhängig sein (vgl. Lienert und Raatz 1998). Wiederum sind die Probleme hier nicht nur messtechnischer Natur, sondern vor allem praktischer Art, die insbesondere bei sozialwissenschaftlichen Messobjekten schwierig zu kontrollieren sind. Zu unterscheiden ist zwischen der „Durchführungsobjektivität", welche sich auf den Messprozess bezieht und der durch organisatorische Maßnahmen zu steuern ist (vgl. Rammstedt 2010), und der „Interpretationsobjektivität", welche sich auf die Ableitung von Entscheidungen aus den Indikatorenergebnissen bezieht und die letztlich einem politischen Aushandlungsprozess bei der Entscheidungsfindung unterliegt. Bei sozialwissenschaftlichen Fragen (z. B. in Surveys) wird darüber hinaus der Indikator ebenfalls von den Zielpersonen interpretiert, was sich verändern und die Reliabilität der Messung beeinflussen kann (siehe z. B. Kersting 2008 bezüglich der Akzeptanz von Intelligenztests).

Wirkungsorientiertes Nachhaltigkeitsmanagement in Kommunen – Einflussfaktoren und Effekte der Nutzung von Indikatoren

Henrik Riedel

---

1   Problem

Klimawandel, demografischer Wandel, Digitalisierung und Globalisierung – unsere Welt steht vor komplexen Herausforderungen, die nicht allein durch kurzfristige Einzellösungen bewältigt werden können. Es sind vielmehr auch langfristige Gesamtstrategien erforderlich, die eine nachhaltige Entwicklung ermöglichen. Die vielfältigen Herausforderungen betreffen außerdem nicht nur die internationale und die nationale, sondern auch die regionale und die lokale Ebene. Dabei kann festgestellt werden, dass zahlreiche Kommunen bereits Nachhaltigkeitsstrategien entwickelt haben.

So ergab eine 2018 durch das Deutsche Institut für Urbanistik durchgeführte Befragung kommunaler VerwaltungschefInnen und -chefs, dass rund 25 % der beteiligten Städte, Kreise und Gemeinden ein übergreifendes Leitbild für eine nachhaltige Entwicklung erarbeitet und weitere rund 20 % die Entwicklung eines Nachhaltigkeitsleitbildes fest geplant hatten. Die Bedeutung der Thematik für die kommunale Ebene zeigt auch die Zahl von inzwischen über 200 Städten, Kreisen und Gemeinden, die sich dem sogenannten „Club der Agenda 2030-Kommunen" angeschlossen haben (Stand: Juni 2022). Hierbei handelt es sich um Kommunen, die die Musterresolution

---

Bei diesem Beitrag handelt es sich um eine aktualisierte Kurzfassung der gleichnamigen Studie, die im Oktober 2020 von der Bertelsmann Stiftung herausgeben worden ist (Riedel 2020).

Die Originalversion dieses Kapitels wurde revidiert. Ein Erratum ist verfügbar unter https://doi.org/10.1007/978-3-658-40638-7_27.

H. Riedel (✉)
Bertelsmann Stiftung, Gütersloh, Deutschland
E-Mail: Henrik.Riedel@bertelsmann-stiftung.de

J. Mörtel et al. (Hrsg.), *Indikatoren in Entscheidungsprozessen*,
https://doi.org/10.1007/978-3-658-40638-7_22

des Deutschen Städtetages und der deutschen Sektion des Rates der Gemeinden und Regionen Europas zur Umsetzung der Agenda 2030 der Vereinten Nationen mit ihren 17 Zielen für eine nachhaltige Entwicklung (Sustainable Development Goals, SDGs) unterzeichnet haben.

Problematisch ist jedoch, dass erst wenige Kommunen ein wirkungs-, d. h. vor allem auch ziel- und indikatorenbezogenes Nachhaltigkeitsmanagement betreiben. So ergab die obige Befragung, dass nur rund fünf Prozent der beteiligten Kommunen ein umfassendes Kennzahlensystem in Verbindung mit Nachhaltigkeitszielen verwendeten. Eine unveröffentlichte Analyse der Bertelsmann Stiftung von Oktober 2021 bestätigte dieses Bild: Von 271 Modellkommunen im Bereich Nachhaltigkeit hatten nur 75 bzw. 28 % schon einen oder mehrere Nachhaltigkeitsberichte im Internet veröffentlicht. Hiervon wurden nur 40 oder 53 % unter Nutzung von Indikatoren erstellt.

2   Ziel

Das Ziel der Studie bestand darin, erste Erkenntnisse über die Einflussfaktoren und Effekte der in der Praxis offensichtlich unterschiedlichen Nutzung von Indikatoren im Rahmen des kommunalen Nachhaltigkeitsmanagements zu erarbeiten. Insofern handelte es sich um eine explorative Studie, wobei ein besonderes Augenmerk darauf lag, erste Erkenntnisse über ein wirkungsorientiertes Management der nachhaltigen Entwicklung vor Ort auf Basis der wissenschaftlichen Forschung zum strategischen Management und zum Performance Management zu gewinnen. In der Studie ging es daher auch darum zu klären, wie das wirkungsorientierte Nachhaltigkeitsmanagement im Verhältnis zum strategischen Management und zum Performance Management zu interpretieren ist.

3   Vorgehen

Im ersten Schritt wurden die Begriffe der Nachhaltigkeit, des Nachhaltigkeitsmanagements und des wirkungsorientierten Nachhaltigkeitsmanagements in Bezug auf das strategische Management und das Performance Management definiert.

Im zweiten Schritt wurde – auf Basis einer umfassenden Literaturrecherche – ein Forschungsmodell entwickelt. Im Vordergrund stand die Abgrenzung der Nutzung von Performance-Informationen im Rahmen des strategischen Managements von den Einflussfaktoren und Effekten, die Gliederung der Einflussfaktoren und Effekte sowie die Übertragung des allgemeinen Forschungsmodells zur Nutzung von Performance-Informationen im Rahmen des strategischen Managements auf den besonderen Anwendungsfall eines wirkungsorientierten Nachhaltigkeitsmanagements.

Im dritten Schritt wurden schriftliche Interviews mit den Nachhaltigkeitsverantwortlichen ausgewählter Modellkommunen durchgeführt.

Im vierten Schritt wurden die schriftlichen Interviews analysiert. Auf dieser Basis wurde das Forschungsmodell angepasst, und es wurden weitere Forschungsbedarfe aus den bisherigen Erkenntnissen abgeleitet.

4 Definition zentraler Begriffe

4.1 Nachhaltigkeit

Eine Entwicklung kann dann als nachhaltig bezeichnet werden, wenn sie die menschlichen Bedürfnisse der Gegenwart befriedigt, ohne zu riskieren, dass die künftigen Generationen ihre eigenen Bedürfnisse nicht mehr befriedigen können.

Aus dieser allgemeinen Definition einer nachhaltigen Entwicklung (prozessorientiert) bzw. der Nachhaltigkeit (ergebnisorientiert) können vier Grundprinzipien abgeleitet werden:

- **Generationengerechtigkeit:** Hier geht es um die intra- und intergenerative Gerechtigkeit bei der Befriedigung menschlicher Bedürfnisse.
- **Ganzheitlichkeit:** Hier steht die Befriedigung der unterschiedlichen Dimensionen einer nachhaltigen Entwicklung im Vordergrund (Ökonomie, Ökologie, Soziales und Governance).
- **Globale Verantwortung:** Hier geht es darum, die Bedürfnisse der Weltbevölkerung zu befriedigen und darum, globale Herausforderungen Ebenen übergreifend zu lösen.
- **Gemeinsames Vorgehen:** Hier steht das Engagement und die Beteiligung der unterschiedlichen Anspruchsgruppen im Mittelpunkt (Politik und Verwaltung, Wirtschaft und Zivilgesellschaft).

Wichtig ist, dass die vier Grundprinzipien einer nachhaltigen Entwicklung nicht isoliert voneinander, sondern möglichst in integrierter und „ausbalancierter" Form zu realisieren sind.

Als universell gültige, da partizipativ entwickelte und politisch legitimierte Nachhaltigkeitsziele können die 17 SDGs der Agenda 2030 der Vereinten Nationen verstanden werden. Die Agenda 2030 rekurriert auf die oben genannte Definition und bezieht sich inhaltlich auf die vier Grundprinzipien einer nachhaltigen Entwicklung.

4.2 Nachhaltigkeitsmanagement

Das Nachhaltigkeitsmanagement kann als strategisches Management einer nachhaltigen Entwicklung bezeichnet werden.

Das strategische Management wird definiert als die soziale, normbasierte, lern- und erfolgsorientierte Gestaltung der langfristigen Entwicklung einer Organisation.

Das Nachhaltigkeitsmanagement weist die gleichen Merkmale wie das strategische Management auf, allerdings mit jeweils spezifischen Ausprägungen im Hinblick auf eine nachhaltige Entwicklung. So wird bei der langfristigen Entwicklung der Organisation eine dauerhafte Entwicklung und hierbei in der Regel ein rollierender Zeitraum von zehn bis fünfzehn Jahren betrachtet. „Sozial" bedeutet im Rahmen des Nachhaltig-keitsmanagements die Einbindung aller relevanten, internen und externen Stakeholder, „normbasiert", dass die normativen Prinzipien einer nachhaltigen Entwicklung berück-sichtigt werden, „lernorientiert", dass die Umsetzung der normativen Prinzipien einer nachhaltigen Entwicklung laufend optimiert wird, und „erfolgsorientiert", dass die Ziele für eine nachhaltige Entwicklung verfolgt und am Ende möglichst auch erreicht werden.

Das Nachhaltigkeitsmanagement besteht – idealtypisch – aus einem zyklischen Prozess, der aus vier Phasen zusammengesetzt ist (Planung, Umsetzung, Kontrolle und Anpassung). Zur Unterstützung der einzelnen Phasen können spezifische Instrumente eingesetzt werden (Nachhaltigkeitsberichte, Nachhaltigkeitsstrategien, Nachhaltigkeitshaushalte und Nach-haltigkeitsprüfungen). Ferner können interne und externe Nachhaltigkeitsstrukturen etabliert und eine Nachhaltigkeitskultur entwickelt werden.

4.3   Wirkungsorientiertes Nachhaltigkeitsmanagement

Unter einem wirkungsorientierten Nachhaltigkeitsmanagement kann das performance-orientierte strategische Management einer nachhaltigen Entwicklung verstanden werden.

Die Performance im engeren Sinne umfasst die Leistung in Bezug auf die Ergebnisse oder Outputs von Aktivitäten und dem Einsatz von Ressourcen. Die Performance im weiteren Sinne beschreibt die Leistung im Hinblick auf Inputs, Outputs, Outcomes und Impacts. Mit Wirkungen sind insbesondere Outcomes und Impacts gemeint; allerdings erfordert eine umfassende Betrachtung der Wirkungen auch die Berücksichtigung „vor-gelagerter" Erfolgsgrößen, d. h. von Inputs und Outputs. Insofern können Performance und Wirkung im Wesentlichen gleichgesetzt werden.

Die Performance-Messung bezieht sich auf die Performance-Erfassung (mithilfe von Indikatoren), den Performance-Vergleich (Plan-Ist-Vergleich, Zeitvergleich oder Organisationsvergleich) und die Performance-Bewertung (durch eine Analyse des Per-formance-Vergleichs).

Das Performance-Management ist eine besondere Form des Managements, das auf die kontinuierliche Verbesserung der Performance bzw. der Wirkung einer Organisation ausgerichtet ist.

Indikatoren werden zur Erfassung der Performance einer Organisation eingesetzt. Sie stellen also Performance-Informationen über die Organisation zur Verfügung und ermöglichen so die Orientierung der Organisation an ihrer Performance bzw. Wirkung. Indikatoren sind daher wesentliche „Hilfsmittel" für ein performance- bzw. wirkungs-orientiertes Management.

Die einzelnen Indikatoren setzen an den einzelnen Gliedern der Wirkungskette (bestehend aus Input, Output, Outcome und Impact) bzw. Erfolgsgrößen oder -maßstäben an, beleuchten einzelne Aspekte, lösen Fragen aus, regen zu Analysen an und bereiten Entscheidungen vor.

Umfassende Indikatorensysteme unterstützen die Umsetzung umfassender Strategien – durch die Erfüllung verschiedener Funktionen (wie z. B. die Informations- und Kommunikationsfunktion, die Orientierungsfunktion oder die Evaluierungs- und Kontrollfunktion).

5 Forschungsmodell und -ergebnisse

5.1 Überblick

Im Mittelpunkt des Forschungsmodells steht die Nutzung von Performance-Informationen im Rahmen des strategischen Managements. Des Weiteren geht es darum, die Faktoren zu ermitteln, die einen Einfluss auf die Nutzung von Performance-Informationen ausüben. Über den unmittelbaren Effekt der Nutzung von Performance-Informationen auf das strategische Management hinaus erstreckt sich das Forschungsmodell auch auf die mittelbaren Effekte des strategischen Managements unter Nutzung von Performance-Informationen.

In der Graphik Abb. 1 werden die Einflussfaktoren auf die Nutzung von Performance-Informationen sowie die Effekte ihrer Nutzung auf das strategische Management und darüber hinaus dargestellt.

Die Einflussfaktoren auf die Nutzung von Performance-Informationen können in mess-, personen- und organisationsbezogene Faktoren gegliedert werden. Alle Faktoren wirken direkt auf die Nutzung von Performance-Informationen, die organisationsbezogenen Faktoren wirken außerdem auch indirekt über die mess- bzw. personenbezogenen Faktoren auf die Nutzung von Performance-Informationen. Das strategische

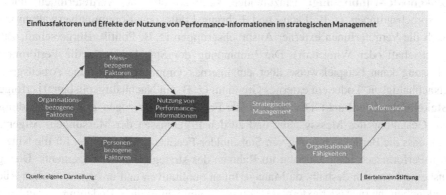

Abb. 1 Einflussfaktoren und Effekte der Nutzung von Performance-Informationen im strategischen Management

Management hat einen direkten Effekt und einen indirekten Effekt über organisationale Fähigkeiten auf die Performance der Organisation.

Um das allgemeine Forschungsmodell auf den spezifischen Anwendungsfall des Managements der nachhaltigen Entwicklung zu übertragen, kann unter der Nutzung von Performance-Informationen die Nutzung von Nachhaltigkeitsinformationen und unter dem strategischen Management das Management der nachhaltigen Entwicklung verstanden werden.

5.2 Messbezogene Faktoren

Die messbezogenen Faktoren sind bezogen auf die Entwicklung, Unterhaltung, Prüfung und ggf. Weiterentwicklung des Messsystems, d. h. das Indikatoren- oder Kennzahlensystem, die technischen Systeme zur Sammlung, Verarbeitung und Speicherung von Daten sowie die Strukturen, Prozesse und Instrumente in Vorbereitung auf die Nutzung von Performance-Informationen. Im Einzelnen können folgende messbezogene Faktoren identifiziert werden:

- **Reife des Messsystems:** Die Reife des Messsystems bezieht sich auf den Grad der Differenzierung der Performance-Erfassung, des Performance-Vergleichs und der Performance-Bewertung. Wichtig dabei ist, dass die Reife des Messsystems immer angepasst sein sollte an die Komplexität des Messgegenstands. Da es sich bei der Nachhaltigkeit um eine komplexe Thematik handelt, ist ein reifes bzw. differenziertes Messsystem generell förderlich für die Nutzung von Performance-Informationen im Rahmen des strategischen Managements.
- **Kapazität des Messsystems:** Mit der Kapazität des Messsystems ist die Bereitstellung von personellen, sächlichen und finanziellen Ressourcen gemeint. Hierbei gilt in der Regel, dass mit der Reife des Messsystems auch die erforderliche Kapazität bzw. der notwendige Ressourceneinsatz steigt.
- **Stakeholder-Einbindung:** Einzubinden sind sowohl die VertreterInnen interner Anspruchsgruppen (z. B. Fach- und Führungskräfte der Kommunalverwaltung), als auch die VertreterInnen externer Anspruchsgruppen (z. B. Politik, Bürgerschaft, Zivilgesellschaft oder Wirtschaft). Die Einbindung der Stakeholder in die Performance-Messung kann beispielsweise über ein internes Gremium (z. B. eine Arbeitsgruppe „Nachhaltigkeit") oder ein externes Gremium (z. B. ein Nachhaltigkeitsbeirat) erfolgen.
- **Stakeholder-Feedback:** Das Stakeholder-Feedback ist bezogen auf Rückmeldungen zur Gestaltung des Messsystems und zu den Ergebnissen der Messungen. Allgemein gilt, dass die Berücksichtigung von Stakeholder-Feedback förderlich ist für die Nutzung von Performance-Informationen im Rahmen des strategischen Managements. Dies gilt insbesondere auch deshalb, da ManagerInnen qualitativen und unsystematischen Rückmeldungen interner oder externen Bezugspersonen häufig mehr Bedeutung schenken als quantitativen und systematischen Ergebnissen der Performance-Messung.

5.3   Personenbezogene Faktoren

Die personenbezogenen Faktoren umfassen alle Faktoren, die auf einzelne Akteure oder Akteursgruppen aus den Bereichen Verwaltung, Politik, Gesellschaft oder Wirtschaft bezogen sind, und die sich auf Wahrnehmungen, Einstellungen, Motivationen, Verwaltungsweisen sowie Fähigkeiten erstrecken. Im Einzelnen können folgende personenbezogene Faktoren unterschieden werden:

- **Unterstützung der Entscheidungsträger:** Zu den Entscheidungsträgern zählen die Fach- und Führungskräfte der Kommunalverwaltung und die Mitglieder des Rates bzw. Kreistages. Mit Unterstützung ist insbesondere auch das Interesse der Entscheidungsträger an Zahlen, Daten und Fakten gemeint. Je größer das Interesse der Entscheidungsträger für Performance-Informationen ist, desto stärker ist in der Regel auch ihre Nutzung im Rahmen des strategischen Managements insgesamt.
- **Kompetenz der Entscheidungsträger:** Die Kompetenz bezieht sich hier auf die Fähigkeit, mit den Performance-Informationen – richtig – umzugehen. Die Datenkompetenz der Entscheidungsträger kann als eine von mehreren Kompetenzen verstanden werden, die erforderlich sind, um insgesamt nachhaltig denken, entscheiden und handeln zu können. Die Kompetenz der Entscheidungsträger im Umgang mit Performance-Informationen kann „on the job", d. h. z. B. in internen oder externen Sitzungen, und „off the job", d. h. beispielsweise in Seminaren oder auf Kongressen, gefördert werden.

5.4   Organisationsbezogene Faktoren

Die organisationsbezogenen Faktoren beziehen sich auf die interne „Verfasstheit" der kommunalen Verwaltung sowie die externe „Ausrichtung" der Kommunalverwaltung. Die organisationsbezogenen Faktoren können wie folgt gegliedert werden:

- **Innovationskultur:** Mit dem Begriff „Innovationskultur" wird eine Kultur der Offenheit für Wandel und kontinuierliche Verbesserung sowie insbesondere für Fragen einer nachhaltigen Zukunft umschrieben. Je innovativer die Verwaltungskultur ist, desto stärker werden in der Regel Performance-Informationen genutzt – mit dem Ziel, laufend Verbesserungen im Hinblick auf eine nachhaltige Zukunft zu erreichen.
- **Zielklarheit und -orientierung:** Nur, wenn klar ist, worin die Ziele der Verwaltung bestehen, kann Performance umfassend ermittelt werden. Dies gilt insbesondere für Performance-Vergleiche, die nur dann vollständig sind, wenn neben Zeit- und Organisationsvergleichen auch Plan-Ist-Vergleiche durchgeführt werden (können). Die Orientierung der täglichen Verwaltungsarbeit an messbaren Zielen ist ein wesentliches Element des Performance-Managements der Organisation.

- **Entscheidungsautonomie und unternehmerische Orientierung:** Unternehmerische Orientierung basiert auf einer Innovationskultur und setzt Zielklarheit bzw. -orientierung voraus, geht jedoch deutlich über beide Faktoren hinaus. Je stärker die Entscheidungsträger in der Verwaltung unternehmerisch und am Leitbild der „Dienstleistungskommune" orientiert sind, desto eher werden Performance-Informationen im Rahmen des strategischen Managements genutzt.
- **Struktureller Rahmen:** Der strukturelle Rahmen für die Nutzung von Performance-Informationen im Rahmen des strategischen Managements kann sich z. B. auf eine zentrale Koordinierungsstelle, eine verwaltungsübergreifende Arbeitsgruppe oder ein Gremium zur Beteiligung externer Stakeholder beziehen. Ein geeigneter, d. h. auf die jeweilige Organisation angepasster, struktureller Rahmen ist förderlich für die Nutzung der Performance-Informationen.

5.5 Strategisches Management

Die intendierten Effekte der Nutzung von Performance-Informationen auf das strategische Management umfassen die Förderung der Steuerung und des Controllings, der Transparenz bzw. Rechenschaftslegung und individueller, team- und organisationsbezogener Lernprozesse:

- **Steuerung und Controlling:** Performance-Informationen bzw. Indikatoren sind in der Lage, komplexe Herausforderungen „greifbar" zu machen, indem sie einzelne Aspekte allgemeiner Lagen bzw. Trends abbilden. So kann auch die Komplexität der nachhaltigen Entwicklung überschaubar gemacht und systematisch gestaltet werden.
- **Rechenschaftslegung:** Die Verwaltung bzw. die Politik kann (Nachhaltigkeits)Strategien mithilfe von Indikatoren einfacher, besser und vor allem präziser kommunizieren als ohne. Möglich ist es zudem, Handlungsbedarfe, Gestaltungsoptionen und Managementerfolge mithilfe von Kennzahlen darzustellen.
- **Lernen:** Der regelmäßige Kreislauf des Performance-Managements ermöglicht und erleichtert Lernprozesse innerhalb der Verwaltung, aber auch im Austausch zwischen internen und externen Akteuren. Umfassende Lernprozesse sind die Grundlage für kontinuierliche Verbesserungen bzw. für eine nachhaltige Entwicklung vor dem Hintergrund dynamischer Rahmenbedingungen.

5.6 Performance

Mit der Umsetzung des strategischen Managements wird die Steigerung der Performance der Organisation bzw. der Verwaltung beabsichtigt. Die Verbesserung der Performance kann objektiver und subjektiver Art sein:

- **Objektive Performance:** Positive Effekte durch das strategische Management auf die objektive Performance der Verwaltung ergeben sich in der Regel über die Fokussierung der Aktivitäten auf bestimmte Ziele und Indikatoren. Zu berücksichtigen ist allerdings, dass die „Wirkmächtigkeit" kommunaler Strategien – auch und gerade im Verhältnis zu Strategien übergeordneter Ebenen – beschränkt ist. Nichtsdestotrotz gilt, dass gerade durch die sogenannte „vertikale Integration" von Strategien öffentlicher Verwaltungen – hier im Hinblick auf eine nachhaltige Entwicklung – messbare Erfolge und Wirkungen zu erwarten sind.
- **Subjektive Performance:** Positive Effekte durch das strategische Management auf die subjektive Performance der Verwaltung ergeben sich in der Regel bereits durch die strategische Planung „an und für sich", die bereitgestellten Planungskapazitäten und das Commitment der Fach- und Führungskräfte. Hintergrund ist, dass durch die professionelle Aufstellung des Managements in der allgemeinen Öffentlichkeit der Eindruck einer guten oder zumindest optimalen Performance der Verwaltung entsteht.

5.7　Organisationale Fähigkeiten

Unter organisationalen Fähigkeiten können Routinen, aber auch technische und andere Systeme der Organisation verstanden werden. Auf operationaler Ebene können organisationale Fähigkeiten z. B. in Management-Fähigkeiten, Support-Fähigkeiten sowie Service- und Produktions-Fähigkeiten unterteilt werden. Auf strategischer Ebene geht es um die Frage, wie die organisationalen Fähigkeiten auf operationaler Ebene systematisch gefördert werden können. Durch ein performance-orientiertes strategisches Management können vor allem folgende Management-Fähigkeiten verstärkt werden:

- **Wahrnehmungsfähigkeit:** Performance-Informationen oder Indikatoren können als Kern eines Frühwarnsystems der Organisation fungieren. Performance-Routinen ermöglichen die laufende Wahrnehmung von Problemen, z. B. im Rahmen einer nachhaltigen Entwicklung.
- **Kommunikationsfähigkeit:** Performance-Informationen oder Indikatoren können genutzt werden, um strategische Ziele zu operationalisieren, entsprechende Berichte zu erstellen oder auch die finanzielle Planung inhaltlich zu begründen.
- **Problemlösungsfähigkeit:** Performance-Informationen oder Indikatoren können dazu dienen, Ursachenforschung zu betreiben und den Gründen für eine positive oder negative Entwicklung „auf den Grund" zu gehen sowie Lösungen für problematische Entwicklungen zu erarbeiten.

Durch das strategische Management werden die oben genannten organisationalen Fähigkeiten gezielt trainiert und optimiert. Die verbesserten organisationalen Fähigkeiten wirken sich anschließend positiv auf die (objektive und subjektive) Performance der Organisation aus.

6   Zusammenfassung und Ausblick

6.1   Zusammenfassung

Das ursprüngliche, auf Basis der Literaturrecherche entwickelte Forschungsmodell wurde durch die schriftlichen Interviews im Wesentlichen bestätigt. Auf Ebene der Faktorenbereiche hat sich kein Änderungsbedarf ergeben. Bei den Einflussfaktoren wurde als zusätzlicher organisationsbezogener Faktor der „struktureller Rahmen" definiert. Bei den Effekten wurde die Steigerung der organisationalen Wahrnehmungsfähigkeit durch das strategische Management (unter Nutzung von Performance-Informationen) nicht bestätigt. Ein positiver Effekt durch die Nutzung von Performance-Informationen – insbesondere in Verbindung mit dem Feedback interner und externer Stakeholder – erscheint jedoch weiterhin möglich. Diesen und andere Effekte sowie Einflussfaktoren gilt es, in weiteren Studien näher zu analysieren.

6.2   Ausblick

Bei der vorgestellten Studie handelt es sich um eine explorative Studie. Weitere Forschungsarbeiten könnten sich vertieft mit einzelnen Einflussfaktoren und Effekten sowie ihren jeweiligen Zusammenhängen beschäftigen. Zudem könnten weitere Fallstudien mit anderen Akteuren der nachhaltigen Entwicklung vor Ort, wie z. B. aus Verwaltung, Politik, Zivilgesellschaft oder Wirtschaft, durchgeführt werden. Darüber hinaus könnten Fallstudien mit den Nachhaltigkeitsverantwortlichen weniger fortschrittlicher Kommunen durchgeführt werden. Denkbar sind ferner Fallstudien mit anderen Methoden der qualitativen Sozialforschung als den hier verwendeten schriftlichen Interviews. Schließlich erscheint es notwendig und sinnvoll, neben qualitativen auch quantitative Methoden einzusetzen, um die explorativ generierten Hypothesen über die Einflussfaktoren und Effekte der Nutzung von Indikatoren umfassend zu überprüfen.

Weiterführende Literatur

Haubner, O., & S. Kuhn. 2020. *Instrumente für kommunales Nachhaltigkeitsmanagement – Eine Einführung*. Gütersloh: Bertelsmann Stiftung.
Knipp, R., & S. Lindner. 2020. *Partizipation im kommunalen Nachhaltigkeitsmanagement. Methoden für die Praxis*. Unter Mitarbeit von Oliver Haubner. Gütersloh: Bertelsmann Stiftung.
Kroll, A. 2012. *Why Public Managers Use Performance Information: Concepts, Theory, and Empirical Analysis*. Dissertation, Universität Potsdam. https://publishup.uni-potsdam.de/opus4-ubp/frontdoor/index/index/year/2012/docId/5768.
Kuhn, S., A. Burger, & P. Ulrich. 2018. *Wirkungsorientiertes Nachhaltigkeitsmanagement in Kommunen – Leitfäden*. Gütersloh: Bertelsmann Stiftung.

Proeller, I., A. Kroll, T. Krause, & D. Vogel. 2014. How Dynamic Capabilities Mediate the Link between Strategy and Performance. In P. Joyce & A. Drumeaux (Hrsg.), *Strategic Management in Public Organizations: European Practices and Perspectives* (S. 173–193). Hoboken, NJ.

Riedel, H. 2020. *Wirkungsorientiertes Nachhaltigkeitsmanagement in Kommunen – Einflussfaktoren und Effekte der Nutzung von Indikatoren.* Gütersloh: Bertelsmann Stiftung.

Schlaglicht: Nicht-intendierte Folgen, Fehlanreize, Tretmühleneffekte, Motivation Crowding Out

Oliver Schlaudt

Nicht-intendierte Folgen, Fehlanreize, Tretmühleneffekte, Motivation Crowding Out

Indikatoren haben als Steuerungsinstrumente die Aufgabe, nicht nur Aspekte der Wirklichkeit abzubilden, sondern auch zu erlauben, verändernd in diese Wirklichkeit einzugreifen (Retroaktion). Solche Eingriffe geschehen auf verschiedenen Ebenen, von makroökonomischen Größen wie z. B. in der Geldpolitik über die Organisation und Verwaltung von privaten oder öffentlichen Einrichtungen bis hinunter zu individuellem Verhalten. In allen Fällen können die Maßnahmen natürlich erfolglos sein, aber auch bei Erfolg zugleich nicht-intendierte Nebenfolgen zeitigen, die in der Literatur zur Indikatorik inzwischen gut dokumentiert sind.

Eine erste Quelle negativer, nicht-intendierter Folgen besteht in der Abweichung eines Indikators von der eigentlichen Zielgröße, wodurch Fehlanreize entstehen (*„perverse incentives"*). Qualitätsbezogene Indikatoren sind ein einschlägiges Beispiel, da sie oft vor der Herausforderung stehen, einen vormals lediglich informell verwendeten Begriff von Qualität erst in eine verbindliche Form bringen zu müssen. Man denke etwa an „wissenschaftliche Exzellenz". Kann indikatorengestütztes Vorgehen in der Forschungsförderung für sich Transparenz und Verbindlichkeit reklamieren, steht es umgekehrt in der Pflicht, die Zielgröße in einem Indikator abbilden zu können. Die Probleme bibliometrischer Verfahren, die sich auf die Anzahl der Publikationen und Zitationen stützen, sind bekannt: Beide Variablen lassen sich manipulieren, ohne mehr oder bessere Forschungsergebnisse zu produzieren (vgl. Binswanger 2010, 2013, 2015). Ähnliche Phänomene

O. Schlaudt (✉)
HfGG – Hochschule für Gesellschaftsgestaltung, Koblenz, Deutschland
E-Mail: oliver.schlaudt@hfgg.de

J. Mörtel et al. (Hrsg.), *Indikatoren in Entscheidungsprozessen*,
https://doi.org/10.1007/978-3-658-40638-7_23

sind als Folge des Einsatzes von privatwirtschaftlichen Managementmethoden in öffentlichen Institutionen im Rahmen des *New Public Management* (Universität, Krankenhäuser, Polizei, …) dokumentiert (vgl. Bruno und Didier 2013; vgl. Crouch 2016; vgl. Muller 2019). Man trifft also auf das Dilemma: Nicht-formalisierte Entscheidungsverfahren, die auf Urteilskraft beruhen, vermeiden das Problem der Quantifizierung, sind aber nicht transparent – indikatorengestützte Verfahren sind transparent, aber sind mit dem Problem konfrontiert, „das Unmessbare zu messen".

Eine weitere Form nicht-intendierter Folgen ergibt sich daraus, dass Qualitätsindikatoren oft dazu dienen, Vergleichbarkeit herzustellen und sogar künstliche Wettbewerbe nach dem Vorbild des privatwirtschaftlichen Marktes zu implementieren. Dieses Setting kann strukturell bestimmte Folgen bedingen. Ein Ranking, das einen bloßen Vergleich ohne absolutes Qualitätsmaß bietet, kann dazu führen, dass lediglich der Anreiz gesetzt wird, besser als die Konkurrenten zu sein, aber nicht ein definiertes Qualitätsniveau zu erreichen. Umgekehrt kann der Ersatz eines absoluten Qualitätsmaßes durch den Vergleich aber auch zu Tretmühleneffekten führen, in welchen immer größere Anstrengungen nötig sind, allein um den alten Platz zu halten. Dies kann die Auswirkung bestehender Fehlanreize potenzieren, wie es laut Binswanger in der Wissenschaft zu beobachten ist (vgl. Binswanger 2010, 2013, 2015).

Eine dritte, problematische Wirkungsebene kann man in den Subjekten selbst lokalisieren, die das anfangs äußerliche Regime von konstanter Evaluierung, permanentem Vergleich und Wettbewerb internalisieren und in ihre Persönlichkeit integrieren (vgl. Bröckling 2007; vgl. Reckwitz 2017). Neben die Probleme mangelnder persönlicher Autonomie und der Unterwerfung unter Selbstoptimierungszwänge tritt dabei das Phänomen des Verlusts an intrinsischer Motivation. Psychologische Studien zeigen, dass Anreizsysteme die Folge haben können, dass äußerliche Belohnung die intrinsische Motivation verdrängt (vgl. Deci 1971; vgl. Frey und Oberholzer-Gee 1997; vgl. Frey und Jegen 2001).

Aufstieg und Fall der Gouvernanzindikatoren in der Entwicklungszusammenarbeit (EZ)

Helmut Reisen

Volkswirte beschäftigen sich seit einigen Jahrzehnten mit *Gouvernanzindikatoren* (meist neuhochdeutsch: governance-Indikatoren), besonders in Bezug auf arme Länder. Diese Indikatoren versuchen zu quantifizieren und etwas zu vergleichen, was im Deutschen gerne vage mit dem Wiesel-Wort *Rahmenbedingungen* bezeichnet wird.

Dieser Beitrag fragt, warum Angebot von und Nachfrage nach Gouvernanzindikatoren in der EZ seit Mitte der 1990er Jahre zunahmen und entsprechend wucherten. Das geschah trotz ihrer früh georteten Schwächen und ihrer begrenzten Wirksamkeit. Wegen seiner überragenden Bedeutung als Input für viele andere Gouvernanzindikatoren widmet sich dieses Kapitel danach dem Fall des Geschäftsklima-Index der Weltbank.

Der Doing Business-Bericht (DB), umstrittenster und einflussreichster Gouvernanzindikator mit Länderranking, wurde von der Weltbank im Sommer 2020 suspendiert und im September 2021 eingestellt. Zuvor war eine unabhängige Revision der Datenunregelmäßigkeiten der Jahre 2018 und 2020 veröffentlicht worden. Die Prüfung dokumentierte, wie der DB-Gründer Simeon Dyankov zusammen mit der Weltbank-Chefin Kristalina Georgieva Mitarbeiter unter Druck setzte, um die Ergebnisse der Doing-Business-Berichte zu manipulieren. Der Fall des DB-Berichts hat Auswirkungen auf weitere Indikatoren wegen seiner Verwendung in etlichen Länderrankings sowie im G20 *Compact with Africa*.

H. Reisen (✉)
ehem. Forschungsdirektor am Development Center der OECD, Paris, Frankreich
E-Mail: hr@shiftingwealth.com

© Der/die Autor(en), exklusiv lizenziert an Springer Fachmedien Wiesbaden GmbH, ein Teil von Springer Nature 2023
J. Mörtel et al. (Hrsg.), *Indikatoren in Entscheidungsprozessen*,
https://doi.org/10.1007/978-3-658-40638-7_24

1   Der Aufstieg der Gouvernanzindikatoren

Die ideologischen Ursprünge basieren auf Lehrsätzen der 1970/80er Jahrzehnte. Die These damals: Rechtsinstitutionen beeinflussen das Wirtschaftswachstum (La Porta et al. 2008). Länder, die das angelsächsische *Common Law* (Richterrecht) übernommen haben, so die These, würden besser abschneiden als Länder mit zivilrechtlichem Ursprung. US-Recht als Ziel der rechtlichen Konvergenz, als Maßstab und als das Ende der (Rechts) Geschichte, so die unter Ökonomen verbreitete Vorstellung in der Blütezeit von Thatcher und Reagan.

„Das Ende der Geschichte": Fukuyama vertrat die These, dass sich nach dem Zusammenbruch der UdSSR und der von ihr abhängigen sozialistischen Staaten bald die Prinzipien des Liberalismus in Form von Demokratie und Marktwirtschaft endgültig und überall durchsetzen würden. Die Demokratie habe sich deshalb als Ordnungsmodell durchgesetzt. Das Ende der Geschichte bestehe nun in der Integration und Assimilation nicht-westlicher Kulturen in die westliche Kultur, unter Preisgabe derer Grundsätze zugunsten von Freiheit und Menschenrechten (Fukuyama 1989)

„Pax Americana": Der Aufstieg US-inspirierter Gouvernanzindikatoren war nach dem Zerfall der Sowjetunion bis zum globalen Engagement Chinas eng mit der Phase des neuen US-amerikanischen Unilateralismus verknüpft. Das westlich geprägte *Global Soft Law* trat an die Stelle des Völkerrechts und seiner Institutionen – etwa der Vereinten Nationen. Internationale Organisationen (IOs) wie OECD, IWF und Weltbank wurden mit der Kodifizierung des US-geprägt internationalen Ordnungsmodells durch einen stetig größeren Wust an Gouvernanzindikatoren beauftragt. Zum Beispiel wurde die Zukunft der OECD als „UN2" diskutiert, als ein zwar US-dominierter, aber effektiver Ersatz der Vereinten Nationen (Reisen 2011).

Eine vermehrte Nutzung von Gouvernanzindikatoren in der EZ lässt sich seit Mitte 1990er konstatieren:

- Die Triebfedern dieser Proliferation lassen sich fundamental bei Angebot und Nachfrage verorten, aber auch agenturtheoretisch (principal-agent problem). Angebotsseitig förderte die *Globalisierung* ihren Aufstieg, denn sie erfasste zunehmend den privaten Kapitalverkehr. Damit entstand ein Länderrisiko zwischen souveränen Staaten. Anders als im 19. Jahrhundert stützten sich private Auslandsinvestitionen nicht mehr auf Kanonenboot-Diplomatie zur Entreibung globaler Forderungen. Mithilfe von Gouvernanzindikatoren sollte die *Reputationsstrafe* als Sanktionsmittel dem internationalen Kapitalverkehr beiseitegestellt werden: die Drohung, säumige Schuldner von Auslandskapital auszuschließen (Eaton et al. 1986).
- Seit dem Ende des Kalten Krieges 1989 gab es nur einen Hegemon (die USA). Weltbank und Geber begannen, die *Korruption* in den Empfängerländern in den Blick zu nehmen (weniger jedoch die korruptionsträchtigen Fazilitäten in den globalen Finanzzentren). Vorher war die Korruption im Systemwettbewerb der imperialen Blöcke von nachrangigem Interesse.

- Statt der klassischen Projektfinanzierung wendete sich der Westen der Politik-finanzierung zu, gleichsam als Belohnung der armen Staaten für die Übernahme der Institutionen und Rahmenbedingungen des hochentwickelten Westens. Zu diesem Zweck wurden weiche ‚Daten‘ zur Gouvernanz numerisiert, um Ranglisten im ‚Schönheitswettbewerb‘ armer Länder für die Attraktion von Privat- und EZ-Kapital zu erleichtern.
- Profilierung, Mandatsausweitung, Delegationsproblem bei den internationalen Organisationen (IOs). Diese sind vom Principal, dem Wähler, weit entfernt. Aufgrund des doppelten Delegationproblems sind IOs agenturtheorisch besonders problematische Institutionen: Die Leine zwischen Wähler und Regierung sowie zwischen Regierungen und den IOs ist oft so lang, dass letztere in ihrem Expansions-streben nicht effektiv kontrolliert werden. Die neuen Gouvernanzindikatoren waren bei den (internationalen) Beamten sehr populär; nicht zuletzt, weil sie schon absterbenden IOs zu neuem Leben verhalfen oder neue Jobs kreierten. Bei Gipfel-treffen (G7/G20) dienten sich namentlich OECD, IMF und die Weltbank an, neue Mandate zu ‚erschleichen‘, um zusätzliche Budgets für die Formulierung und Über-wachung von Gouvernanzindikatoren zu erhalten. Adressaten dieser Indikatoren waren die im Findungsprozess meist unbeteiligtenEntwicklungsländer.

2   Gouvernanzindikatoren: ein Drahtverhau

Inzwischen ist der Wust der Gouvernanzindikatoren ein undurchdringlicher Drahtver-hau. Wer sich einen Überblick verschaffen will, dem sei zunächst die Wikipedia-Seite List of International Rankings mit Hunderten von Einträgen empfohlen, mit Hinblick auf Gouvernanzindikatoren besonders die Seiten „Politics" und „Society". Auf ersterer Seite gelangt man schliesslich zum (unvollständigen) Eintrag „Worldwide Governance Indicators". Die Compliance-Community, welche in den Internationalen Organisationen, Ministerien, Großunternehmen und Zivilgesellschaft von den wuchernden Indikatoren in Lohn und Brot gesetzt wird, ist ein natürlicher Verteidiger des Status Quo (ECEC 2021).

Beim *G20-Compact with Africa* hat sich die Bundesregierung sehr genau über die Verwendung von Governance-Indikatoren geäußert: „Zur Messung des Niveaus guter Regierungsführung in den Partnerländern stützt sich die Bundesregierung insbesondere auf international anerkannte Indizes wie den Bertelsmann Transformation Index, den Corruption Perception Index von Transparency International und den Doing Business Index der Weltbank." (Dt. Bundestag 2018).

- Der **Transformationsindex der Bertelsmann Stiftung (BTI)** misst jährlich die Qualität von Demokratie, Marktwirtschaft und politischem Management von Entwicklungs- und Transformationsländern. Laut der Website fasst der BTI die Ergebnisse von Transformationsprozessen und politischem Management in zwei Indizes zusammen: Status-Index und Management-Index. Der Status-Index mit seinen beiden analytischen Dimensionen der politischen und wirtschaftlichen Transformation zeigt auf, wo die einzelnen Länder auf ihrem Weg zu rechtsstaatlicher Demokratie und sozialer Marktwirtschaft stehen. Der Management-Index konzentriert sich auf die Qualität der Regierungsführung. Die BTI-Werte spiegeln eine extrem breit gefächerte und ehrgeizige Agenda unter der allgemeinen Überschrift „Governance" wider. Der Wäschelistenansatz geht davon aus, dass alle Entwicklungs- und Schwellenländer unter denselben Problemen leiden und dass alle diese Probleme gleich wichtig sind. Wie viele Wachstumsexperten betonen, führt ein ungewichtetes Abhaken ausgewählter Governance-Elemente zu einem undifferenzierten Reformprogramm, das nicht auf die schwerwiegendsten Wachstumsengpässe einer Wirtschaft abzielt.

- Der **Korruptionswahrnehmungsindex (CPI) von Transparency International** bewertet laut seiner Website „Länder danach, für wie korrupt sie im öffentlichen Sektor gehalten werden". Der CPI wird durch jährliche Expertenbewertungen und Meinungsumfragen ermittelt und definiert Korruption als „den Missbrauch öffentlicher Macht zum privaten Nutzen". Der Korruptionsindex stuft Länder nach ihrem wahrgenommenen Grad an Korruption im öffentlichen Sektor ein. Die CPI-Quelldaten erfassen verschiedene Aspekte der Korruption, wie Bestechung, Abzweigung öffentlicher Gelder, vetternwirtschaftliche Ernennungen im öffentlichen Dienst oder die Vereinnahmung des Staates durch enge Interessengruppen. Wichtig ist auch, dass sie nicht die Wahrnehmung der Bürger oder ihre Erfahrungen mit Korruption, Steuerbetrug, illegalen Finanzströmen, Ermöglichern von Korruption (Anwälte, Buchhalter, Finanzberater usw.), Geldwäsche und Korruption im privaten Sektor erfassen. Zur Erstellung des Corruption Perceptions Index (CPI) werden westliche Datenquellen herangezogen. Da weder die Gewerkschaften noch asiatische oder lateinamerikanische Quellen berücksichtigt werden, spiegelt der CPI weitgehend die Meinung der Wirtschaft und des Westens wider, während die Stimme der Arbeitnehmer und des „Südens" benachteiligt wird. Da kann es auch nicht verwundern, dass die Institutionen der *Korruptionserleichterung* namentlich in London und anderen globalen Finanzzentren beim CPI keine Rolle spielen (Chatham House 2021).

- Eng verwandt mit dem Korruptionswahrnehmungsindex ist die **Extractive Industries Transparency Initiative (EITI)** eine internationale Initiative unter Beteiligung zahlreicher Nichtregierungsorganisationen, Unternehmen und Staaten, die sich speziell der Transparenz der Einnahmen von Entwicklungsländern aus dem Abbau von Rohstoffen widmet. Zweck dieser Initiative ist es, die Korruption in Ländern mit Rohstoffreichtum zu bekämpfen und die „Good Governance" zu stärken. EITI hat sich aber nicht als messbar wirksam erwiesen, Veränderungen herbeizuführen (Ölcer & Reisen 2009), obwohl das von den involvierten Personen gerne bestritten wird. Warum ist es so vielen rohstoffreichen Ländern nicht gelungen, die wahrgenommene Korruption zu verringern? Es lag wohl an der niedrigen Qualität der in den Berichten bereitgestellten Informationen und der schwachen Zivilgesellschaft in rohstoffreichen Ländern.

- Ein wichtiger Indikator zur Messung der Qualität der Institutionen eines Landes ist der CPIA-Index (**Country Policy and Institutional Assessment**) der Weltbank. Der Index misst die institutionelle Stärke eines Landes. Er bewertet Länder anhand Wirtschafts- und Strukturpolitik, soziale Inklusion und Gerechtigkeit sowie Management und Institutionen des öffentlichen Sektors. Bis Mitte 2018 stützten sich IWF und Weltbank bei der Einstufung der Schuldentragfähigkeit einkommensschwacher Länder in ihrem gemeinsamen Debt Sustainability Framework for low-income countries (DSF) ausschließlich auf den CPIA. Seitdem sind zwar andere wirtschaftliche Variablen hinzugekommen, aber der CPIA wird nach wie vor als zusammengesetzter Indikator für die von der Weltbank gemessene institutionelle Stärke herangezogen, um die Schuldentragfähigkeit eines Landes zu bewerten. Die Bewertung der Schuldentragfähigkeit durch den IWF ist ein wichtiges Signal für private Portfolioinvestoren und Gläubiger aus dem In- und Ausland. Folglich bestimmen die CPIA-Werte weiterhin entscheidend, wenn auch nicht mehr ausschließlich, die „Investierbarkeit" armer Länder.

Bei all diesen Indikatoren für Governance und institutionelle Stärke handelt es sich um zusammengesetzte wahrnehmungsbasierte Indikatoren. Solche Indikatoren fassen oft große Mengen von Informationen aus verschiedenen Quellen zusammen und reduzieren sie auf eine einzige Zahl – einen einzigen Governance-Wert – pro Land und Jahr, um Vergleiche zu erleichtern. Die aggregierten Informationen bestehen aus den Wahrnehmungen der Menschen über die Qualität der Regierungsführung oder eines bestimmten Aspekts der Regierungsführung (z. B. Rechtsstaatlichkeit, Korruptionsbekämpfung) in verschiedenen Ländern. Die meisten der Personen, deren Einschätzungen verwendet werden, sind Diplomaten oder Wirtschaftsmanager; einige davon leben außerhalb der Länder, die sie bewerten.

Kritische empirische Wirksamkeitsanalysen, die auf mangelnde Wirksamkeit der wuchernden Gouvernanzindikatoren hinwiesen, änderten das nicht. Ist ,Good Governance' eine gute Entwicklungsstrategie? fragte eine Studie (Meisel & Aoudia 2008), die vom französischen Finanzministerium *(Trésor)* und der *Agence francaise de développement* vor einem Jahrzehnt veröffentlicht wurde. Die Antwort lautete, dass es eine Korrelation zwischen „guter Regierungsführung" und dem Entwicklungsniveau (Pro-Kopf-BIP) gibt, aber keine Korrelation mit der Entwicklungsgeschwindigkeit (mittel- bis langfristiges Wachstum). Populäre Governance-Indikatoren, einschließlich der vom CwA propagierten, berühren nicht die treibenden Kräfte hinter dem institutionellen, wirtschaftlichen, politischen und sozialen Wandel. Die mit der modernen sozialen Marktwirtschaft verbundenen und von ihr abgeleiteten Governance-Maßstäbe wären keine ausreichende Hilfe bei der Vorhersage der Gewinner und Verlierer der wirtschaftlichen Entwicklung der letzten Jahrzehnte gewesen. Fortschritte bei der *Lebenserwartung,* im UN-Index für menschliche Entwicklung oder der Beseitigung extremer Massenarmut wurden in autoritären Entwicklungsstaaten wie China, Ruanda oder Singapur verzeichnet.

3   Der Fall des „Ease of Doing Business"-Index (DB) der Weltbank

Der globale Geschäftsklimaindex **„Doing Business"**-Index (DB) der Weltbank maß, inwieweit das regulatorische Umfeld der Gründung und dem Betrieb eines lokalen Unternehmens förderlich ist. Insofern war ein „jährliches Zeugnis über bürokratische Hürden und Wirtschaftsfreundlichkeit" (von Petersdorff 2021). Die Doing-Business-Indikatoren wurden erstmals 2004 veröffentlicht und seit 2003 jährlich von der Internationalen Finanz-Corporation (IFC), dem Privatfinanzierungszweig der Weltbankgruppe, bereitgestellt.

Doing Business maß die Verfahren zur Unternehmensgründung, zum Erhalt einer Baugenehmigung, zum Erhalt eines Stromanschlusses, zur Übertragung von Eigentum, zum Zugang zu Krediten, zum Schutz von Minderheitsinvestoren, zur Zahlung von Steuern, zur Teilnahme am internationalen Handel, zur Durchsetzung von Verträgen und zur Abwicklung von Insolvenzen. Arbeitsmarktaspekte (wie z. B. die Leichtigkeit, Arbeitnehmer zu entlassen) wurden kurz nach der Gründung nach Gewerkschaftsprotesten nicht mehr in die DB-Rangliste aufgenommen (Reisen 2020). Laut IFC hatte der Index in den letzten Jahren viele Schwellen- und Entwicklungsländer dazu angetrieben, das Geschäftsklima zu verbessern und „regulatorischen Ballast" abzuwerfen. In der Tat pflegen die Regierungen etlicher Schwellenländer den DB-Index auf ihre Webseiten zu kalibrieren, um Investoren anzuwerben.

Ende August 2020 hat die Weltbank die Veröffentlichung ihres „Doing Business"-Index ausgesetzt. Im September 2021 wurde der Index nach einer langen Skandalgeschichte ersatzlos gestrichen. Vorher hatte ein unabhängiges Audit der Anwaltskanzlei WilmerHale „Unregelmäßigkeiten" in ihren Daten festgestellt, welche die Rangfolge der Schwellenländer für private Auslandsinvestitionen beeinflusst haben könnten. Schon Kappel und Reisen (2019) hatten die Bundesregierung aufgefordert: „Gouvernanzindikatoren zur Messung der privatwirtschaftlichen Rahmenbedingungen sollten auf den Doing-Business-Indikator verzichten." Die Bundesregierung kam unserer Empfehlung nicht nach, im Bundesfinanz- und Entwicklungsministerium der Regierung Merkel klammerte man sich an die ideologischen Vorrecht aus Schuknecht-Zeiten (Schuknecht et al. 2018). Ihr ist die Weltbank zuvorgekommen, da sie nicht mehr anders konnte.

Der Fall des DB-Indikators bestätigt einmal mehr *Campbells Gesetz:* Je mehr ein quantitativer Sozialindikator für die gesellschaftliche Entscheidungsfindung verwendet wird, desto stärker wird er dem Korruptionsdruck ausgesetzt sein und desto eher wird er geeignet sein, die gesellschaftlichen Prozesse, die er überwachen soll, zu verzerren und zu korrumpieren (Campbell 1979). Leistungsindikatoren und Rankings sind *„politische Zahlen"*, sie stehen angeblich für rationale Entscheidungsfindung (Schlaudt 2018).

Politische Vorentscheidungen und zweifelhafte Annahmen bestimmen den Mechanismus, durch welchen eine zahlengläubige Gesellschaft beständig die Illusion nährt, Politik sei im Grunde überflüssig. Denn die richtigen Entscheidungen seien durch die „Fakten" bestimmt und hinlänglich durch den Markt beantwortet.

Verwendung (und Missbrauch) von Gouvernanz-Indikatoren werden schon seit langem kritisiert, nicht nur wegen mangelnder Datenintegrität. *Gouvernanz-Indikatoren sind nicht nur missbrauchsanfällig* (Arndt und Oman 2006), sondern scheitern aus einer Vielzahl von Gründen. Im internationalen Vergleich lässt sich zwar eine Korrelation zwischen „guter Regierungsführung" und dem Entwicklungs*niveau* (Pro-Kopf-BIP) finden, aber *keine Korrelation mit der Geschwindigkeit der Entwicklung* (mittel- bis langfristiges Wachstum) (Meisel und Aoudia 2008). Warum? Beliebte Gouvernanz-Indikatoren, einschließlich der vom „G20 Compact with Africa" geförderten, betreffen nicht die treibenden Kräfte des institutionellen, wirtschaftlichen, politischen und sozialen Wandels. Politiker kümmern sich nicht um solche Nuancen. Sie nutzen internationale Rankings als Argumentationshilfe. Irgendeine Rangliste lässt sich immer zitieren, um die eigene Forderung zu untermauern. Doch hinter den Rankings steht keine exakte Wissenschaft.

Besonders schädlich ist der Geschäftsklima-Indikator (DB) für die Makrostabilität armer Länder mit geringer Verschuldungstoleranz: Der globale Investorenfokus auf den Index hat manch arme Länder ermutigt, der Schaffung eines Niedrigsteuer- und Niedrigregulierungsumfelds Priorität einzuräumen, manchmal mit hohen makroökonomischen Kosten. Der DB veranlasst die Länder zu einer Art Wettlauf nach unten gegen die Erwartung, dass sie mit mehr ausländischen Direktinvestitionen belohnt werden, obwohl für die Investoren in Wirklichkeit Stabilität, Vorhersagbarkeit und regulatorische Klarheit am wichtigsten sind. Denn „Doing Business" setzt oft falsche Anreize. Ein Beispiel: Niedrige Steuern werden im Ranking belohnt. Gleichzeitig fordert die Weltbank von Entwicklungsländern eine bessere Mobilisierung heimischer Ressourcen, damit die Staaten ihre Ausgaben selber finanzieren können und nicht von ausländischer Hilfe abhängen. Das eine verträgt sich oft schlecht mit dem anderen.

Der jüngste Skandal sollte genutzt werden, um künftig einen ganzheitlichen Ansatz zu verfolgen, bei dem – vor allem in armen Ländern – auch die Entwicklungsperspektive berücksichtigt wird. Vielleicht hilft dabei auch, deutsche Blaupausen zu identifizieren, etwa die Genossenschaftsidee (Reisen 2017). Vorbilder für eine quantitative Gesamtperspektive gibt es mit dem UN-Index für menschliche Entwicklung und dem OECD „Better Life Index". Zudem sollten Indikatoren ihren Blick auf vollbrachte Reformen richten – und nicht auf deren Ankündigung.

Weiterführende Literatur

Arndt, Christiane und Charles P. Oman (2006), Uses and Abuses of Governance Indicators, OECD Development Centre Policy Studies, Paris.

La Porta, Rafael, Florencio Lopez-de-Silanes, & Andrei Shleifer. 2008. "The Economic Consequences of Legal Origins." *Journal of Economic Literature*, 46 (2): 285–332. https://doi.org/10.1257/jel.46.2.285.

Helmut Reisen (2020), "Die Geschäftemacher", IPG-Journal, 26. Oktober.

World Bank Group (2021), *Doing Business: External Panel Review*, Final Report, 1st September.

Schlaglicht: Campbell's Law und Goodhart's Law: Retroaktion

Oliver Schlaudt

Campbell's Law und Goodhart's Law: Retroaktion

Aus der Praxis des Messens ist bekannt, dass die Messprozedur einen (verfälschenden) Einfluss auf den zu bestimmenden Zustand eines Systems hat. Ein Thermometer kann die Temperatur einer Flüssigkeit verändern und die Blutdruckmessung den Blutdruck eines Patienten. Die Indikatorik kennt einen komplizierteren Fall, den Desrosières als „Retroaktion" beschrieben hat (vgl. Desrosières 2014). Der Einfluss der Messung auf die Messgröße geschieht hier nicht unmittelbar durch die Messprozedur selbst, sondern erst in der Folge, nämlich dadurch, dass die gemessene Größe durch ihre Messung in die Entscheidungen und Handlungsorganisationen der Akteure einbezogen wird.

In der Literatur wurde dieser Umstand als Goodhart's Law und Campbell's Law beschrieben. Der Sozialwissenschaftler Donald T. Campbell formulierte das nach ihm benannte Gesetz in einem Artikel über die Wirkungsevaluation von sozialpolitischen Maßnahmen. Er spricht eher informell von „zwei pessimistischen Gesetzen": *„The more any quantitative social indicator is used for social decision-making, the more subject it will be to corruption pressures and the more apt it will be to distort and corrupt the social processes it is intended to monitor."* (vgl. Campbell 1979, S. 85) Als Beispiele nennt er Fälle, die wir heute als „Fehlanreize" *(perverse incentives)* beschreiben.

Der Ökonom Charles Goodhart formulierte sein „Gesetz" im Zusammenhang mit seiner Beschäftigung mit der britischen Geldpolitik in den 1970er

O. Schlaudt (✉)
HfGG – Hochschule für Gesellschaftsgestaltung, Koblenz, Deutschland
E-Mail: oliver.schlaudt@hfgg.de

J. Mörtel et al. (Hrsg.), *Indikatoren in Entscheidungsprozessen*,
https://doi.org/10.1007/978-3-658-40638-7_25

Jahren. Erwartungsgemäß hätte es möglich sein sollen, unter der Annahme einer konstanten Geldnachfrage das Wachstum der Geldmenge durch die Zinssätze zu beeinflussen. Entsprechende Versuche, den Preismechanismus als Steuerungsinstrument einzusetzen, schlugen jedoch fehl. Goodhart formulierte daraufhin das Gesetz, *„that any observed statistical regularity will tend to collapse once pressure is placed upon it for control purposes"* (Goodhart 1984, S. 96). Ex post Beobachtungen können nicht ohne weiteres als ex ante Steuerungsmechanismen verwendet werden.

Die beiden Gesetze unterscheiden sich in einer Nuance: Goodhart sprach nicht von *„corruption pressures"*, sondern betrachtete die Reaktionen der privaten Marktteilnehmer als vollkommen natürlich im Sinne einer Markt- und Wettbewerbslogik. Der Fehler lag lediglich darin, dass man sie nicht vorhergesehen hatte, also – technisch gesprochen – nicht die Invarianz des Modells unter Veränderung des jeweiligen Steuerungsparameters überprüft hatte (vgl. Chrystal und Mizen 2001, S. 231).

Die Schwierigkeiten spiegeln die Tatsache wider, dass Indikatoren – anders als z.B. physikalische Messgrößen – nicht nur Eigenschaften des Systems beschreiben, sondern i. A. zugleich retroaktiv sein *sollen*. Ihr Effekt auf das System hängt aber wiederum von den Systemeigenschaften ab.

Über neue Formen der Konsumkultur. Semiökonomische Ökonomie als relationale komparatistische Kultur: *rankings,* Vergleiche, Indikatoren und multiple Skalierungen

Birger Priddat

Märkte bilden ein Feld mannigfaltiger Transaktionen, die die Form bilateraler Verträge haben und deren Valenzen an gegebenen Preisen bemessen werden (Priddat 2012). Preise fungieren hierbei als Indikatoren für allokative Markteffizienzen. Aber alle Transaktionen sind keine reinen Preis/Mengen/Qualitätszumessungen, sondern befinden sich in Kontexten anderer Kommunikationen (Semiosphäre). Das, worin Transaktionen eingebettet sind, bringt noch andere Skalierungen ins Spiel, sodass das finale Ergebnis kein rational allein aus Preis/Mengen-Verhältnissen zu bemessendes ist, sondern relational verschiedene Bewertungs- und Deutungsfoki einspielt, die nicht allein im Preis aufgelöst werden. Für die Produzenten/Anbieter ist das Produkt, das sie in Transaktion bringen, etwas anders als für die nachfragenden Konsumenten. Die Produzenten/Anbieter sind auf Zahlung ausgerichtet, wollen verkaufen. Ihre Produkte sind *marketable objects,* deren Sinn soweit bedacht ist, als dass sie verkaufbar/*deliverable* erscheinen. Der erwartete Gewinn ist eine notwendige Bedingung, wenn auch nicht die einzige (soziale Positionierung, Qualität, *fairness,* Markengewährleistung etc.). Die Nachfrager hingegen sind in einem anderen Spiel: sie haben, aus den gesellschaftlichen Diskursen ihrer Netzwerke und aus der Semiosphäre verschiedene Deutungsmöglichkeiten, die den Preis überlagern können. Der Objektstatus ist potenziell offen. Wenn es ca. 30 ungefähr gleiche Angebote gibt, die im Preis auch noch ähnlich liegen (z. B. Schokoriegel, Zigarettensorten, Marmeladen, Nudeln etc.), diskriminiert nicht der Preis die Kaufentscheidung, sondern die semantische Zuordnung, die einem plausibel oder sonstwie

B. Priddat (✉)
Universität Witten-Herdecke, Witten, Deutschland
E-Mail: Birger.Priddat@uni-wh.de

J. Mörtel et al. (Hrsg.), *Indikatoren in Entscheidungsprozessen,*
https://doi.org/10.1007/978-3-658-40638-7_26

kriterial bedeutsam erscheint. Die alte Behauptung, Preisunterschiede markierten Qualitätsunterschiede, gilt dann nicht mehr, wenn diese Differenzierung dazu verwendet wird, mindere Qualität zu höheren Preisen zu verkaufen bzw. gleiche Qualitäten zu differenten Preisen.

1 Semiökonomie I: Andere Skalierungen

Indem niemand das am Produkt/Angebot selber unterscheiden kann, bedienen wir uns unterschiedlichster Extra-Estimationen, Indikatoren und Extra-Skalierungen (z. B. notierte Fett- und Zuckergehalte an Nahrungsmitteln, Stiftung-Warentest-Qualitätstabellierungen, top 10-Listen in Zeitschriften, *bestselling-lists,* oder kaum kontrollierbare ‚tests' etc.) (vgl. Mau 2017, 2019). Das aber sind offensichtliche Extraskalierungen; des Weiteren gibt es im gesellschaftlichen Diskurs (Netzwerke, Medien, Freunde, Familien etc.) frei flottierende sozial kommunizierte Vergleichungen und Urteilslisten, was ‚gut', ‚angemessen', ‚interessant' etc. sei (vgl. Priddat 2015b). Alles, was die ‚Werbung' den potenziellen Kunden erzählt, wird selten fürbass genommen, sondern erst über die positive/negative Resonanz in den Netzwerkkommunikationen (Familie, Freunde, Bekannte, Kollegen etc.+Medien) interpretiert und be- oder entdeutet. D. h. die Werbung ist nur ein Narrativ, das anregt, eigene Skalen aufzustellen. Es muss sich sowieso mit den in der Gesellschaft laufenden Narrativen komparieren, um Anschluss zu schaffen. Viele Werbung verfällt fruchtlos im kommunikativen Rauschen.

Der entscheidende Unterschied zu den Produzenten/Anbietern ist die relationale bzw. multi-skalare Bestimmung der konsumentischen Kaufentscheidungen, in der der Preis nur ein Kriterium unter anderen ist. Die Transaktionen sind Vermittler asymmetrischer Belange, die nach verschiedenen Bestimmungsmustern operieren. Es lässt sich käuferseitig nicht bestimmen, was effizienter sei, da wir es aus einem Mix verschiedener Skalen ermitteln müssten. Und wir wissen nicht, was jeweils situational davon in Anschlag gebracht wird. Was die Produzenten/Anbieter kalkulieren müssen (wenn auch in der Unbestimmtheit, was tatsächlich nachgefragt wird oder in welcher Menge), bleibt letztlich unberechenbar. Wenn sich die Nachfrager doch an den Preis halten, schränken sie sich im Spielraum der vielen sie beeinflussenden Bedeutungen erheblich ein. Umgekehrt entscheiden sie unter dem Einfluss der vielen Bedeutungen und kalkulieren erst zuletzt den Preis, den sie, weil die Objekte sie affizieren, dann ‚draufgeben'. Sie *schenken sich* – in solchen Fällen – *selbst* das so überzeugende Produkt.

Es kommt ihnen dann für sich selbst so einmalig vor, dass sie nicht auf den Preis achten (eine von der *big-data-economy* genutzte Tendenz, wenn sie maßgeschneiderte Angebote *(customized)* macht, die aus der Auswertung der Kaufbiographien und Suchverläufe ermittelt wird (Priddat 2014; Müßgens und Priddat 2022). Oder sie befinden sich in Sinnfeldern (Gesundheit, alle mögliche ‚heilende' Medizin, Sport+*wellness* etc.), deren Nutzen imaginär ist, aber durch starke gesellschaftliche Deutungsmuster *(story-telling)* Kaufakte hervorbringt. Investitionen in Körperverschönerungen z. B. sind teuer und ihr Nutzen unkalkulierbar: aber das Empfinden, schöner zu werden, erhöht die (vermutete) Attraktivität auf den ‚Heiratsmärkten', ohne dass diese Wiedervergeltung tatsächlich gerechnet werden kann. Wir haben es mit reziprozitären Strukturen zu tun: mit einem Geben, das hofft, dass es so genommen wird, ohne tatsächliche Verrechnung (und sogar mit der Hoffnung, mehr zu bekommen als man gegeben hat. Die Nicht-Rechenhaftigkeit macht diese Illusion erst möglich. Es sind keine Transaktionen, sondern *exchange networks,* die hier arbeiten (Pentland 2015) – ein neuer Begriff für Erwartungen auf soziale Positionierungen.

Die Transaktion endet in der Zahlung. Alles, was mit dem bezahlten Produkt – danach – passiert, spielt sich *out of market* ab, gehört im strengen Sinne nicht mehr zur Ökonomie. Der erwartete Nutzen ist der Anlass zum Kauf; die tatsächliche Nutzung aber bleibt rein privat. In der Sprachgewohnheit des Nutzen-Begriffs vergessen wir diese Differenzierung zwischen Nutzenerwartung und Nutzen. Vieles, was wir kaufen, reizt uns, aber wird in dem Moment, falls wir *post transactionem* enttäuscht eine Nutzlosigkeit *(disutility)* feststellen, zum Verlust. Indem wir es nicht gebrauchen können, es vorher aber gekauft haben, haben wir dem Produzenten/Anbieter – nachträglich gesehen – ‚etwas geschenkt': er konnte mit dem *post hoc* uns Nutzlosen *propter hoc* seinen Umsatz machen. Es geht hier nicht um Gerechtigkeitsfragen, sondern um epistemologische Fragen der Unbestimmtheit der Estimation des Nutzens (bzw. der *proxy*-Einschätzung). Der Produzent hat keine ‚Schuld', wenn uns etwas Gekauftes nachher als unnütz vorkommt. So wie er Verluste machen kann durch Überschätzung der Verkaufbarkeit seines Angebotes, so können Konsumenten ‚Verluste' machen durch Kauf von Sinn- und Nutzlosigkeiten, wie es sich *post hoc* herausstellen kann. Beide Fälle zeigen lediglich, dass die Ökonomik ihre Effizienzmethode nicht durchhalten kann. Denn wenn das, was *propter hoc* rational entschieden schien, *post hoc* sich als Fehlbeurteilung erweist, sind alle entsprechenden ökonomischen Handlungen latent subeffizient. Sie verwandeln sich *post hoc* in relationale ‚Geschenke'.

Über mannigfaltige *rankings* – in den Medien, in den Netzwerken, in den privaten Räumen und in der Gesellschaft – werden ‚Nutzen/Kosten' evaluiert, die nicht die Deutungsmacht von monetären/preislichen Komparationswerten haben. Oft sind es ‚besser/schlechter'-Listungen. In den Leistungsrechnungen/Bilanzen tauchen sie kaum auf, bleiben aber als eigene Leistungskataloge parallel bestehen. Ihre Nichtverrechenbarkeit macht sie nicht ungültig oder unwirksam, muss aber als Parallelprogramm gefahren werden. Die Einpassung solcher Programme (CSR nur als Beispiel) in ökonomische Unternehmenswelten bedeutet nicht ihre ‚Ökonomisierung'. Bzw. ‚Ökonomisierung' geschieht in weniger strengen Formen: wohl werden Kosten/Nutzen skaliert und kompariert, aber nicht reell, durchgehend oder nur metaphorisch in *monetary terms.* Es sind eigene *ranking*-Sortierungen, die die monetäre Komparation der Märkte simulieren, aber nicht darin aufgehen.

Folglich müssen andere Werte/Kriterien – häufig moralische – herhalten, um die Komparatistik dieser Listen zu begründen, im Sinne von durchlaufenden ‚besser/ schlechter'-Estimationen. Erst die Listungen/Skalierungen stellen eine Ontologie her, die man für die Akteure nicht voraussetzen kann. Die Listungen sind soziale Register, die in der gesellschaftlichen Kommunikation entstehen, in der Semiosphäre. Sie simulieren nur Marktähnlichkeit, haben aber ökonomische Wirkungen, weil die Akteure sich der Register bedienen, um Kaufeinschätzungen zu erhalten. Statt Preis/Mengen/Qualitäts- urteile übernimmt man *social* bzw. *public rankings,* d. h. scheinbar diskursiv (letztlich nur medial) legitimierte Allgemeinurteile. Alle beanspruchte individuelle Rationalität verschwindet in sozialen Anpassungsprozessen der Estimationsfelder der Register.

Dass diese Listen kommunikativ-variabel sind, bleibt hinzuzufügen. Und polymorph: weil man sich gesellschaftlich nicht leicht einigen kann, welche der Listen-Werte welche Valenz haben. So entstehen laufend Kommunikationen über Meta-Listen: über Werte und Valenzen, um die Listen selber zu kalibrieren etc. Doch unterscheiden sie sich vom laufenden gesellschaftlichen Diskurs letztlich durch ihre komparatistische Form (nach dem Modell der Bestellerlisten, nur dass keine *selling-data* zur Verfügung stehen und man andere *proxy* bzw. andere Indikatoren verwendet).

Nichts anderes bedeutet z. B. die Grundidee von Google: der Page-Rank, der die qualitativen Bewertungen von Websites anhand der Anzahl ihrer Verlinkungen vor- nimmt. Google skaliert die Einträge in sein System als ein *ranking* nach Relevanz (nach Kriterien eigener Skalierung). Der Markt wird erst in zweiter Ordnung angehängt, indem die *best-ranked issues* mit bezahlter Werbung verknüpft werden. Auch die Testergeb- nisse von speziellen Institutionen gehören dazu: welche Öle, Babywindeln, Toaster, Kühlschränke etc. wie zu bewerten und zu ranken sind – die (z. T. ,gekauften') Tests der Automobilclubs, die vielfältigen (unvollständigen) Vergleiche von Therapien, Pharmaka, Heilmethoden in den Journalen, die Universitätsrankings, etc. Die subtileren *rankings* finden sich z. B. in Mode- bzw. Frauenzeitschriften, die nicht *ex offico* ver- gleichen, aber durch ihre Präselektion (was sie überhaupt zeigen, und was nicht) *quasi- rankings* veranstalten (indem sie *trends* herausheben). Im Internet nimmt diese Form der Komparatistik vielfältigste Formen an (u. a. aber auch die, Preisvergleiche überschau- bar zu machen. Doch ist das kein Gegentrend, sondern gekoppelt mit Bildern eine sub- tile Form der Design-Komparation: was sieht besser aus, was ist affektreicher etc. Was macht uns noch gewiss, dass die Preise ausschlaggebend sind, nicht die Bilder?).

2   Semiökonomie II: z. B. Moralische Indikatoren und Skalierungen

Kaufe ich Butter, nehme ich auch eine Bio-Butter in die Hand, erheblich teurer, aber die Diskursprägung lässt mich zu kaufen erwägen, obwohl ich nicht mehr als den *social marker* ,Bio' habe, kaum wissend, was das Stück, das ich vor mir sehe, tatsächlich an ,Bio' enthält bzw. was die Differenz tatsächlich ausmacht. Mein Wissen reicht nur in den Diskurs und macht mir gelinden Stress, d. h. unterbricht meine Kaufroutinen. Viele sind ängstlich, das Falsche zu kaufen, als ob ,kein Bio' automatisch toxisch wäre. Manchmal nehme ich Biobutter, manchmal nicht. ,Bio' ist keine Episteme, sondern ein bleibender

Stressfaktor, der mich herausfordert, zu reflektieren, aber der Modus des *low cognitive engagement* gewinnt häufig: ein Rückfall in die Routine als Anti-Stress-Bewegung. Das bedeutet: lieber gar nicht entscheiden, bevor man sowieso falsch liegt, d. h. wieder in den Stress gerät. Aber auch das Wegtauchen in die *non-decision,* die die alten Routinen kopiert, macht Stress, weil der gesellschaftliche Diskurs wieder dazwischenredet. Also werden wir für längere Zeit oszillieren, angetrieben durch den *emotion/cognition-*Spannungsoperator. Das Rationale – die klassische Norm des *rational choice* – wird kontingent (zu einer postmodernen Konsumökonomie Mohr 2020).

Wir befinden uns längst in Prozessen der moralischen Prädikation von Gütern. Damit meine ich nicht nur solche Phänomene wie ‚moralischer Konsum' (Priddat 1997; Koslowski und Priddat 2006; Engel und Szech 2020), sondern die Tatsache, dass Güter auf Märkten angeboten werden, die in der Werbung und in der allgemeinen Kommunikation als moralisch qualifiziert ausgewiesen werden. Ob es durch Verweise auf Indikatoren wie Ökostandards, Gesundheitswerte, *faire trade, Nachhaltigkeit* etc. geschieht oder direkt als *moral commodity* beworben wird, ist erst einmal sekundär. Natürlich geschieht diese moralische Prädikation nicht selbstlos, sondern um Umsatz und Absatz zu erhöhen. Aber faktisch werden Konsumenten für ihre moralischen Einstellungen bedient, indem sie Güter offeriert bekommen, die ihnen moralische Zweifel an Produkten (und Produktionsweisen (z. B. Kinderarbeit, Ausbeutung etc.)) nehmen sollen. Es geht nur z. T. um eindeutige moralische Positionierungen, sondern mehrstenteils um moralische Einbettungen von Konkurrenzprodukten, die darüber höhere Aufmerksamkeit und Akzeptanz gewinnen sollen. Vor allem aber arbeiten diese Tendenzen mit moralischen Indikatoren.

Es sind keine moralischen Trends im engeren Sinne, sondern *social trends,* die funktional aber wie moralische Maximen operieren, denen man sich umso leichter anschließen kann, weil alle anderen es auch, in zunehmendem und sichtbarem Maße tun. Der Eintritt in diese fließenden *social and moral communities* wird durch zunehmende kommunikative Intensität und Dichte erleichtert. Was in der Semiosphäre (die Welt der Zeichen, Semantiken, Narrative, Gründe etc.: Lotmann 2010; Priddat 2015a, Kap. 4) kommuniziert wird, und ins Alltagshandeln großer Gruppen gelangt, ist der *semantic pool,* aus dem heraus dann auch die Unternehmen wagen, moralische Güter anzubieten. Sie leihen sich den *moral meaning* aus der Semiosphäre, die die Legitimations- und Akzeptanzfragen längst vorgeklärt hat bzw. immer wieder neu klärt. Für die Unternehmen und ihre Kommunikationsexperten (Werbung) ist die Moral, die sie angebotsseitig bedienen, ein Kommunikationszeichen, das einen erweiterten Präferenzbereich der Kunden anspricht (so z. B. das *greenwashing*).

Das Modell dieser *light moral* verbreitet sich, bleibt natürlich nicht unumstritten, bildet aber neue *moral patterns* bzw. Indikatoren aus, die sich gegen das, was wir aus unserem kulturellen Erbe als Moral noch kennen, indifferent setzt. Es ist ein Muster an sozialer Konformität, das nur deshalb nicht homogen dominant wird, weil viele heterogene Muster konkurrieren. Jeder Trend hat eine je eigene Semantik, eigene *mental models,* die nicht kongruieren und sich vor allem nicht zu einer einheitlichen Moralvorstellung ausbauen.

Es ist leichter, moralisch zu kommunizieren, als individuell tatsächlich moralisch zu entscheiden (Nina Szech spricht von einer Relation 10:1 (Szech 2020)). Selbst wenn Akteure ihren individuellen Nutzen betonen, ist das selbst bereits wiederum schon ein *social trend*, der sozial legitimiert erscheint (als legitimierter Teil eines *social pattern* (vgl. Priddat 2013)).

3   Resümee

1. Wenn Güter nicht eindeutig klassifizierbar sind, werden in der Wirtschaftsgesellschaft *rankings* und eigene Skalierungen entworfen, die den Akteuren helfen, Präferenzen zu bilden.
2. Präferenzen sind keine ‚natürlichen' Eigenschaften von Wirtschaftsakteuren, sondern bilden sich im kommunikativen Prozess der Gesellschaften.
3. Das gilt insbesondere für innovative dynamische Hyperökonomien, die ständig neue Angebote ins Spiel bringen, mit denen die Akteure weder Erfahrungen noch Einschätzungen noch Interpretationen haben. Woran orientieren sie sich dann?
4. Demnach muss die Ökonomie, so sie tatsächliche Verhalten erforschen will (der Ansatz der *behaviourial economics*), die kommunikative Dimension der Ökonomie und der Gesellschaft (Semiosphäre) erschließen, um die Skalierungen, die daraus entstehen, für die Transaktionen zu ermitteln.
5. Diese Skalierungen sind heterogen und nicht automatisch auf Märkte abgestimmt. Sie bilden eigene Estimationswelten aus, an die sich Märkte/Produzenten aber zu gewöhnen beginnen, um selber solche Listen mit zu produzieren (über die Medien, über die Werbung (die allerdings vergleichend werden muss), über Lobbying, über Diskurse, über Agenturen, Wirtschaftsdienste, etc.).
6. Die ökonomische Theorie (Ökonomik) muss sich daran gewöhnen, diese Soziologie der kommunikativen Welt in Betracht zu ziehen, weil die ‚Kompetenz' ihrer *rational actors* nicht ausreicht, um die Bedeutungszuweisungen der Semiosphäre von sich aus zu leisten. Sie sind *embedded actors:* nicht nur in Netzwerke, sondern in mediale und kommunikative Welten, die die Ökonomik bisher als Seperatum der Soziologien für sich ausgeschlossen haben wollte.
7. Die *rankings,* Listungen, Vergleichsdarstellungen sind semiökonomische, den Märkten vorgelagerte Ontologieproduktionen, die den verunsicherten Akteuren liefern, was sie selber nicht mehr zuverlässig entscheiden können oder sich zu entscheiden trauen. Listen, *rankings* etc. bergen Valenzhierarchien, die Indikatoren für Kaufentscheidungen ausbilden.
8. Die Unsicherheit, die die Ökonomik allein für futurische Risikoentscheidungen reserviert hat, findet sich also bereits im Normalgeschäft der Märkte, wenn man Gütern/Alternativen gegenübersteht, deren Valenz – insbesondere deren soziale Valenz – man nicht eindeutig einschätzen kann. Die Unterstellung, dass *rational actors* in der Lage sind – *bounded or not* – die Alternativen eindeutig zu identifizieren, ist eine

logische Behauptung, aber keine Ökonomie im Sinne ihrer tatsächlichen Beschreibung. ‚Entscheidungen unter Sicherheit' sind sehr spezifische Entscheidungen, deren Epistemologie geklärt sein muss. Was aber, wenn sie ungeklärt ist? Dann treten semi-ökonomische *rankings* in Funktion, die diese Estimationsleistung übernehmen. Die Akteure sind nicht mehr unabhängig und frei zu nennen, sondern kommunikations- bzw. diskursgebunden bzw. -gebettet. Wir bewegen uns bereits in einer relationalen Ökonomie (Wieland 2018; Biggiero et al. 2022).

9. Über die *rankings,* die die Güterontologien jeweils neu sortieren, wird die Öko-nomie tendenziell mit der Wirtschaftssoziologie gekoppelt (Baecker 2006), und zwar nicht arbiträr, sondern systematisch (vgl. auch Beckert und Aspers 2011). Die Forschung hat begonnen (vgl. Mau 2017).

10. Es ist ein ganz anderer Wettbewerb zwischen den mannigfaltigen möglichen *rankings,* Listungen und Skalierungen. Man kann nicht davon reden, dass es um die jeweils ‚beste' Skala geht, sondern um Deutungshoheit, also um Dominanz. *Die Indikatoren, die aus den Listungen und Registern gewonnen werden, reduzieren die Komplexität der Hermeneutik der Wahlentscheidungen.*

Weiterführende Literatur

Beckert, J. / Aspers, P. (2011) (eds.): The Worth of Goods. Valuation & Pricing in the Economy, Oxford University Press

Biggiero, L. / De Jongh, D. / Wieland, J. / Zicari, A. / Fischer, D. (2022) (eds): The Relational View of Economics, Springer

Engel, J. / Szech, N. (2020): Little Good is Good Enough: Ethical Consumption, Cheap Excuses, and Moral Self-Licensing, The Public Library of Science ONE

Koslowski, P. / Priddat, B.P. (2006) (Hrsg.): Ethik des Konsums, München: Fink-Verlag

Lotman, J.M. (2010): Die Innenwelt des Denkens: Eine semiotische Theorie der Kultur, Suhrkamp Verlag

Mau, St. (2017): Das metrische Wir, Berlin: Suhrkamp

Mohr, E. (2020): Die Produktion der Konsumgesellschaft. Eine kulturökonomische Grundlegung der feinen Unterschiede, Bielefeld: transcript

Müßgens, J. / Priddat, B.P. (2022): Contracts as Cooperation, 311 – 331 in: L. Biggiero / D. de Jongh, D. / B. Priddat / J. Wieland, J. / A. Zicari / D. Fischer (eds): The Relational View of Economics, Springer 2022

Pentland, A. (2015): Social Physics: How Social Networks Can Make Us Smarter, Penguin Books

Priddat, B.P. (1997): Moralischer Konsum. Über das Verhältnis von Rationalität, Präferenzen und Personen, in: Lohmann, K. R./Priddat, B. P. (Hrsg.): Ökonomie und Moral. Beiträge zur Theorie ökonomischer Rationalität, München: Oldenbourg: Scienta Nova

Priddat, B.P. (2012): Akteure, Verträge, Netzwerke. Der kooperative Modus der Ökonomie, Marburg: Metropolis

Priddat, B.P. (2013): Bevor wir über ‚Ökonomisierung' reden: was ist ‚ökonomisch'? 417 – 434 in: Soziale Welt Nr. 4 / 2013

Priddat, B.P. (2014): Homo Dyctos. Der Netzmensch, Marburg: Metropolis

Priddat, B.P. (2015a): Economics of persuasion. Ökonomie zwischen Markt, Kommunikation und Überredung, Metropolis

Priddat, B.P. (2015b): ‚mehr', ‚besser' ‚anders'. Über den Steigerungsanspruch der Ökonomie, 333 – 370 in: (mit W.D. Enkelmann): Was ist?: Wirtschaftsphilosophische Erkundungen. Definitionen, Ansätze, Methoden, Erkenntnisse, Wirkungen, Vol. 2 (von 3), Marburg: Metropolis

Szech, N. (2020): Maus oder Moneten, in: FAZ Nr. 40 / 2020, S. 16

Wieland, J. (2018): Relationale Ökonomie, Metropolis

Erratum zu: Wirkungsorientiertes Nachhaltigkeitsmanagement in Kommunen – Einflussfaktoren und Effekte der Nutzung von Indikatoren

Henrik Riedel

Erratum zu:
Kapitel 22 in: J. Mörtel et al. (Hrsg.), *Indikatoren in Entscheidungsprozessen*,
https://doi.org/10.1007/978-3-658-40638-7_22

Aufgrund eines Versehens von Springer Nature wurden die Autorenkorrekturen für dieses Kapitel nicht umgesetzt. Dies wurde nun korrigiert.

Die aktualisierte Version dieses Kapitels finden Sie unter https://doi.org/10.1007/978-3-658-40638-7_22.

J. Mörtel et al. (Hrsg.), *Indikatoren in Entscheidungsprozessen*,
https://doi.org/10.1007/978-3-658-40638-7_27

Glossar

Abbilden Verknüpfung eines beobachtbaren Objekts mit einem anderen, in der Situation nicht wahrnehmbaren Gegenstand.

Algorithmus Ein sich wiederholender Rechenvorgang, der eine Reihe einzelne Rechenschritte umfasst.

Altmetrics werden zur quantitativen Messung der Wirkung wissenschaftlicher Arbeiten auf Onlinemedien herangezogen. Diese Indikatoren erfassen dann eine positive oder negative Erwähnung von auf Onlinemedien veröffentlichten Forschungsergebnissen z. B. auf Nachrichtenportalen, Blogs oder Sozialen Medien. So kann sowohl die Häufigkeit, wie auch das Medium, in dem eine Erwähnung stattgefunden hat, nachverfolgt werden.

Audit Überprüfungsverfahren, in der Regel im Bereich des Qualitätsmanagements von Prozessabläufen oder Sachlagen, die durch Befragung oder Dokumentationsrevision durchgeführt werden. Dabei wird entweder das Vorhandensein von notwendigen Anforderungen, die Einhaltung dieser Anforderungen oder die Angemessenheit der Anforderungen für den jeweiligen zu kontrollierenden Prozess oder Sachverhalt verstanden.

Audit Culture Unternehmens- oder Institutionenkultur, die auf Kontrolle und Überprüfung der Anforderungen, deren Einhaltung und Angemessenheit abhebt, aber nicht an Eigenverantwortung und strukturellen qualitätssichernden Maßnahmen orientiert ist.

Benchmark ist eine Vergleichsgröße oder ein Kriterium, das einen gewissen einzuhaltenden Standard einer Sachlage oder Qualität wiedergibt. Diese Vergleiche sollten mit vergleichbaren oder normierten Verfahren zu Stande kommen.

Best Practice bezeichnet eine bereits erfolgreich angewendete Methode, Maßnahme oder ein Handlungsschema zur Lösung eines bestimmten Problemtyps.

Bibliometrie ist die Lehre von einer quantitativen Erfassung und Analyse wissenschaftlicher Publikationen z. B. in der Anzahl an Veröffentlichungen oder Zitationen mit dem Ziel, den Einfluss eines Forschungsergebnisses sichtbar zu machen und Ergebnisse oder Wissenschaftlicher miteinander zu vergleichen.

Bottom-up-/Top-down Prozess Bezeichnet die Wirkrichtung von Prozessen entweder von „unten nach oben" oder von „oben nach unten". Bottom up erfolgt eine Erzeugung von z. B. empirischen Daten durch eine große Wissenschaftlergruppe, die erst dann zu einer weiteren Systematisierung und zur Informations- und Erkenntnisgewinnung angewendet werden, z. B. für die Formulierung allgemeiner Gesetzmäßigkeiten auf induktivem Wege. Top Down startet der Prozess bei einer abstrakten Idee, die sich dann erst mit konkreten Daten langsam füllt und mit einer Deduktion vergleichbar ist.

Codierung Übertragung von Zeichenfolgen (Buchstaben, Zahlen, Symbole) in ein (zumeist maschinell) weiter verarbeitbares Format.

Dunkelziffer Anzahl an Fällen oder Ereignisse, die in offiziellen Statistiken oder Erhebungen zu einer Thematik nicht erfasst werden. Das kann unterschiedliche Gründe haben, wenn der Betroffene sich nicht meldet oder auch gar nicht entdeckt wird.

Effektivität gibt den Status der Zielerfüllung eines gewissen Outputs wieder und gibt die Wirksamkeit des Handelns wieder.

Effizienz bezeichnet den wirtschaftlichen Mitteleinsatz für die Erlangung eines bestimmten, definierten Ziel- oder Outputwertes.

Enabeling Technologies sind solche Technologien, die aufgrund ihres hohen Ermöglichungspotentials auch für andere Technologien große Entwicklungssprünge in verschiedenen Sektoren und Innovationsschübe verursachen können, wie z. B. das Feuermachen oder der Buchdruck, aber auch das Internet oder Cloud Technologien.

Entscheidung Bei konfligierenden Erwartungen oder Zielen, Wahl zwischen mindestens zwei Handlungsalternativen.

Entscheidungsprozess bezeichnet den Prozess des Sammelns von Informationen, das Abwägen von konfligierenden Notwendigkeiten von Alternativen und die Abwägung, die dann letztendlich in einer Entscheidung resultiert.

Fußabdruck, ökologischer ist ein Indikator dafür, wie viel ökologische Fläche eine Person umgerechnet benötigt, um ihren Lebensstil und -standard zu ermöglichen, also ihren Ressourcenbedarf zu decken. Dabei werden je unterschiedliche Indikatoren mit einbezogen wie z. B. Energie- und Wasserverbrauch, landwirtschaftliche Fläche, CO_2-Ausstoß, Herkunft und Art der konsumierten Lebensmittel.

Gamifizierung Es werden spieltypische Elemente, wie z. B. Regeln, Punktesysteme, Belohnungen, künstliche geschaffene Konkurrenz, in einen spielfremden Zusammenhang verlagert, um bei den dortigen Akteuren mehr Engagement, Verhaltensänderungen oder Kollaboration zu erreichen, was aber eine intrinsische Motivation und Einsicht in die Notwendigkeit von z. B. Verhaltensänderungen langfristig reduzieren kann.

Gaming Gezielte Manipulation von Kennzahlen durch die involvierten Personen, insb. in der Bibliometrie.

Governance Ein über das Regierungshandeln („Government") hinausgehendes Steuerungsmodell, welches weitere Akteure in den Steuerungsprozess einbindet.

Index Kombination einer Reihe von Indikatoren, die in einer gemeinsamen Skala miteinander verknüpft sind.

Institutionen sind soziale Regelsysteme allgemeiner Art; es werden darunter oft
konkret staatliche oder gesellschaftliche Einrichtungen verstanden, die dem Nutzen
der Gemeinschaft dienen, indem sie durch eine Koordination einzelner Akteure die
Möglichkeitsbedingungen für individuelles Handeln schaffen und dauerhaft erhalten.

instrumentell bezeichnet die Nutzung von Werkzeugen oder Mitteln, die genutzt
werden, aber das angestrebte Ziel dabei nicht reflektieren, sowie deren Eigenwert.

international überstaatlich, zwischenstaatlich, staatenübergreifend, auch völker- und
länderverbindend.

Internationale Organisation im engeren Sinne des Völkerrechts ein Zusammenschluss
von Staaten zur Erfüllung überstaatlicher Aufgaben (z. B. Vereinte Nationen, OECD,
Weltbank, Weltgesundheitsorganisation), im weiteren Sinne auch internationale
Nichtregierungsorganisationen (z. B. Amnesty International, Greenpeace, Oxfam).

Intervallskala Skala, bei denen die einzelnen Ausprägungen sich in einer natürlichen
Rangfolge mit bestimmbaren, exakt definierten und standardisierten Abständen
befinden (metrische Skala).

Item ein einzelnes, zu messendes Merkmal, dem ein bestimmter Wert zugeordnet wird.

Kausalindikatoren (Causal Indicators) Im Gegensatz zu Leistungs- oder „effect
indicators" solche Indikatoren, die als exogene Variablen in einem Verursachungs-
verhältnis zu der zu charakterisierenden in der Regel latenten Variable z. B. einem
Indikator für ein theoretisches, nicht direkt zugängliches Konstrukt, stehen.

Kennzahl Mathematische Aggregation von verschiedenen Indikatoren eines bestimmten
Gegenstandsbereiches zur Charakterisierung dessen Status, vor allem im horizontalen
oder vertikalen Vergleich mit entweder anderen Bereichen oder Unternehmen oder in
seiner zeitlichen Entwicklung.

Kommensurabilität Vergleichbarkeit zweier Gegenstände oder Gegenstandsbereiche
aufgrund eines gleichen Maßes oder Maßstabes, einer Ähnlichkeit oder anhand eines
bestimmten Kriteriums, dass angelegt werden kann.

Komplexität Eigenschaft einer Ganzheit z. B. eines Systems oder Modells, in dem
dessen Elemente in einer Vielzahl vorhanden und in jeweils unterschiedlichen
Relationen zueinander verbunden sind und miteinander interagieren. Diese vielfältige
und vielschichtige Verschränkung macht eine Kontrolle und Vorhersage des Systems
oder Modells nur eingeschränkt möglich.

Kontextualisierung Ein Vorstellungs- oder Bedeutungsinhalt eines Gegen- oder
Sachtatbestandes wird in Beziehung zu anderen Inhalten eines bestimmten Gegenstandsbereiches gesetzt und erhält erst dadurch seine spezifische Bedeutung. Im
Gegensatz dazu wird bei einer Dekontextualisierung gerade dieser inhaltliche
Bezugsrahmen entfernt. In einer Re-kontextualisierung kann dann entweder wieder
der gleiche oder auch andere Bezüge aufgrund anderer Beziehungen und Rahmenbedingungen hergestellt werden. Inhalte von Sachen oder Ereignissen sind dann

kontextabhängig, wenn sich ihre Bedeutung aufgrund des jeweiligen Bezugsrahmens und den dort jeweils spezifischen vorherrschenden Bedingungen und Beziehungen verändert.

Leistung Physikalisch gesehen ist „Leistung" die in einer gewissen Zeit erledigte Arbeit.

Leistungsindikatoren Im Gegensatz zu Kausalindikatoren sind Leistungsindikatoren solche, die als endogene Variablen die Effekte und Resultate eines nicht direkt zugängliches Konstruktes widerspiegeln, das anhand der bestimmter Kriterien, für die die Leistungsindikatoren stehen, gemessen werden soll.

Monetarisierung ist die Bewertung auch nicht finanzieller oder sogar immaterieller Vermögenswerte in Geldeinheiten, um dadurch einen Vergleich solcher nicht-monetär kategorisierten Bereiche dennoch zueinander in Relation setzen und bewerten zu können.

New Public Management bezeichnet einen umfassenden Ansatz in der öffentlichen Verwaltung, die mit privat- und betriebswirtschaftlichen Methoden zu reformieren gesucht wird und Instrumente wie Zielvereinbarungen, Projektmanagement und auch Kennzahlen zur Bewertung der Verwaltungsbereiche nutzt.

NGO heißt „Non-Governmental Organisation" und bedeutet Nichtregierungsorganisation. Dies kennzeichnet eine private Organisation, die gesellschaftliche Interessen vertritt, aber nicht dem Staat oder der Regierung unterstellt ist.

Nominalskala Skala, bei denen die einzelnen Ausprägungen nicht in eine natürliche Rangfolge gebracht werden können, weil die Zuweisung der Skalenwerte nach einem Kriterium von Gleichheit und Unterschiedlichkeit wie ein Etikett verwendet wird.

Open Scholarship wird von der Association of Research Libraries (ARL) definiert als eine Offenheit in der Wissenschaft und Forschung, die freien Zugang aller Wissenschaftler hinsichtlich offenem Zugang zu frei verfügbaren wissenschaftlichen Daten und freien Zugang zu Bildungsressourcen ermöglicht.

Operationalisierung Messbarmachung eines theoretischen Konstrukts.

Ordinalskala Skala, bei denen die einzelnen Ausprägungen sich in einer natürlichen Rangfolge befinden, die Abstände zwischen ihnen aber nicht bestimmbar sind.

Organisation Eine planmäßige Zusammensetzung einer Struktur in einer gewissen Ordnung, um damit die Funktion einer Institution, eines Wirtschaftssubjekts oder einer Tätigkeit zu beschreiben und zu sichern.

Organisationsentwicklung Der geplante und oft langfristig angelegte Prozess einer Weiterentwicklung einer Organisation (siehe Organisation), der alle Bereiche der Ordnung einschließt; mit dem Ziel, die nachhaltige Leistungsfähigkeit und Funktionswahrnehmung der Organisation zu garantieren.

Proxy In den Sozial-, aber vor allem den Wirtschaftswissenschaften übliche Bezeichnung für Größen, die als Indikatoren anderer, selbst nicht direkt messbarer Größen herangezogen werden.

Qualität Bewertung der Beschaffenheit einer Sache anhand der dafür als ausschlaggebend anerkannten Kriterien zur Eignung für einen bestimmten Zweck.

Ranking ist eine Rangliste als ein bewertender Vergleich von Elementen auf einer Ordinalskala. Der Platz (1 bis n) und Abstand auf der Rangliste ist dabei nur relativ zu den anderen Elementen der Skala und nicht absolut anzugeben.

Reliabilität Verlässlichkeit der Messung, d. h. wiederholte Messungen kommen immer wieder zum selben Ergebnis.

Skala dient zur Zuordnung eines Messergebnisses zu einem Zahlenwert, die dann eine Ordnung der gemessenen Ausprägungen einer Messgröße erlaubt. Je nach Art des angestrebten Vergleichs, muss eine entsprechende Skala gewählt werden (Nominal-, Ordinal-, Intervall- oder Verhältnisskalen).

Sozialindikatoren Messinstrumente zur Abbildung gesellschaftlicher Sachverhalte und Entwicklungsvorgänge.

Standardisierung Vereinheitlichung einer Skala oder eines Messprozesses.

Stiftung In einer Stiftung verfügt und verselbständigt der Stiftende ein Kapitel, dessen Anlageerträge dann für einen bestimmten Verwendungszweck, einen vorab festgelegten Stiftungszweck genutzt werden.

Strategie bezeichnet einen Handlungsplan, um ein langfristiges oder grundlegendes Ziel zu erreichen. Strategien beinhalten im Allgemeinen das Setzen von Zielen, das Bestimmen von Maßnahmen zum Erreichen der Ziele und das Mobilisieren von Ressourcen zur Ausführung der Maßnahmen. Der Begriff findet heute in verschiedensten Kontexten Anwendung von der Entwicklungsplanung von Organisationen über Strategien in der Lebens- oder Kriegsführung bis hin zu Spielstrategien.

Szientometrie ist die Lehre der quantitativen Methode zum Vermessen wissenschaftlicher Aktivitäten. Sie misst mit quantitativen mathematischen oder statistischen Methoden die Wissensproduktion, ohne dabei eine Aussage zu der Qualität der Forschung, Lehre oder des erlangten Wissens abzugeben.

Unsicherheit Mangel an Sicherheit; quantitativ im Sinne des Auftretens von Ereignissen oder auch qualitativ hinsichtlich der Eigenschaften solcher Ereignisse wie auch von Reliabilität (siehe Reliabilität) und Validität (siehe Validität).

Validität Gültigkeit der Messung, d. h. es wurde gemessen, was gemessen werden sollte.

Wirkungsindikatoren sollen den potenziellen gesellschaftlichen Nutzen anwendungsorientierter Forschung erfassen. Ursprünglich wurden sie entwickelt, um Umweltwirkungen im Rahmen einer Ökobilanzierung gemäß ISO 14040 ff. von Produkten zu beurteilen sowie Produkt- und Verfahrensalternativen zu bewerten.

Z-Transformation Standardisierung einer Skala, bei der ihr Mittelwert auf Null gesetzt und die einzelnen Werte in Standardabweichungseinheiten übertragen werden. Hierzu wird vom realen Messwert der Mittelwert abgezogen und das Ergebnis durch die Standardabweichung dividiert.

Literatur

Adam, M. 2017. Drittmittelaufwuchs und leistungsorientierte Mittelverteilung: Zur Entwicklung wettbewerblicher Steuerungsinstrumente seit 1970. In Christoph Dipper, Manfred Efinger, Isabell Schmidt, Dieter Schott (Hrsg.) *Epochenschwelle in der Wissenschaft. Beiträge zu 140 Jahren TU/TU Darmstadt (1877–2017)* (S. 301–313). Darmstadt: Justus von Liebig Verlag.

an der Heiden, M., & U. Buchholz. 2020. Modellierung von Beispielszenarien der SARS-CoV-2-Epidemie 2020 in Deutschland. Robert Koch Institut. https://www.rki.de/DE/Content/InfAZ/N/Neuartiges_Coronavirus/Modellierung_Deutschland.pdf?__blob=publicationFile (zuletzt abgerufen am 1.11.2022).

an der Heiden, M., & O. Hamouda. 2020. Schätzung der aktuellen Entwicklung der SARS-CoV-2-Epidemie in Deutschland – Nowcasting. *Epidemiologisches Bulletin* 17:10–15. https://doi.org/10.25646/6692.2.

Andes, L. 2019. *Methodensammlung zur Nachhaltigkeitsbewertung – Grundlagen, Indikatoren, Hilfsmittel.* Karlsruhe: Karlsruher Institut für Technologie.

Aristoteles. 1998. *Die Kategorien.* Übers. und hrsg. von Ingo W. Rath. Stuttgart: Reclam.

Arndt, C., & C. P. Oman. 2006. Uses and Abuses of Governance Indicators. Paris: OECD Development Centre Policy Studies.

AutorInnengruppe Bildungsberichterstattung. 2022. *Bildung in Deutschland 2022. Ein indikatorengestützter Bericht mit einer Analyse zum Bildungspersonal.* Bielefeld: wbv Publikation.

Bacher, J., Hirtenlehner, H., & A. Kupfer. 2010. Politische und soziale Folgen von Bildungsarmut. In G. Quenzel & K. Hurrelmann (Hrsg.), *Bildungsverlierer* (S. 475–496). Wiesbaden: VS Verlag für Sozialwissenschaften. https://doi.org/10.1007/978-3-531-92576-9_17.

Baecker, D. 2006. *Wirtschaftssoziologie.* Bielefeld: Transcript

Bartl, W., Papilloud, C., & Terracher-Lipinski, A., (eds.). 2019. Governing by Numbers. Key Indicators and the Politics of Expectations. *Historical Social Research* 44(2), special issue.

Basta, C. 2012. Risk and Spatial Planning. In S. Roeser, R. Hillerbrand, P. Sandin & M. Peterson (Hrsg.), *Handbook of Risk Theory* (S. 265–294). Dordrecht: Springer.

Bastow, S., P. Dunleavy, & J. Tinkler. 2014. *The Impact of the Social Sciences: How Academics and their Research Make a Difference.* London: SAGE Publications.

Baumann, M., J.F. Peters, M. Weil, M., & A. Grunwald. 2017. CO_2 Footprint and Life-Cycle Costs of Electrochemical Energy Storage for Stationary Grid Applications. *Energy Technology* 5(7):1071–1083.

BBC. 2022. World's top graduates get new UK visa option. https://www.bbc.com/news/uk-61628740 (zuletzt abgerufen am 08.07.2022).

© Der/die Herausgeber bzw. der/die Autor(en), exklusiv lizenziert an Springer Fachmedien Wiesbaden GmbH, ein Teil von Springer Nature 2023
J. Mörtel et al. (Hrsg.), *Indikatoren in Entscheidungsprozessen,*
https://doi.org/10.1007/978-3-658-40638-7

Beck, U., A. Giddens, & S. Lash. 1996. *Reflexive Modernisierung. Eine Kontroverse.* Frankfurt am Main: Suhrkamp.

Beckert, J. & P. Aspers (Hrsg.). 2011. *The Worth of Goods. Valuation & Pricing in the Economy.* Oxford: Oxford University Press.

Belcher, B. M., K. E. Rasmussen, M. R. Kemshaw, & D. A. Zornes. 2016. Defining and assessing research quality in a transdisciplinary context. *Research Evaluation* 25(1):1–17.

Belcher, B. M., R. Claus, R. Davel, & S. Jones. 2021. Evaluating and improving the contributions of university research to social innovation. *Social Enterprise Journal.* 18(1). https://doi.org/10.1108/SEJ-10-2020-0099.

Bellmann, J. 2005. Ökonomische Dimensionen der Bildungsreform. unbeabsichtigte Folgen, perverse Effekte, Externalitäten. *Neue Sammlung* 45:15–31.

Bellmann, J., & T. Müller (Hrsg.). 2011. *Wissen was wirkt. Kritik evidenzbasierter Pädagogik.* Wiesbaden: VS Verlag für Sozialwissenschaften.

Bendavid, E., C. Oh, J. Bhattacharya, & J. P. A. Ioannidis, J. P. A. 2021. Assessing Mandatory Stay-at-Home and Business Closure Effects on the Spread of COVID-19. *European Journal of Clinical Investigation*, e13484. https://doi.org/10.1111/eci.13484.

Bennett, C. 1975. Up the hierarchy. *Journal of Extension* 13 (2):7–12.

Bergmann, M., T. Jahn, T. Knobloch, W. Krohn, C. Pohl, & E. Schramm. 2010. *Methoden transdisziplinärer Forschung.* Frankfurt am Main: Campus Verlag.

Bernard, A. 2017. *Komplizen des Erkennungsdienstes. Das Selbst in der digitalen Kultur.* Frankfurt am Main: S. Fischer.

Bickel, P.J., E.A. Hammel, & J.W. O´Connell. 1975. Sex bias in graduate admissions: data from berkeley. *Science* 187:398–404.

Biesta, G. 2007. Why 'what works' won't work. Evidence-based practice and the democratic deficit of educational research. *Educational Theory* 57(1):1–22.

Binswanger, M. 2010. *Sinnlose Wettbewerbe. Warum wir immer mehr Unsinn produzieren.* Freiburg: Herder.

Binswanger, M. 2013. Excellence by Nonsense: The Competition for Publications in Modern Science. In S. Bartling & S. Friesike (Hrsg.): *Opening Science: The Evolving Guide on How the Internet is Changing Research, Collaboration and Scholarly Publishing* (S. 49–72). Springer Open.

Binswanger, M. 2015. How Nonsense Became Excellence: Forcing Professors to Publish. In I. Welpe, J. Wollersheim, S. Ringelhahn & M. Osterloh (Hrsg.): *Incentives and Performance – Governance of Research Organizations* (S. 19–32). Heidelberg: Springer.

Binswanger, M. 2015. Sinnlose Wettbewerbe in der Wissenschaft. In P. Grimm & O. Zöllner (Hrsg.): *Ökonomisierung der Wertsysteme. Der Geist der Effizienz im mediatisierten Alltag.* Stuttgart: F. Steiner.

Blundo Canto, G., A. de Romemont, E. Hainzelin, G. Faure, C. Monier, B. Triomphe, & D. Barret. 2018. *ImpreS ex ante. An approach for building ex ante impact pathways.* Cirad.

Böhme, G. 1976. Quantifizierung – Metrisierung. *Zeitschrift für allgemeine Wissenschaftstheorie* 7(2):209–222 (Wiederabdruck in: Schlaudt, O. (Hrsg.). 2009. *Die Quantifizierung der Natur. Klassische Texte der Messtheorie von 1696 bis 1999.* Paderborn: mentis).

Bogorin, F. E., O. Rauscher, & C. Schober. 2019. Folgestudie zum gesellschaftlichen und ökonomischen Nutzen der stationären Alten- und Pflegeeinrichtungen im Burgenland mittels einer SROI-Analyse. https://epub.wu.ac.at/id/eprint/8416 (zuletzt abgerufen am 1.11.2022).

Boring, E. C. 1923. Intelligence as the tests test it. *New Republic* 36:35–37.

Bormann, I. 2012a. Indikatoren für Innovation – ein Paradox? In I. Bormann, R. John, J. Aderhold (Hrsg.) *Indikatoren des Neuen. Innovation und Gesellschaft* (S. 39–57). Wiesbaden: VS Verlag für Sozialwissenschaften.

Bormann, I. 2012b. Vertrauen in Institutionen der Bildung oder: Vertrauen ist gut – Ist Evidenz besser? *Zeitschrift für Pädagogik* 58(6): 812–823.

Bormann, I., K. Brøgger, M. Pol, B. & Lazarová. 2021. COVID-19 and its effects: On the risk of social inequality through digitalization and the loss of trust in three European education systems. *European Educational Research Journal* 20(5): 610–635.

Bormann, I., & R. John. 2014. Trust in the education system–thoughts on a fragile bridge into the future. *European Journal of Futures Research* 2(1): 1–12.

Bornmann, L., & W. Marx. 2014. How should the societal impact of research be generated and measured? A proposal for a simple and practicable approach to allow interdisziplinary comparisons. *Scientometrics* 98:211–219.

Bornmann, L., R. & Mutz. 2015. Growth rates of modern science: A bibliometric analysis based on the number of publications and cited references. *Journal of the Association of Information Science and Technology* 66(11):2215–2222.

Böschen, S., M. Schneider, & A. Lerf (Hrsg.). 2004. *Handeln trotz Nichtwissen. Vom Umgang mit Chaos und Risiko in Politik, Industrie und Wissenschaft.* Frankfurt: Campus.

Böschen, S., M. Sotoudeh, & V. Stelzer. 2019. Indicator work: Context-neutralizing and context-open strategies in the analysis of complex problems. *TATuP – Zeitschrift für Technikfolgenabschätzung in Theorie und Praxis* 28(1):45–51. https://doi.org/10.14512/tatup.28.1.45.

Breiing, A. & R. Knosala. 1997. *Bewerten technischer Systeme. Theoretische und methodische Grundlagen bewertungstechnischer Entscheidungshilfen.* Berlin: Springer.

Bröckling, U. 2007. *Das unternehmerische Selbst, Soziologie einer Subjektivierungsform,* Frankfurt am Main.

Bröckling, Ulrich 2017: Nudging, Gesteigert Tauglichkeit, vertiefte Unterwerfung. In Ders. *Gute Hirten führen sanft, Über Menschenregierungskünste.* Berlin: Suhrkamp.

Bromme, R., & D. Kienhues. 2014. Wissenschaftsverständnis und Wissenschaftskommunikation. In T. Seidel & A. Krapp (Hrsg.), *Pädagogische Psychologie* (S. 55–81). Weinheim: Beltz Juventa.

Brown, M. G., & R. A. Svenson. 1988. Measuring R&D Productivity. *Research-Technology Management* 31:11–15.

Brubacher, J.S. (1967) The autonomy of the University. How independent is the Republic of Scholars? *Journal of Higher Education* 5:237–249.

Bruder, K.-J., A. Bruder-Bezzel, & J. Günther, J. (Hrsg.). 2022. *Corona – Inszenierung einer Krise.* Berlin: Sodenkamp & Lenz.

Bruno, I., & und E. Didier. 2013. *Benchmarking. L'état sous pression.* Paris: La Découverte.

Bundesregierung. 2021. Mehr Fortschritt wagen. Bündnis für Freiheit, Gerechtigkeit und Nachhaltigkeit. Koalitionsvertrag zwischen SPD, Bündnis 90/Die Grünen und FDP. Berlin: Bundesregierung. https://www.bundesregierung.de/resource/blob/974430/1990812/04221173eef9a6720059cc353d759a2b/2021-12-10-koav2021-data.pdf?download=1 (zuletzt abgerufen am 1.11.2022).

Burkart, R. 2019. *Kommunikationswissenschaft. Grundlagen und Problemfelder einer interdisziplinären Sozialwissenschaft.* 5. Auflage. Wien u. a.: Böhlau.

Burger, P. & M. Christen. 2011. Towards a capability approach of sustainability. *Journal of Cleaner Production* 19(8):787–795.

Burgelman J.-C., C. Pascu, K. Szkuta, R. Von Schomberg, A. Karalopoulos, K. Repanas & M. Schouppe. 2019. Open Science, Open Data, and Open Scholarship: European Policies to Make Science Fit for the Twenty-First Century. *Front. Big Data* 2:43.

Busco, C., A. Riccaboni, & R. W. Scapens. 2006. Trust for accounting and accounting for trust. *Management Accounting Research* 17 (1): 11–41.

Byambasuren, O., M. Cardona, K. Bell, J. Clark, M.-L. McLaws, & P. Glasziou. 2020. Estimating the extent of asymptomatic COVID-19 and its potential for community transmission: Systematic review and meta-analysis. *Official Journal of the Association of Medical Microbiology and Infectious Disease Canada (JAMMI)*, 5(4):223–234. https://doi.org/10.3138/jammi-2020-0030.

Campbell, D. T. 1979. Assessing the impact of planned social change. *Evaluation and Program Planning* 2(1): 67–90. https://doi.org/10.1016/0149-7189(79)90048-X.

Cassirer, E. 1944. *An Essay on Man. An Introduction to an Philosophy of Human Culture*. New Haven: Yale University Press.

Castoriadis, C. 1978. Science moderne et interrogations philosophiques. In Ders. *Les Carrefours du labyrinthe I*, 191–285. Paris: Éditions du Seuil.

Chirikov, I. 2021. Does Conflict of Interest Distort Global University Rankings? Berkeley Center for Studies in Higher Education – Research & Occasional Paper Series, CSHE.5.2021, https://escholarship.org/uc/item/8hk672nh (zuletzt abgerufen am 28.01.2022).

Cevolini, A. 2013. Versicherung statt Verantwortung Das Problem der Vorsorge in der modernen Gesellschaft. In R. John, J. Rückert-John, & E. Esposito (Hrsg.) *Ontologien der Moderne. Innovation und Gesellschaft* (S. 153–164). Wiesbaden: Springer VS.

Chamayou, G. 2018. *La société ingouvernable. Une généalogie du libéralisme autoritaire*. Paris: La Fabrique.

Chatham House. 2021. *The UK's Kleptocracy Problem*. https://www.chathamhouse.org/2021/12/uks-kleptocracy-problem (zuletzt abgerufen am 1.11.2022).

Chatterji, A. K., R. Durand, D.I. Levine, & S. Touboul. 2016. Do ratings of firms converge? Implications for managers, investors and strategy researchers. *Strategic Management Journal* 37(8):1597–1614.

Chrystal, A., & P. Mizen. 2003. Goodhart's Law: Its Origin, Meaning and Implications for Monetary Policy. In P. Mizen (Hrsg.), *Central Banking, Monetary Theory and Practice. Essays in Honour of Charles Goodhart*. Vol 1. Cheltenham: Elgar. https://doi.org/10.4337/9781781950777.

Clemens, W. 2000. Angewandte Sozialforschung und Politikberatung – Praxisbezüge empirischer Forschung am Beispiel der Alternsforschung. In W. Clemens & J. Strübing (Hrsg.), *Empirische Sozialforschung und gesellschaftliche Praxis* (S. 211–232). Opladen: Leske & Budrich.

Coenen, C., A. Ferrari, & A. Grunwald. 2018. Wider die Begrenzung der Enhancement-Debatte auf angewandte Ethik. In N. Erny et al. (Hrsg.), *Die Leistungssteigerung des menschlichen Gehirns* (S. 57–85). Wiesbaden: Springer VS.

Colquitt, J. A., B. A. Scott, & J. A. LePine. 2007. Trust, trustworthiness, and trust propensity: a meta-analytic test of their unique relationships with risk taking and job performance. *The Journal of applied psychology* 92(4): 909–927.

Cooley, A., & J. Snyder (Hrsg.). 2015. *Ranking the World: Grading States as a Tool of Global Governance*. Cambridge: Cambridge University Press.

Corman, V. M., O. Landt, M. Kaiser, R. Molenkamp, A. Meijer, D.K. Chu, C. Drosten. 2020. Detection of 2019 novel coronavirus (2019-nCoV) by real-time RT-PCR. *Eurosurveillance*, 25(3):2000045. https://doi.org/10.2807/1560-7917.ES.2020.25.3.2000045.

Couturat, L. 1901. *La Logique de Leibniz*. Paris: Alcan.

Craig, A. D. 2009. How do you feel – now? The anterior insula and human awareness. *Nature Reviews Neuroscience* 10:59–70.

Crouch, C. 2016. *The Knowledge Corrupters. Hidden Consequences of the Financial Takeover of Public Life*. Cambridge: Polity Press.

Davis, J., J.P.D. Gordon, & D. Templeton. 2008. *Guidelines for assessing the impacts of ACIAR´s research activities*. ACIAR Impact Assessment Series Report No. 58. https://www.aciar.gov.au/sites/default/files/legacy/node/10103/ias58_pdf_20268.pdf (zuletzt abgerufen am 1.11.2022).

Davis, K., A. Fisher, B. Kingsbury, & S. E. Merry (Hrsg.). 2012. *Governing by Indicators. Global Power through Quantification and Rankings*. Oxford: Oxford University Press.

Davis, K. E., B. Kingsbury, & S. E. Merry. 2012. Indicators as a Technology of Global Governance. *Law & Society Review* 46(1):71–104.

De Larochelambert, Q., A. Marc, J. Antero, E. Le Bourg, & J.-F. Toussaint. 2020. Covid-19 Mortality: A Matter of Vulnerability Among Nations Facing Limited Margins of Adaptation. *Frontiers in Public Health* 8(782). https://doi.org/10.3389/fpubh.2020.604339.

de Vries, W.F.M. 2001. Meaningful measures. Indicators on Progress, Progress on Indicators, *International Statistical Review* 69(2): 313–331.

Deci, E. L. 1971. Effects of externally mediated rewards on intrinsic motivation. *Journal of Personality and Social Psychology* 18(1):105–115.

DeGEval. 2016. Standards für Evaluation. Mainz: DeGEval – Gesellschaft für Evaluation. https://www.degeval.org/fileadmin/Publikationen/DeGEval-Standards_fuer_Evaluation.pdf (zuletzt abgerufen am 24.02.2022).

Dehning, J., J. Zierenberg, F.P. Spitzner, M. Wibral, J.P. Neto, M. Wilczek, & V. Priesemann. 2020. Inferring change points in the spread of COVID-19 reveals the effectiveness of interventions. *Science* 369(6500), eabb9789. https://doi.org/10.1126/science.abb9789.

Deleuze, G. 1993. Postskriptum über die Kontrollgesellschaften. In ders. *Unterhandlungen. 1972–1990*, 254–262. Frankfurt am Main: Suhrkamp.

Demortain, D. 2019. The Politics of Calculation. Towards a sociology of quantification in governance. *Revue d'anthropologie des connaissances* 13(4):973–990.

Desrosières, A. 2005. Die Politik der großen Zahlen: Eine Geschichte der statistischen Denkweise. 2. Auflage. Berlin und Heidelberg: Springer.

Desrosières, A. 2012. Est-il bon, est-il méchant? Le rôle du nombre dans le gouvernement de la cité néolibérale. *Nouvelles perspectives en sciences sociales* 7(2):261–295.

Desrosières, A. 2014. *Prouver et gouverner. Une analyse politique des statistiques publiques*. Paris: La Découverte.

Deutsche Nachhaltigkeitsstrategie der Bundesregierung (2021): *Deutsche Nachhaltigkeitsstrategie. Weiterentwicklung 2021*. https://www.bmuv.de/themen/nachhaltigkeit-digitalisierung/nachhaltigkeit/strategie-und-umsetzung/deutsche-nachhaltigkeitsstrategie (zuletzt abgerufen am 1.11.2022).

Deutscher Bundestag (2018), Drucksache 19/6066, 28. November.

DFG. 2010. *Jahresbericht 2010*. Bonn: DFG.

DFG. 2020. *Jahresbericht 2020*. Bonn: DFG.

DFG. 2022. *Academic Publishing as a Foundation and Area of Leverage for Research Assessment. Position Paper*. Bonn: DFG. https://www.dfg.de/download/pdf/foerderung/grundlagen_dfg_foerderung/publikationswesen/positionspapier_publikationswesen_en.pdf (zuletzt abgerufen am 29.6.2022).

Diehl, K. 2018. *Impact Assessment Regime for Sustainable Agricultural Innovation Processes: the Triple Helix System of Innovation for Sustainability (THIS)*. https://doi.org/10.18452/19312.

Diekmann, J., W. Eichhammer, A. Neubert, H. Rieke, B. Schlomann & H.-J. Ziesing. 1999. Energie-Effizienz-Indikatoren. Statistische Grundlagen, theoretische Fundierung und Orientierungsbasis für die politische Praxis. Berlin: Springer

Döttling, R. & K. Sehoon. 2021. ESG Investments and Investors´Preferences. *CESifo Forum* 3/2021 Vol. 22. https://www.cesifo.org/de/publikationen/2021/aufsatz-zeitschrift/esg-investments-and-investors-preferences.

Douthwaite, B., S. Alvarez, J. D. H. Keatinge, R. Mackay, G. Thiele, & J. Watts. 2009. *Participatory impact pathways analysis (PIPA) and research priority assessment*. https://www. researchgate.net/publication/287020432_Participatory_impact_pathways_analysis_PIPA_and_ research_priority_assessment (zuletzt abgerufen am 10.02.2022).

Drummond, M., M. Sculpher, K. Claxton, G. Stoddart, & G. Torrance. 2015. *Methods for the Economic Evaluation of Health Care Programmes*. 4. Auflage. Oxford: Oxford University Press.

Dubben, H.-H., & H.-P. Beck-Bornholdt. 2006. *Mit an Wahrscheinlichkeit grenzender Sicherheit. Logisches Denken und Zufall*. Reinbek bei Hamburg: Rowohlt.

Duttweiler, S., R. Gugutzer, J.-H. Passoth, & J. Strübing (Hrsg.). 2016: *Leben nach Zahlen, Self-Tracking als Optimierungsprojekt?* Bielefeld: Transcript.

Eaton, J. S. 2003. The value of accreditation: four pivotal roles. *Letter from the President*. Washington: Council for Higher Education Accreditation. https://www.chea.org/value-accreditation-four-pivotal-roles (zuletzt abgerufen am 24.02.2022).

Eaton, J., M. Gersowitz & J. Stiglitz. 1986. The Pure Theory of Country Risk. *European Economic Review* 30(3):481–513.

Engel, J., & N. Szech. 2020. Little Good is Good Enough: Ethical Consumption, Cheap Excuses, and Moral Self-Licensing. *PLoS ONE* 15(1): e0227036. https://doi.org/10.1371/journal. pone.0227036.

Erhardt, M., V. Meyer-Guckel, & M. Winde (Hrsg.). 2008. *Leitlinien für die deregulierte Hochschule*. Stifterverband für die deutsche Wissenschaft, Heinz Nixdorf Stiftung. file:///C:/Users/ bi17onet/AppData/Local/Temp/leitlinien_fuer_die_deregulierte_hochschule.pdf   (zuletzt abgerufen am 31.01.2022)

Espeland, W. N., & M. Sauder. 2007. Rankings and reactivity: How public measures recreate social worlds. *American journal of sociology* 113(1):1–40.

Espeland, W., & M. Sauder. 2016. *Engines of Anxiety: Academic Rankings, Reputation, and Accountability*. New York: Russell Sage Foundation.

Espeland, W., & M. Stevens. 1998. Commensuration as a social process. *Annual Review of Sociology* 41(1):313–343. https://doi.org/10.1146/annurev.soc.24.1.313.

EU Council. 2022. *Council conclusions on "Research assessment and implementation of Open Science", adopted on 10 June 2022*. https://www.consilium.europa.eu/media/56958/st10126-en22.pdf (zuletzt abgerufen am 30.6.2022).

European Commission. 2014. *Vademecum on Gender Equality in Horizon 2020*. RTD-B/ "Science with and for Society" https://genderedinnovations.stanford.edu/VademecumonGenderEqualityi nHorizon2020.pdf (zuletzt abgerufen am 26.02.2020).

European Commission. 2018. *Monitoring the evolution and benefits of Responsible Research and Innovation. Executive summary/Résumé*. https://doi.org/10.2777/542607.

Europäische Union. 2019. Beratungsergebnisse Rat der Europäischen Union vom 24.10.2019. https://data.consilium.europa.eu/doc/document/ST-13432-2019-INIT/de/pdf (zuletzt abgerufen am 12.01.2022).

Europäische Union. 2022. Europäische Säule sozialer Rechte. https://ec.europa.eu/info/sites/ default/files/social-summit-european-pillar-social-rights-booklet_de.pdf (zuletzt abgerufen am 12.02.2022).

Eurostat. 2022. Social scorebord indicators. https://ec.europa.eu/eurostat/web/european-pillar-of-social-rights/indicators/social-scoreboard-indicators (zuletzt abgerufen am 12.01.2022).

Everts, J. 2020. The dashboard pandemic. *Dialogues in Human Geography* 10(2):260–264. https:// doi.org/10.1177/2043820620935355.

FAO. 2014. *SAFA-Guidelines, Sustainability Assessment of Food and Agriculture Systems. Version 3.0*. https://www.fao.org/3/i3957e/i3957e.pdf (zuletzt abgerufen am 1.11.2022).

Ferguson, N., D. Laydon, G. Nedjati Gilani, N. Imai, K. Ainslie, M. Baguelin, . . . & A. Ghani. 2020. *Impact of non-pharmaceutical interventions (NPIs) to reduce COVID19 mortality and healthcare demand.* https://www.imperial.ac.uk/media/imperial-college/medicine/mrc-gida/2020-03-16-COVID19-Report-9.pdf (zuletzt abgerufen am 1.11.2022).

Ferretti, J., K. Daedlow, J. Kopfmüller, M. Winkelmann, A. Podhora, R. Walz, J. Bertling, & K. Helming. 2016. *Reflexionsrahmen für Forschen in gesellschaftlicher Verantwortung.* BMBF-Projekt „LeNa – Nachhaltigkeitsmanagement in außeruniversitären Forschungs-organisationen", Berlin. https://nachhaltig-forschen.de/fileadmin/user_upload/Reflexions-rahmen_DRUCK_2016_09_26_FINAL.pdf (zuletzt abgerufen am 1.11.2022).

Fiedeler, U., & M. Nentwick. 2009. Begleitforschung. Zur Klärung eines politischen Begriffs. *Technikfolgenabschätzung – Theorie und Praxis* 18(2):94–102.

Fioramonti, L. 2013. *How Numbers Rule the World. The Use and Abuse of Statistics In Global Politics.* London: ZED Books.

Fisher, Mark. 2009. *Capitalist Realism. Is there no alternative?* Winchester (UK): O Books.

Flood, J. 2010. *The Fires. How a computer formula, big ideas, and the best of intentions burned down New York City – and determinded the future of cities.* New York: Riverhead Books.

Floruß, F. 2021. *Abgasnormen für Kraftfahrzeuge. Notwendigkeiten, Technologien und gesetzliche Regelungen.* München: GRIN.

Foucault, M. 1977a. *Überwachen und Strafen. Die Geburt des Gefängnisses.* Frankfurt a.M.: Suhrkamp.

Foucault, M. 1977b. *Der Wille zum Wissen, Sexualität und Wahrheit I,* Frankfurt am Main: Suhrkamp.

Foucault, M. 1984. *Von der Freundschaft.* Berlin: Suhrkamp.

Foucault, M. 1993. About the beginning of the Hermeneutics of the Self. *Political Theory* 21 (1993), S. 198–227, hier S. 203 f.; zit. nach Thomas Lemke/Krasmann, Susanne/Bröckling, Ulrich, Gouvernementalität, Neoliberalismus und Selbsttechnologien. Eine Einleitung, in: dies. (Hrsg.), Gouvernementalität, Frankfurt am Main, 7–40

Foucault, M. 1996: *Der Mensch ist ein Erfahrungstie.* Frankfurt am Main: Suhrkamp.

Foucault, M. 1998: *Überwachen und Strafen, Die Geburt des Gefängnisses.* Frankfurt am Main: Suhrkamp.

Foucault, M. 2004: *Die Geburt der Biopolitik, Geschichte der Gouvernementalität II.* Frankfurt am Main: Suhrkamp.

Frietsch, R., T. Schubert; A. Feidenheimer, & C. Rammer. 2018. *Innovationsindikator 2018.* Berlin, Karlsruhe, Mannheim: Bundesverband der Deutschen Industrie.

Fukuyama, F. 1989. The end of history? *The National Interest* 16:3–18.

Frey, B. S., & F. Oberholzer-Gee. 1997. The cost of price incentives: an empirical analysis of motivation crowding-out. *American Economic Review* 87:746–755.

Frey, B. S., & R. Jegen. 2001. Motivation crowding theory. *Journal Economic Surveys* 15(5):589–611.

Frønes, I. 2007. Theorizing Indicators. On Indicators, Signs and Trends. *Social Indicator Research* 83 (1): 5–23.

Ghosh, B., P. Kivimaa, M. Ramirez, J. Schot, & J. Torrens. 2020. Transformative Outcomes: Assessing and Reorienting experimentation with transformative innovation policy. *Science and Public Policy* 48(5):739–756. https://doi.org/10.1093/scipol/scab045.

Giddens, A. 1996. Risiko, Vertrauen, Reflexivität. In U. Beck, A. Giddens, & S. Lash (Hrsg.) *Reflexive Modernisierung. Eine Kontroverse* (S. 316–338). Frankfurt am Main: Suhrkamp.

Giddens, A. 1996. *Konsequenzen der Moderne.* Frankfurt am Main: Suhrkamp.

Global Reporting Initiative GRI. 2022. GRI Standards 2022. https://www.globalreporting.org/how-to-use-the-gri-standards/gri-standards-english-language/ (zuletzt abgerufen am 19.03.2022).

Global Reporting Initiative GRI. 2016. GRI Standards. GRI 412. Human Rights Assessment. https://www.globalreporting.org/standards/media/1027/gri-412-human-rights-assessment-2016. pdf (abgerufen am 22.03.2022).

Godin, B., & C. Doré .2005. *Measuring the Impacts of Science: Beyond the Economic Dimension.* Online verfügbar unter http://www.csiic.ca/PDF/Godin_Dore_Impacts.pdf (zuletzt abgerufen am 10.02.2022).

Golnaz Maleki. 2019. *Vergleich von DEA-basierten Analysemodellen zur Analyse einer effizienz-orientierten Verteilung von Mitteln aus dem Leistungsbudget auf der Fakultätsebene*, Diss. Universität Duisburg-Essen. https://doi.org/10.17185/duepublico/71326.

Goodhart, C. E. A. 1975. Problems of monetary management: the UK experience. In A. S. Courakis (Ed.). *Inflation, depression, and economic policy in the West*, pp. 111– 146. Rowman & Littlefield. (reprinted as ch. III of: Goodhardt 1984.)

Goodhart, C. E. A. 1984. *Monetary Theory and Practice. The UK experience.* London: Macmillan.

Graeber, D., & D. Wengro. 2021. *The Dawn of Everything. A new history of humanity.* New York: Farar, Straus and Giroux.

Granig, P., & S. Perusch. 2012. Grundlagen des Innovationsmanagements. In P. Granig & Sandra Perusch (Hrsg.), *Innovationsrisikomanagement im Krankenhaus* (S. 21–86). Wiesbaden: Gabler Verlag.

Großmann, D. & T. Wolbring. 2016. Stand und Herausforderungen der Evaluation an deutschen Hochschulen. In D. Großmann & T. Wolbring (Hrsg.) *Evaluation von Studium und Lehre* (S. 3–25). Wiesbaden: Springer.

Grünhaus, C. & O. Rauscher, O. 2021. Impact und Wirkungsanalyse in Nonprofit Organisationen, Unternehmen und Organisationen mitgesellschaftlichem Mehrwert. Kompetenzzentrum für Nonprofit Organisationen und Social Entrepreneurship. WU Wien. https://epub.wu.ac.at/id/eprint/8414 (zuletzt abgerufen am 1.11.2022).

Grünhaus, C. & O. Rauscher. 2022. Social Impact und Wirkungsanalyse. In C. Badelt, M Meyer & R. Simsa (Hrsg.): *Handbuch der Nonprofit Organisation.* 6. Auflage. Stuttgart: Schäffer-Poeschel.

Hansen, H.F., T. Aarrevaara, L. Geschwind, & B. Stensaker. 2019. Evaluation practices and impact: overload? In R. Pinheiro, L. Geschwind, H.F. Hansen & K. Pulkkinen (eds.) *Reforms, Organizational Change and Performance in Higher Education. A comparative account from the Nordic countries* (pp. 235–266). Cham: Springer.

Hartig, J., A. Frey & N. Jude. 2012. Validität. In H. Moosbrugger & A. Kelava, A. (Hrsg.), *Testtheorie und Fragebogenkonstruktion* (S. 144–173), Berlin/Heidelberg: Springer.

Hartmann, E. A., S. von Engelhardt, M. Hering, L. Wangler, & N. Birner. 2014. Der iit-Innovationsfähigkeitsindikator: Ein neuer Blick auf die Voraussetzungen von Innovationen. *iit perspektive* Nr. 16.

Hazelkorn, E., & G. Mihut (Hrsg.). 2021. *Research Handbook on University Rankings. Theory, Methodology, Influence and Impact.* Cheltenham: Edward Elgar.

Hazelkorn, E., & G. Mihut. 2022. 20 years on, what have we learned about global rankings? *World University News* 22 January 2022, https://www.universityworldnews.com/post. php?story=20220119134808246 (zuletzt abgerufen am 28.1.2022).

Henke, J., & D. Dohmen. 2012. Wettbewerb durch leistungsorientierte Mittelzuweisungen? Zur Wirksamkeit von Anreiz- und Steuerungssystemen der Bundesländer auf Leistungsparameter der Hochschulen. *Die Hochschule* 2/2012:100–120.

Herb, U. 2012. Offenheit und wissenschaftliche Werke: Open Access, Open Review, Open Metrics, Open Science & Open Knowledge. In U. Herb (Hrsg.): *Open initiatives. Offenheit in der digitalen Welt und Wissenschaft. (Saarbrücker Schriften zur Informationswissenschaft)* (S. 11–44). Saarbrücken: Universaar.

Hessen. 2021. Haushaltsplan des Landes Hessen für das Jahr 2021 – Einzelplan 15 für den Geschäftsbereich des Hessischen Ministeriums für Wissenschaft und Kunst. https://finanzen. hessen.de/sites/finanzen.hessen.de/files/2021-08/einzelplan_15_-_hessisches_ministerium_ fuer_wissenschaft_und_kunst_2.pdf (zuletzt abgerufen am 1.11.2022).

Hessisches Ministerium für Wissenschaft und Kunst. 2020. *Hessischer Hochschulpakt 2021–2025*, Hessisches Ministerium für Wissenschaft und Kunst. https://wissenschaft.hessen.de/sites/ wissenschaft.hessen.de/files/2021-06/200310_hhsp_2021-2025.pdf (zuletzt abgerufen am 29.6.2022).

Hillerbrand, R. 2013. Climate Simulations: Uncertain Projections for an Uncertain World. *Journal for General Philosophy of Science* 45:17–32.

Hillerbrand, R. & K. Goldammer. 2017. Energietechnik und ein gutes Leben: ein Plädoyer für einen neuen Energiediskurs. Kulturwissenschaftliches Institut Essen Working Paper Nr. 1/2017. https://duepublico2.uni-due.de/servlets/MCRFileNodeServlet/duepublico_ derivate_00046136/2017_01.pdf (zuletzt abgerufen am 1.11.2022).

Hillerbrand, M., & M. Huber (eds.). 2020. Quantifying Higher Education: Governing Universities and Academics by Numbers. *Politics and Governance* 8(2). Special Issue.

Hölder, E. & M Ehling, M. 1991. Zur Entwicklung der amtlichen Statistik in Deutschland. In W. Fischer, A. Kunz (Hrsg.), *Grundlagen der Historischen Statistik von Deutschland*. Schriften des Zentralinstituts für sozialwissenschaftliche Forschung der Freien Universität Berlin (S. 15–31). Wiesbaden: VS.

Hubig, C. 2002. *Mittel*. Bielefeld: Transcript-Verlag.

Hubig, C. 2006. *Die Kunst des Möglichen I. Technikphilosophie als Reflexion der Medialität*. Bielefeld: transcript Verlag.

Hubig, C. 2016. Indikatorenpolitik. Über konsistentes kommunikatives Handeln von Organisationen und Unternehmen. https://www.cssa-wiesbaden.de/fileadmin/Bilder/Bücher_ Broschüren/Papers-cssa/cssa-paper_Indikatorenpolitik_2_2016.pdf (zuletzt abgerufen am 07.05.2021).

Jaafar, R., S. Aherfi, N. Wurtz, C. Grimaldier, T. Van Hoang, P. Colson, . . . & B. La Scola. 2020. Correlation Between 3790 Quantitative Polymerase Chain Reaction–Positives Samples and Positive Cell Cultures, Including 1941 Severe Acute Respiratory Syndrome Coronavirus 2 Isolates. *Clinical Infectious Diseases*. https://doi.org/10.1093/cid/ciaa1491.

Jäckle, S., & U. Wagschal. 2022. Vertrauen in die Politik während der Corona-Krise. *dms – der moderne staat – Zeitschrift für Public Policy, Recht und Management* 15(1): 149–174.

Jahn, S., J. Newig, D. Lang, J. Kahle, & M. Bergmann. 2022. Demarcating transdisciplinary research in sustainability science – Five clusters of research modes based on evidence from 59 research projects. *Sustainable Development*, 30(2):343–357. https://doi.org/10.1002/sd.2278.

Jarren, O. & P. Donges (Hrsg.). 2017. *Politische Kommunikation in der Mediengesellschaft. Eine Einführung*. 2. Auflage. Wiesbaden: Springer VS.

Jornitz, S. 2009. Evidenzbasierte Bildungsforschung. *Pädagogische Korrespondenz* 40: 68–75.

Kaldewey, D. 2013. *Wahrheit und Nützlichkeit. Selbstbeschreibungen der Wissenschaft zwischen Autonomie und gesellschaftlicher Relevanz*. Bielefeld: transcript.

Kant, I. 2015. *Kritik der Urteilskraft*. Frankfurt a. M.: Suhrkamp.

Kant, I. 2016. *Grundlegung der Metaphysik der Sitten*. Frankfurt a. M.: Suhrkamp.

Kaplan, R. S., & D. P. Norton. 1997. *Balanced Scorecard*. Stuttgart: Schäffer-Poeschel.

Kappel, R., & H. Reisen. 2019. *G20 Compact with Africa: The Audacity of Hope*. Friedrich-Ebert-Stiftung, Berlin. https://www.fes.de/en/e/study-g20-compact-with-africa (zuletzt abgerufen am 1.11.2022).

Kaschny, M., M. Nolden, & S. Schreuder. 2015. *Innovationsmanagement im Mittelstand. Strategien, Implementierung, Praxisbeispiele*. Wiesbaden: Springer Gabler.

Kaufmann, D., A. Kraay, & M. Mastruzzi. 2010. *The Worldwide Governance Indicators: Methodology and Analytical Issues.* World Bank Policy Research Working Paper No. 5430, https://ssrn.com/abstract=1682130 (zuletzt abgerufen am 1.11.2022).

Kersting, M. 2008. Zur Akzeptanz von Intelligenz- und Leistungstests. *Report Psychologie* 33:420–433.

Kladroba, A., T. Buchmann, K. Friz, M. Lange & P. Wolf. 2021. *Indikatoren für die Messung von Forschung, Entwicklung und Innovation.* Wiesbaden: Springer Gabler.

Klautzer, L., S. Hanney, E. Nason, J. Rubin, J. Grant, & S. Wooding. 2011. Assessing policy and practice impacts of social science research: the application of the Payback Framework to assess the Future of Work programme. *Research Evaluation* 20(3):201–209. https://doi.org/10.3152/0 95820211X13118583635675.

Klement, R. J., & P. S. Bandyopadhyay. 2020. The Epistemology of a Positive SARS-CoV-2 Test. *Acta Biotheoretica* 69(3):359–375. https://doi.org/10.1007/s10441-020-09393-w.

KMK = Kultusministerkonferenz/IQB = Institut zur Qualitätssicherung im Bildungswesen. 2006. *Gesamtstrategie der Kultusministerkonferenz zum Bildungsmonitoring.* München: Luchterhand.

Kopp, B. V. 2008. Bildungssteuerung: Vom Drehen an der Stellschraube zu Governance. (Erweiterte und überarbeitete Fassung des Beitrags „Steuerung". In *Handwörterbuch Erziehungswissenschaft,* hrsg. v. J. Oelkers et al. Weinheim: Beltz). *Trends in Bildung international* 19:1–36.

Koschatzky, K., S. Daimer, J. Köhler, R. Lindner, L. Nabitz, P. Plötz, R. Walz, & P. Warnke. 2016. *Innovation system – thinking broader: Five theses addressing innovation policy for a new understanding of innovation systems.* Fraunhofer ISI, Online verfügbar unter https://www.isi.fraunhofer.de/content/dam/isi/dokumente/ccp/thesenpapiere/Position_Paper_Innovation_System.pdf (zuletzt abgerufen am 10.02.2022).

Koslowski, P., & B.P. Priddat (Hrsg.). 2006. *Ethik des Konsums.* München: Fink-Verlag.

Krainer, L., & V. Winiwarter. 2016. Die Universität als Akteurin transformativer Wissenschaft. *GAIA* 25(2):110–116.

Krause, G., & M. F. Schupp. 2019. Evaluating knowledge transfer at the interface between science and society. *GAIA* 28(3):284–293.

Kühl, S. 2020. *Siysyphus in Management. The futile search for the optimal organizational structure.* Hamburg: Organizational Dialogue Press.

Kuhlmann, S., J. Franzke, B. Dumas & M. Heine. 2021. *Daten als Grundlage für wissenschaftliche Politikberatung.* Potsdam: Universitätsverlag.

Krüger, U. 2013. *Meinungsmacht: der Einfluss von Eliten auf Leitmedien und Alpha-Journalisten. Eine kritische Netzwerkanalyse.* Köln: von Halem.

Kruse, S., R. Förster, P. Fry, A. Kläy, C. Kueffer, H. Moschitz, et al. 2015. Wissensaustausch zwischen Forschung und Praxis erfolgreich gestalten. *GAIA – Ecological Perspectives for Science and Society* 24(4):278–280. https://doi.org/10.14512/gaia.24.4.16.

Kühnapfel, Jörg B. 2019. *Vertriebskennzahlen.Kennzahlen und Kennzahlensysteme für das Vertriebsmanagement.* Wiesbaden: Springer Gabler Verlag.

Kuhbandner, C., S. Homburg, H. Walach, & S. Hockertz. 2021. Was Germany's Lockdown in Spring 2020 Necessary? How Bad Data Quality Can Turn a Simulation Into a Dissimulation that Shapes the Future. *Futures* 135:102879. https://doi.org/10.1016/j.futures.2021.102879.

Kuhl, J. 2001. *Motivation und Persönlichkeit: Interaktionen psychischer Systeme.* Göttingen, Bern: Hogrefes.

Kurtze, H., & C. Wehrmann. 2016. *Responsible Research and Innovation: reflexive Ethik in der Forschung.* Working Paper iit perspektive Nr. 27. https://www.iit-berlin.de/publikation/responsible-research-and-innovation-reflexive-ethik-in-der-forschung/ (zuletzt abgerufen am 1.11.2022).

Lang, D. J., A. Wiek, M. Bergmann, M. Stauffaucher, P. Martens, P. Moll, M. Swilling, & C J. Thomas. 2012. Transdisciplinary research in sustainability science: practice, principles, and challenges. *Sustainability Science* 7:25–43.

La Porta, R., F. Lopez-de-Silanes, & A. Shleifer. 2008. The Economic Consequences of Legal Origins. *Journal of Economic Literature* 46 (2): 285–332. https://doi.org/10.1257/jel.46.2.285.

Leiber, T. 2017. University governance and rankings. The ambivalent role of rankings for autonomy, accountability and competition. *Beiträge zur Hochschulforschung* 39 (3/4):30–51. http://www.bzh.bayern.de/uploads/media/3-4-2017-Leiber.pdf (zuletzt abgerufen am 24.02.2022).

Leiber, T. 2019a. Organizational change and development through quality management in higher education institutions: theory, practice, and recommendations for change agents. In R.G. Hamlin, A.D. Ellinger & J. Jones (eds.), *Evidence-Based Initiatives for Organizational Change and Development* (pp. 316–341). Hershey: IGI Global.

Leiber, T. 2019b. A general theory of learning and teaching and a related comprehensive set of performance indicators for higher education institutions. *Quality in Higher Education* 25(1): 76–97.

Leiber, T. 2020. Student experience and engagement surveys in context. Challenges, recommendations and success factors in international perspective. In P. Pohlenz, L. Mitterauer, S. Harris-Huemmert (eds.) *Qualitätssicherung im Student Life Cycle* (pp. 185–200). Münster: Waxmann.

Leiber, T. 2022a. Justifying, contextualising and operationalising performance indicators of learning and teaching: the role of theories and practice of learning and teaching. *Quality in Higher Education* 28(1):120–140.

Leiber, T. 2022b. Digital Transformation in Higher Education Learning and Teaching: The Quality Digital Literacy We Need. In B. Broucker, R. Pritchard, C. Milsom, & R. Krempkow (Eds.) *Transformation Fast and Slow: Quality, Trust and Digitalisation in Higher Education*. Leiden: Brill.

Leiber, T. & W. Meyer. 2019. Ethik in der Evaluation und ethische Aspekte der Standards für Evaluation. In W. Böttcher, J. Hense, W. Meyer & M. Kalman (Hrsg.) *Evaluation: Standards in unterschiedlichen Handlungsfeldern. Einheitliche Qualitätsansprüche trotz heterogener Praxis?* (S. 87–104). Münster: Waxmann.

Lepsius, R. M. 2017. Trust in Institutions. In M. R. Lepsius & C. Wendt (Hrsg.) *Max Weber and Institutional Theory* Bd. 45:79–87. Cham: Springer International Publishing.

Lesjak, D. 2019. Measuring Impacts of Science and Research on the Society: Development, Issues and Solutions. *Management* 14(3):219–236.

Lessmann, O. & F. Rauschmayer (eds.) 2013 . The Capability Approach and Sustainability. Abingdon: Routledge.

Lewis, J. D., & A.J. Weigert. 2012. The Social Dynamics of Trust: Theoretical and Empirical Research, 1985–2012. *Social Forces* 91(1):25–31.

Lienert, G. & U. Raatz. 1998. *Testaufbau und Testanalyse*. Weinheim: Beltz PVU.

Lotman, J.M. 2010. *Die Innenwelt des Denkens: Eine semiotische Theorie der Kultur*. Frankfurt am Main: Suhrkamp.

Luhmann, N. 1984. *Soziale Systeme. Grundriss einer allgemeinen Theorie*. Frankfurt a. M.: Suhrkamp.

Luhmann, N. 1998. *Die Gesellschaft der Gesellschaft*. Frankfurt a. M.: Suhrkamp.

Luhmann, N. 2014. *Vertrauen. Ein Mechanismus der Reduktion sozialer Komplexität*. Konstanz: UVK Verlag.

Lupton, D. 2016: *The Quantified Self. A Sociology of Self-Tracking*. Cambridge: Cambridge University Press.

Lux, A., M. Schäfer, M. Bergmann, T. Jahn, O. Marg, E. Nagy et al. 2019. Societal effects of transdisciplinary sustainability research—How can they be strengthened during the research process? *Environmental Science & Policy* 101:183–191. https://doi.org/10.1016/j.envsci.2019.08.012.

Maaz, H.-J. 2021. Kollektive Angststörung von (inter-)nationaler Tragweite. *Jahrbuch Psychotherapie* 1:7–18.

Mankins, J. 2004. *Technology readiness levels. A white paper.* NASA. Online verfügbar unter http://www.artemisinnovation.com/images/TRL_White_Paper_2004-Edited.pdf, zuletzt geprüft am 10.02.2022.

Mämecke, T. 2021. *Das quantifizierte Selbst. Zur Genealogie des Self-Trackings.* Bielefeld: Transcript.

Maier, A. 1951. *Zwei Grundprobleme der scholastischen Naturphilosophie: Das Problem der intensive Größe, die Impetustheorie.* Rom: Edizione di Storia e Letteratura.

Maier, F., C. Schober, R. Simsa, & R. Millner. 2015. SROI as a method for evaluation research. Understanding merits and limitations. *VOLUNTAS: International Journal of Voluntary and Nonprofit Organisations* 26(5):1805–1830. http://dx.doi.org/10.1007/s11266-014-9490-x.

Marks, A., M. Al-Ali, R. Attasi, A.Z. Abualkishik, & Y. Rezgui. 2020. Digital transformation in higher education: a framework for maturity assessment. *International Journal of Advanced Computer Science and Applications* 11(12):504–513.

Marmot, M. G. 2004. Evidence based policy or policy based evidence? Willingness to take action influences the view of the evidence—look at alcohol. *The BMJ* 328:906–907.

Martin, M., & C. Sauvageot. 2011. *Constructing an indicator system or scorecard for higher education. A practical guide.* Paris: Unesco/International Institute for Educational Planning.

Maschewski, F., & A.-V. Nosthoff. 2020: Tragbare Kontrolle, Die Apple Watch als kybernetische Maschine und Black Box algorithmischer Gouvernementalität. In E. Geitz, C. Vater, & S. Zimmer-Merkle (Hrsg.). *Black Boxes – Versiegelungskontexte und Öffnungsversuche: Interdisziplinäre Perspektiven.* Berlin: de Gruyter.

Maschewski, F., & A.-V. Nosthoff. 2022. Überwachungskapitalistische Biopolitik: Big Tech und die Regierung der Körper. *Zeitschrift für Politikwissenschaft* 32:429–455. https://doi.org/10.1007/s41358-021-00309-9

Mason, T. 2003. Quantifying Quality and Other Problems. In V.A. Ginsburgh (Ed.). *Economics of Art and Culture Invited Papers at the 12th International Conference of the Association of Cultural Economics International (Contributions to Economic Analysis, Vol. 260)* (pp. 179–186) Bingley: Emerald Group Publishing Limited. https://doi.org/10.1108/S0573-8555(2003)0000260014.

Martschukat, J. 2019. *Das Zeitalter der Fitness, Wie der Körper zum Zeichen für Erfolg und Leistung wurde*, Frankfurt am Main: S. Fischer.

Matt, M., A. Gaunand, P.-B. Jolyd, & L. Colinet. 2017. Opening the black box of impact – Ideal-type impact pathways in apublic agricultural research organization. *Research Policy* 46:207–218.

Mau, S. 2017. *Das metrische Wir. Die Quantifizierung des Sozialen.* Berlin: Suhrkamp

Mayring, P. 2020. Qualitative Inhaltsanalyse. In G. Mey & K. Mruck (Hrsg.) *Handbuch Qualitative Forschung in der Psychologie.* Wiesbaden: Springer.

Mbow, M., B- Lell, S.P. Jochems, B. Cisse, S. Mboup, B.G. Dewals, . . . & M. Yazdanbakhsh. 2020. COVID-19 in Africa: Dampening the storm? *Science, 369*(6504):624–626. https://doi.org/10.1126/science.abd3902.

Meadows, D. H. 2008. *Thinking in Systems: A Primer.* White River Junction: Chelsea Green Publishing.

Meisel, N. & J. O. Aoudia. 2008. Is 'Good Governance' a Good Development Strategy? Document de travail du Trésor et de l'AFD, Working Paper 58. https://www.afd.fr/en/ressources/good-governance-good-development-strategy (zuletzt abgerufen am 1.11.2022).

Mennicken, A., & W. N. Espeland. 2019. What's New with Numbers? Sociological Approaches to the Study of Quantification. *Annual Review of Sociology* 45(1):223–245.

Merry, S. E. 2011. Measuring the World Indicators, Human Rights, and Global Governance. *Current Anthropology* 52(Supp. 3):S83–S95.

Merry, S. E. 2016. *The Seductions of Quantification. Measuring Human Rights, Gender Violence, and Sex Trafficking.* Chicago: University of Chicago Press.

Merry, S. E., K. Davis, & B. Kingsbury (eds.). 2015. *The Quiet Power of Indicators: Measuring Governance, Corruption, and Rule of Law.* Cambridge: Cambridge University Press. doi:https://doi.org/10.1017/CBO9781139871532.

Merton, R.K. 1968. *Social Theory and Social Structure.* New York: The Free Press.

Meyen, M. 2021. *Die Propaganda Matrix: Der Kampf für freie Medien entscheidet über unsere Zukunft.* München: Rubikon.

Meyer, J.W., & B. Rowan. 1977. Institutionalized Organizations: Formal Structure as Myth and Ceremony. *Journal of Sociology* 83(2):340–363.

Meyer, W. 2004. *Indikatorenentwicklung: eine praxisorientierte Einführung.* 2. Auflage. Saarbrücken: CEval. https://ceval.de/modx/fileadmin/user_upload/PDFs/workpaper10.pdf. (zuletzt abgerufen am 07.05.2021).

Meyer, W. 2017. Einführung in die Grundlagen der Entwicklung von Indikatoren. In A. Wroblewski, U. Kelle & F. Reith (Hrsg), *Gleichstellung messbar machen* (S. 15–38). Wiesbaden: Springer VS. https://doi.org/10.1007/978-3-658-13237-8_2.

Meyer, W. 2022. Messen: Indikatoren – Skalen – Indizes – Interpretationen. In R. Stockmann (Hrsg.), *Handbuch zur Evaluation, Eine praktische Handlungsanleitung.* 2. Überarbeitete und aktualisierte Auflage (S. 287–318). Münster: Waxmann.

Milchram, C., R. Künneke, N. Doorn, G. van de Kaa, & R. Hillerbrand. 2020. Designing for justice in electricity systems: A comparison of smart grid experiments in the Netherlands. *Energy policy* 147:111720. https://doi.org/10.1016/j.enpol.2020.111720.

Mitchell, C., D. Cordell, & D. Fam. 2014. Beginning at the end. The outcome spaces framework to guide purposive transdisciplinary research. *Futures* 65:86–96. https://doi.org/10.1016/j.futures.2014.10.007.

Moen, R., & C. Norman. 2009. The history of the PDCA cycle. *Proceedings of the 7th ANQ Congress*, Tokyo, 17 September 2009. https://rauterberg.employee.id.tue.nl/lecturenotes/DG000%20DRP-R/references/Moen-Norman-2009.pdf (zuletzt abgerufen am 24.02.2022).

Mohr, E. 2020. *Die Produktion der Konsumgesellschaft. Eine kulturökonomische Grundlegung der feinen Unterschiede.* Bielefeld: Transcript.

Morgan, S., & C. Winship. 2015. *Counterfactuals and Causal Inference: Methods and Principles for Social Research.* 2. Auflage. Cambridge: Cambridge University Press.

Müller, C. E., & B. Wolf. 2017. Kann der gesellschaftliche Impact von Forschung gemessen werden? Herausforderungen und alternative Evaluationsansätze. *Hochschulmanagement* 12 (2+3):44–50.

Müßgens, J., & B.P. Priddat. 2022. Contracts as Cooperation. In L. Biggiero, D. de Jongh, B. Priddat, J. Wieland, A. Zicari, & D. Fischer (eds): The Relational View of Economics (pp. 311–331). Springer.

Muhle, M., & C. Voss (Hrsg.). 2017: Black Box Leben. Berlin: August Verlag.

Muhonen, R., P. Benneworth, & J. Olmos-Penuela. 2019. From productive interactions to impact pathways: Understanding the key dimensions in developing SSH research societal impact. *Research Evaluation* 29(1):34–47.

Muller, J. Z. 2019. *The Tyranny of Metrics*. Princeton: Princeton University Press.

Nagy, E., A. Ransiek, M. Schäfer, A. Lux, M. Bergmann, T. Jahn, O. Marg, & L. Theiler. 2020. Transfer as a reciprocal process: How to foster receptivity to results of transdisciplinary research. *Environmental Science and Policy* 104:148–160.

Neff, G., & D. Nafus. 2016. *Self-Tracking*. Cambridge (MA): MIT Press.

Nelde, A., T. Bilich, J.S. Heitmann, Y. Maringer, H.R. Salih, M. Roerden, M., . . . & J.S. Walz. 2021. SARS-CoV-2-derived peptides define heterologous and COVID-19-induced T cell recognition. *Nature Immunology* 22(1):74–85. https://doi.org/10.1038/s41590-020-00808-x.

Ng, K. W., N. Faulkner, G.H. Cornish, A. Rosa, R. Harvey, S. Hussain, . . . &G. Kassiotis. 2020. Preexisting and de novo humoral immunity to SARS-CoV-2 in humans. *Science*, eabe1107. https://doi.org/10.1126/science.abe1107.

Nielsen, M. 2013. *Reinventing Discovery: The New Era of Networked Science*. Princeton: Princeton University Press.

Nissen, H. J., P. Damerow, & R.K. Englund. 1990. *Frühe Schrift und Techniken der Wirtschaftsverwaltung im alten Vorderen Orient*. Bad Salzdetfurth: Franzbecker

Nissen, H.J., P. Damerow, & R. K. Englund. 1993. *Archaic Bookkeeping. Early Writing and Techniques of Economic Administration in the Ancient East*. Chicago: University of Chicago Press.

Noltze, M.; Leppert, G. 2018. *Methoden und Standards 2018: Standards für Evaluierungen des DEval*. Deutsches Evaluierungsinstitut der Entwicklungszusammenarbeit (DEval), Bonn. https://www.deval.org/de/publikationen/methoden-und-standards-2018-standards-fuer-evaluierungen-des-deval (zuletzt abgerufen am 1.11.2022).

Nordesjö, K., & M. Fred. 2021. The power of evaluation. *Scandinavian Journal of Public Administration* 25(3/4):3–15.

Norreklit, H. 2000. The balance on the balanced scorecard a critical analysis of some of its assumptions. *Management Accounting Research* 11:65–88.

Nosthoff, A.-V., & F. Maschewski. 2019. *Die Gesellschaft der Wearables, Digitale Verführung und soziale Kontrolle*, Berlin: Nicolai.

Nussbaum, M. 2006. *Frontiers of justice. Disability, nationality, species membership*. Cambridge (MA): Belknap Press.

OECD. 2000. Towards Sustainable Development. Indicators to Measure Progress. Proceedings of the OECD Rome Conference. https://www.oecd-ilibrary.org/environment/towards-sustainable-development_9789264187641-en (zuletzt abgerufen am 24.07.2023).

OECD/Eurostat. 2018. *Oslo Manual 2018: Guidelines for Collecting, Reporting and Using Data on Innovation. The Measurement of Scientific, Technological and Innovation Activities*. Paris, Luxembourg: OECD Publishing.

OECD-DAC. 2008. *Principles for Evaluating of Development assistance*. https://www.oecd.org/development/evaluation/2755284.pdf (zuletzt abgerufen am 10.02.2022).

Ölcer, D., & H. Reisen. 2009. Extracting more from EITI. www.voxeu.org, 17.Feb. 2009. https://cepr.org/voxeu/columns/extracting-more-eiti (zuletzt abgerufen am 1.11.2022).

Osterloh, M., & B.S. Frey. 2015. Ranking Games. *Evaluation Review* 39(1):102–129.

Patel, T. & Hamlin, R.G. 2017. Toward a unified framework of perceived negative leader behaviors. Insights from French and British educational sectors. *Journal of Business Ethics* 145:157–182.

Pawson, R. 2002. Evidence-based Policy: In Search of a Method. *Evaluation* 8(2):157–181.

Pentland, A. 2015. *Social Physics: How Social Networks Can Make Us Smarter*. New York: Penguin Books.

Perez, M. V., et al. 2019: Large-scale assessment of a smartwatch to identify atrial fibrillation. *New England Journal of Medicine*. https://doi.org/10.1056/NEJMoa1901183.

Pervan, E., C. Schober, & C. Müller. 2015. Studie zum gesellschaftlichen Mehrwert der stationären Pflege- und Betreuungseinrichtungen in Niederösterreich und der Steiermark mittels einer SROI-Analyse. https://epub.wu.ac.at/id/eprint/8417 (zuletzt abgerufen am 1.11.2022).

Petersdorff, W. v. 2021. Doing Business mit der Weltbank. *Frankfurter Allgemeine Zeitung*, 5. Oktober 2021. https://www.faz.net/aktuell/wirtschaft/weltbank-und-die-datenmanipulation-georgiewa-sollte-zuruecktreten-17570863.html (zuletzt abgerufen am 1.11.2022).

Petty, Sir William. 1690. *Political Arithmetick, or, A discourse concerning the extent and value of lands, people, buildings etc.* London: R. Clavel & H. Mortlock.

Phillips, L., & M. Rozworski. 2019. *People's Republic of Walmart: How the World's biggest Corporations are laying the Foundation for Socialism.* London, New York: Verso.

Petty, W. 1690. *Political Arithmetick.* London.

Piketty, Thomas. 2014. *Capital in the 21st century.* Cambridge (MA): Belknap Press.

Popp Berman, E., & D. Hirschman. 2018. The Sociology of Quantification: Where Are We Now? *Contemporary Sociology* 47(3):257–266. https://doi.org/10.1177/0094306118767649.

Poser, H. 2008. System und Selbstorganisation in philosophischer Perspektive. In Renate Breuninger (ed.), *Selbstorganisation.* Ulm: Humboldt-Studienzentrum.

Power, M.. 1994. *The Audit Explosion.* London: Demos

Priddat, B.P. 1997. Moralischer Konsum. Über das Verhältnis von Rationalität, Präferenzen und Personen. In K.R. Lohmann, B.P. Priddat (Hrsg.), *Ökonomie und Moral. Beiträge zur Theorie ökonomischer Rationalität.* München, Oldenbourg: Scienta Nova.

Priddat, B.P. 2012. *Akteure, Verträge, Netzwerke. Der kooperative Modus der Ökonomie.* Marburg: Metropolis

Priddat, B.P. 2013. Bevor wir über ‚Ökonomisierung' reden: was ist ‚ökonomisch'? *Soziale Welt* Nr. 4/2013: 417–434.

Priddat, B.P. 2015a. *Economics of persuasion. Ökonomie zwischen Markt, Kommunikation und Überredung.* Marburg: Metropolis.

Priddat, B.P. 2015b. ‚mehr', ‚besser' ‚anders'. Über den Steigerungsanspruch der Ökonomie. In B.P. Priddat & W.D. Enkelmann (Hrsg.), *Was ist?: Wirtschaftsphilosophische Erkundungen. Definitionen, Ansätze, Methoden, Erkenntnisse, Wirkungen.* Vol. 2 (von 3) (pp. 333–370). Marburg: Metropolis.

Quitzow, R., A. Bangert, D. Düber, C. Fraune, A. Fricke, H. Gaschnig, S. Gößling-Reisemann, O. Kaltenegger, J. Kemmerzell, J. Kopfmüller, A. Löschel, T. Meyer, L. Ollier, O. Renn, S. Schlacke, D. Schnittker, V. Stelzer, P. Their, & M. Zeccola. 2018. *Multikriterieller Bewertungsansatz für eine nachhaltige Energiewende – Von der Analyse zur Entscheidungsfindung mit ENavi, Kopernikus Projekte.* IASS Brochure. https://doi.org/10.2312/iass.2018.021.

Rammstedt, B. 2010. Reliabilität, Validität, Objektivität. In C. Wolf & H. Best (Hrsg.), *Handbuch der sozialwissenschaftlichen Datenanalyse* (S. 239–258) Wiesbaden: Springer VS.

Reckwitz, A. 2017. *Die Gesellschaft der Singularitäten. Zum Strukturwandel der Moderne.* Berlin: Suhrkamp.

Reichert, R. 2015. Digitale Selbstvermessung. Verdatung und soziale Kontrolle. *Zeitschrift für Medienwissenschaft* 7(13):66–77. https://doi.org/10.25969/mediarep/1590.

Reisen, H. 2011. „The OECD at 70", *ShiftingWealth*, 11.10.2011. http://shiftingwealth.blogspot.com/2011/10/oecd-at-70.html.

Reisen, H. 2017. Die Genossenschaftsidee: Zu Unrecht verpönt von der G20. *Makronom*, 8. August 2017. https://weltneuvermessung.wordpress.com/2017/08/08/die-genossenschaftsidee-zu-unrecht-verpoent-von-der-g20/ (zuletzt abgerufen am 1.11.2022).

Reisen, H. 2020. Die Geschäftemacher. *IPG-Journal*, 26. Oktober 2020. https://www.ipg-journal.de/regionen/global/artikel/die-geschaeftemacher-4739/ (zuletzt abgerufen am 1.11.2022).

Rösch, C., K.-R. Bräutigam, J. Kopfmüller, V. Stelzer, & A. Fricke. 2018. Sustainability assessment of the German energy transition. *Energy, Sustainability and Society* 8: 12. https://doi.org/10.1186/s13705-018-0153-4.

Romele, A., F. Gallino, C. Emmenegger, & D. Gorgone. 2017. Panopticism is not Enough: Social Media as Technologies of Voluntary Servitude. *Surveillance & Society* 15(2). https://doi.org/10.24908/ss.v15i2.6021.

Rose, R. (Hrsg.). 2006. *Enzyklopädie der technischen Indikatoren. Trading Chancen professionell nutzen.* München: Finanzbuch-Verlag.

Rossi, P., M. Lipsey, & G. Henry. 2015. *Evaluation: A Systematic Approach.* Los Angeles, London, New Delhi, Singapore, Washington, Melbourne: SAGE Publications.

Rottenburg, R., S. E. Merry, & S.-J. Park (eds.). 2015. *The World of Indicators. The Making of Government Knowledge through Quantification.* Cambridge: Cambridge University Press.

Sager, F., S. Hadorn, A. Balthasar, & C. Mavrot (Hrsg.). 2021. *Politikevaluation. Eine Einführung.* Wiesbaden: Springer VS.

Sartorius, R. H. 1991. The Logical Framework Approach to Project Design and Management. *Evaluation Practice* 12(2):139–147.

Schlaudt, O. 2018. *Die politischen Zahlen: Über Quantifizierung im Neoliberalismus.* Frankfurt am Main: Klostermann.

Schlaudt, O. 2020. Messung/Measurement. In *Online Encyclopedia Philosophy of Nature.* Heidelberg: Heidelberg University Publishing. https://doi.org/10.11588/oepn.2020.0.76526.

Schneider, F., P. Fry, T. Ledermann, & S. Rist. 2009. Social Learning Processes in Swiss Soil Protection- The 'From Farmer – To Farmer' Project. *Human Ecology* 37:475–489. https://doi.org/10.1007/1s0745-009-9262-1.

Schneidewind, U. 2015. Transformative Wissenschaft – Motor für gute Wissenschaft und lebendige Demokratie. Reaktion auf A. Grunwald. 2015. Transformative Wissenschaft – eine neue Ordnung im Wissenschaftsbetrieb? *GAIA* 24(2):88–91.

Schober, C. 2015. Wie können Wirkungen monetarisiert werden? In C. Schober, & V. Then (Hrsg.), *Praxishandbuch Social Return on Investment* (pp. 125–160). Stuttgart: Schäffer Poeschel.

Schober, C. & O. Rauscher. 2020. Ein Tool, das helfen könnte: Die Wirkungsbox. In *Die Wirkungsdebatte in der Quartiersarbeit* (pp. 135–153). Springer VS, Wiesbaden.

Schober, C., & V. Then. 2015. *Praxishandbuch Social Return on Investment. Wirkung sozialer Investitionen messen.* Stuttgart: Schäffer Poeschel.

Schön, S., C. Eismann, H. Wendt-Schwarzburg, & D. Kuhn. 2020. *Transdisziplinäres Innovationsmanagement. Nachhaltigkeitsprojekte wirksam umsetzen.* Bielefeld: wbv. Online verfügbar unter https://elibrary.utb.de/doi/book/10.3278/9783763962877 (zuletzt geprüft am 10.02.2022).

Schönherr N., L.A. Reisch, A. Farsang, A. Temmes, A. Tharani, & A. Martinuzzi. 2019. The Corporate Toolbox. In: N. Schönherr & A. Martinuzzi (eds), *Business and the Sustainable Development Goals.* Cham: Palgrave Pivot. https://doi.org/10.1007/978-3-030-16810-0_2.

Schuck-Zöller, S., J. Cortekar, & D. Jacob. 2017. Evaluating co-creation of knowledge: from quality criteria and indicators to methods. *Advances in Science and Research* 14:305–312.

Schuknecht, L., et al. 2018. Der G20 Compact with Africa – ein neuer Ansatz der wirtschaftlichen Zusammenarbeit mit afrikanischen Ländern. *ifo Schnelldienst* 71(04):20–24. https://www.ifo.de/publikationen/2018/aufsatz-zeitschrift/der-g20-compact-africa-ein-neuer-ansatz-der-wirtschaftlichen (zuletzt abgerufen am 1.11.2022).

Schulz, M. & N. Beck. 2002. Die Entwicklung organisatorischer Regeln im Zeitverlauf. In J. Allmendinger & T. Hinz (Hrsg.), *Organisationssoziologie* (S. 119–150). Opladen: WdV.

Schumacher, E. F. 1973/1993. *Small is Beautiful. A Study of Economics as if People Mattered (1973).* Reprint. London: Vintage Books

Seebach, D., C. Timpe, C. Lucha, L. Meinecke, W. Lehnert, & C. Rühr. 2019. Weiterentwicklung der Ausweisung geförderter EE-Mengen und der allgemeinen Stromkennzeichnung in Deutschland. Abschließende Empfehlungen des Vorhabens zur Analyse und Strukturierung des übergreifenden Energierechts (Strom) im Auftrag des Bundesministeriums für Wirtschaft und Energie (BMWi). Freiburg/Berlin: Öko-Institut/Ecologic/BBH. https://www.bmwi.de/Redaktion/DE/Publikationen/Energie/ausweisung-gefoerderter-ee-mengen-und-allgemeine-stromkennzeichnung.pdf?__blob=publicationFile&v=6 (zuletzt abgerufen am 1.11.2022).

Seitz, K. 2003. Der schiefe Turm von PISA – nur die Spitze eines Eisbergs? Der PISA-Schock und der weltweite Umbau der Bildungssysteme. *Zeitschrift für internationale Bildungsforschung und Entwicklungspädagogik* 26 (1): 2–8.

Selke, S. 2014. *Life-Logging, Wie die digitale Selbstvermessung unsere Gesellschaft verändert.* Berlin: Econ.

Sen, A. 1992. *Inequality Reexamined.* Oxford: Clarendon Press.

Sethuraman, N., S. S. Jeremiah, & A. Ryo. 2020. Interpreting Diagnostic Tests for SARS-CoV-2. *JAMA.* https://doi.org/10.1001/jama.2020.8259.

Seubert, H. 2021. Diesseits und Jenseits der Krise. *Jahrbuch Psychotherapie* 1(1):57–68.

Siew, R. Y. 2015. A review of corporate sustainability reporting tools (SRTs). *Journal of environmental management* 164:180–195. https://doi.org/10.1016/j.jenvman.2015.09.010.

Simanowski, R. 2019: Zauberformel Nudging. *Lettre International* Nr. 125.

Simmel, G. 1908/1992. *Soziologie. Über die Formen der Vergesellschaftung.* In Ders., Gesamtausgabe, Bd. 11. Frankfurt am Main: Suhrkamp.

Simpson, E. H. 1951. The Interpretation of Interaction in Contingency Tables. *Journal of the Royal Statistical Society. Series B (Methodological)* 13:238–41.

Singanayagam, A., M. Patel, A. Charlett, J. Lopez Bernal, V. Saliba, J. Ellis, J., . . . & R. Gopal. 2020. Duration of infectiousness and correlation with RT-PCR cycle threshold values in cases of COVID-19, England, January to May 2020. *Eurosurveillance* 25(32):2001483. https://doi.org/10.2807/1560-7917.ES.2020.25.32.2001483.

Smeets, E., & R. Weterings. 1999. Environmental indicators:Typology and overview. In P. Bosch, M. Büchele & D. Gee (Hrsg.), *Technical Report.* Copenhagen: European Environment Agency.

Smit, J. P., & L. K. Hessels. 2021. The production of scientific and societal value in research evaluation: a review of societal impact assessment methods. *Research Evaluation*, 30(3):323–335. https://doi.org/10.1093/reseval/rvab002.

Snow, C.P. 1961. *The Two Cultures and the Scientific Revolution. The Rede-Lecture 1959.* New York: Cambridge University Press.

Sönnichsen, A. 2020. COVID-19: Wo ist die Evidenz? Stellungnahme Deutsches Netzwerk Evidenz-basierte Medizin e.V. (EbM-Netzwerk) [Press release]. https://www.ebm-netzwerk.de/de/veroeffentlichungen/covid-19 (zuletzt abgerufen am 1.11.2022).

Spaapen, J., & L. van Drooge. 2011. Introducing 'productive interactions' in social impact assessment. *Research Evaluation* 20(3):211–218. https://doi.org/10.3152/095820211X12941371876742.

Sparfeldt, J.R., N. Becker, S. Greiff, M. Kersting, C. J. König, J. W. B. Lang & A. Beauducel. 2022. Intelligenz(tests) verstehen und missverstehen. *Psychologische Rundschau* 73(3):161–172.

Spiegel. 2014. Das Wunder von Tübingen. https://www.spiegel.de/lebenundlernen/uni/uni-ranking-hochschulen-im-the-ranking-a-994684.html (zuletzt abgerufen am 28.1.2022).

SQELT-PI. 2020. Performance indicator set IV for learning and teaching (in higher education). Erasmus+ Strategic Partnership SQELT. https://www.evalag.de/fileadmin/dateien/pdf/forschung_international/sqelt/Intellectual_outputs/sqelt_perfindicset4_o9_201127_final_sec.pdf (zuletzt abgerufen am 24. Februar 2022).

SQELT-ECPPDM. 2020. Ethical code of practice for (performance) data management. Erasmus+ Strategic Partnership SQELT. https://www.evalag.de/fileadmin/dateien/pdf/forschung_international/sqelt/Intellectual_outputs/sqelt_ethical_code_of_practice_o8_200930_final_sec.pdf (zuletzt abgerufen am 24. Februar 2022).

Staab, P. 2019: *Digitaler Kapitalismus, Markt und Herrschaft in der Ökonomie der Unknappheit.* Berlin: Suhrkamp.

Stockmann, R. 2007. Einführung in die Evaluation. In R. Stockmann (Hrsg.), *Handbuch zur Evaluation.* Sozialwissenschaftliche Evaluationsforschung, Band 6 (S. 24–70). Münster: Waxmann.

Stockmann, R. 2011. *Evaluation – eine Begriffsdefinition.* Saarbrücken: Centrum für Evaluation.

Stockmann, R. 2016. Entstehung und Grundlagen der Evaluation. In D. Großmann & T. Wolbring (Hrsg.), *Evaluation von Studium und Lehre* (S. 27–56). Wiesbaden: Springer.

Sunstein, C., & R. Thaler. 2009: *Nudge. Wie man kluge Entscheidungen anstößt.* Berlin: Ullstein.

Suntum, U. Van. 2012. Zur Kritik des BIP als Indikator für Wohlstand und Wirtschaftswachstum. Studie im Auftrag des Bundesverbandes der Deutschen Industrie. RatSWD Working Paper Series, 208. Berlin: Rat für Sozial- und Wirtschaftsdaten (RatSWD). https://www.econstor.eu/handle/10419/75357 (zuletzt abgerufen am 1.11.2022).

Sutcliffe, Hilary – Matter and the European Commission (2011): *A report on responsible research and innovation.* http://www.apenetwork.it/application/files/6815/9956/8160/2011_MATTER_HSutcliffe_ReportonRRI.pdf *(zuletzt abgerufen am 1.11.2022).*

Szech, N. 2020. Maus oder Moneten. *Frankfurter Allgemeine Zeitung* Nr. 40/2020, S. 16.

Theis-Berglmair, A. M. 2007. Meinungsbildung in der Mediengesellschaft: Grundlagen und Akteure öffentlicher Kommunikation. In M. Piwinger & A. Zerfass (Hrsg.), *Handbuch Unternehmenskommunikation* (S. 123–136). Wiesbaden: Gabler.

Then, V. & T. Schmidt. 2021. Impact Investing in Deutschland 2020 – ein dynamischer Wachstumsmarkt. https://www.soz.uni-heidelberg.de/wp-content/uploads/2020/06/Impact-Investing-in-Deutschland-2020_Zusammenfassung.pdf (zuletzt abgerufen am 26.11.2021).

Then, V., C. Schober, O. Rauscher, & K. Kehl. 2017. Social Return on Investment Analysis. Measuring the Impact of Social Investment. *Palgrave Studies in Impact Finance.* Cham: Palgrave Macmillan. https://doi.org/10.1007/978-3-319-71401-1.

Times Higher Education. 2022. THE Data Points. Helping universities improve through performance analysis and benchmarking. https://www.timeshighereducation.com/datapoints/files/homepage/attachments/the_datapoints_brochure.pdf (zuletzt abgerufen am 28.01.2022).

Tischler, L. 2018. Zwischen bezugsgruppen- und kriteriumsorientierter Leistungsmessung. Hamburg: Medical School. https://www.researchgate.net/publication/327416586_Zwischen_bezugsgruppen-und_kriteriumsorientierter_Leistungsmessung (zuletzt abgerufen am 22.11.2022).

Trachsel, V. & M. Fallegger. 2017. Silodenken überwinden. *Controlling & Management Review* 61(7):42–49.

UN Global Compact. 2022. The Ten Principles of the UN Global Compact. https://www.unglobalcompact.org/what-is-gc/mission/principles (zuletzt abgerufen am 23.03.2022).

UNECE. 2009. *Learning from each other. The UNECE Strategy for Education for Sustainable Development.* Genf: United Nations Economic Commission for Europe.

UNEP. 2012. *Application of the Sustainability Assessment of Technologies Methodology: Guidance Manual.* http://www.unep.org/ietc/InformationResources/Publications/SustainabilityAssessmentofTechnologyManual/tabid/106701/Default.aspx (zuletzt abgerufen am 10.02.2022).

United Nations. 2015. Transformation unserer Welt: die Agenda 2030 für Nachhaltige Entwicklung. https://www.un.org/depts/german/gv-70/band1/ar70001.pdf (zuletzt abgerufen am 12.01.2022).

United Nations. 2021. Rahmen globaler Indikatoren für die Ziele und Zielvorgaben für nachhaltige Entwicklung der Agenda 2030 für nachhaltige Entwicklung. https://unstats.un.org/sdgs/indicators/Global%20Indicator%20Framework%20after%202021%20refinement_Ger.pdf (zuletzt abgerufen am 12.01.2022).

UNITI Bundesverband mittelständischer Mineralölunternehmen. 2019. *Die Co2-Gesamtbilanz für Antriebstechnologien im Individualverkehr heute und in Zukunft. Lebenszyklusanalysen als Basis für zielführende Klimapolitik und Regularien.* Berlin: UNITI. https://www.uniti.de/fileadmin/publikationen/Studien/RPT-Frontier-Uniti-LCA-26-11-2019.pdf (zuletzt abgerufen am 01.10.2021).

UNITI Bundesverband mittelständischer Mineralölunternehmen. 2020. *Vergleich von Studien zur Co2-Gesamtbilanz für Antriebstechnologien im Individualverkehr. Eine Vergleichsstudie.* Berlin: UNITI. https://www.uniti.de/fileadmin/publikationen/Studien/2020-05%20Frontier%20Meta-LCA-Studienvergleich.pdf (zuletzt abgerufen am 01.10.2021).

Vera, I. A., L. M. Langlois, H.H. Rogner, A.I. Jalal, F.L. Toth. 2005. Indicators for sustainable energy development: An initiative by the International Atomic Energy Agency. *Natural Resources Forum* 29(4):274–283.

Vogt, H. 2021. *Der asymptomatische Mensch: Die Medikalisierung der Lebenswelt am Beispiel von Alzheimer und Demenz.* Bielefeld: Transcript.

Von Schomberg, R. 2011.*Towards Responsible Research and Innovation in the Information and Communication Technologies and Security Technologies Fields.* https://data.europa.eu/doi/10.2777/58723 (zuletzt abgerufen am 1.11.2022).

Von Schomberg, R. 2019. Why responsible innovation. In R. Von Schomberg & J. Hankins (eds), *International Handbook on Responsible Innovation: A Global Resource* (pp. 12–32). Cheltenham: Edward Elgar.

Walach, H. 2020. *Psychologie: Wissenschaftstheorie, philosophische Grundlagen und Geschichte* (5. überarb. Aufl.). Stuttgart: Kohlhammer.

Walach, H. 2022. Die Coronakrise, die soziale Konstruktion von Fakten und ihre Konsequenzen. In K.-J. Bruder, A. Bruder-Bezzel, & J. Günther (Eds.), *Corona – Inszenierung einer Krise* (pp. 287–312). Berlin: Sodenkamp & Lenz.

Walter, A. I., S. Helgenberger, A. Wiek, & R. W. Scholz. 2007. Measuring societal effects of transdisciplinary research projects: Design and application of an evaluation method. *Evaluation and Program Planning* 30:325–338.

Wanzenböck, I., J. H. Wesseling, K. Frenken, M. P. Hekkert, & K. P. Weber. 2020. A framework for mission-oriented innovation policy: Alternative pathways through the problem-solution space. *Science and Public Policy* 47(4):474–489. https://doi.org/10.1093/scipol/scaa027.

Wanzer, D.L. 2021. What is evaluation? Perspectives of how evaluation differs (or not) from research. *American Journal of Evaluation* 42(1):28–46.

Waycott, J., C. Thompson, J. Sheard, R. Clerehan. 2017. A virtual panopticon in the community of practice: Students' experiences of being visible on social media. *The Internet and Higher Education* 35:12–20, https://doi.org/10.1016/j.iheduc.2017.07.001.

WCED (World Commission on Environment and Development). 1987. *Our Common Future.* Oxford: Oxford University Press.

Wehling, P. 2004. Weshalb weiß die Wissenschaft nicht, was sie nicht weiß? — Umrisse einer Soziologie des wissenschaftlichen Nichtwissens. In P. Wehling (Hrsg.), *Wissenschaft zwischen Folgenverantwortung und Nichtwissen* (S. 35–105). Wiesbaden: VS Verlag für Sozialwissenschaften.

Werner, R. 1975. *Soziale Indikatoren und politische Planung. Einführung in Anwendungen der Makrosoziologie.* Reinbek bei Hamburg: Rowohlt Taschenbuch Verlag.

Wiek, A., S. Talwar, M. O'Shea, & J. B. Robinson. 2014. Toward a methodological scheme for capturing societal effects of participatory sustainability research. *Research Evaluation* 23(2):117–132. https://doi.org/10.1093/reseval/rvt031.

Wieland, J. 2018. *Relationale Ökonomie*. Marburg: Metropolis.

Wieland, T. 2020. A phenomenological approach to assessing the effectiveness of COVID-19 related nonpharmaceutical interventions in Germany. *Safety Science* 131:104924. https://doi.org/10.1016/j.ssci.2020.104924.

Wissenschaftsrat. 1985. *Empfehlungen zum Wettbewerb im deutschen Hochschulsystem*. Köln: Wissenschaftsrat. https://www.wissenschaftsrat.de/download/archiv/B035_85_Wettbewerb. pdf?__blob=publicationFile&v=1 (zuletzt abgerufen am 1.11.2022).

Wissenschaftsrat. 2011. *Empfehlungen zur Bewertung und Steuerung von Forschungsleistung*. Köln: Wissenschaftsrat. https://www.wissenschaftsrat.de/download/archiv/1656-11.html (zuletzt abgerufen am 1.11.2022).

Wissenschaftsrat. 2015. *Zum wissenschaftspolitischen Diskurs über große gesellschaftliche Herausforderungen*. Positionspapier (Drs. 4594-15). https://www.wissenschaftsrat.de/download/archiv/4594-15.html (zuletzt abgerufen am 1.11.2022).

Wissenschaftsrat. 2020. *Anwendungsorientierung in der Forschung*. Positionspapier (Drs. 8289-20). https://www.wissenschaftsrat.de/download/2020/8289-20.html.

Wolf, G. 2010. The Data-Driven Life. *The New York Times,* https://www.nytimes.com/2010/05/02/magazine/02self-measurement-t.html (zuletzt abgerufen am 3.10.2020]

Wolf, J.R. L. 2019. *Autonation.de: Der Dieselskandal*. Norderstedt: BoD.

Wolf, W. 2019. *Mit dem Elektroauto in die Sackgasse: Warum E-Mobilität den Klimawandel beschleunigt*. Wien: Promedia Verlag.

Wolff, C. 1746. *Philosophia prima sive ontologia. Editio nova*. Frankfurt und Leipzig: Officina libraria Rengeriana.

World Health Organization (WHO). 2015. Developing Global Norms for Sharing Data and Results During Public Health Emergencies. Statement arising from a WHO Consultation held on 1–2 September 2015. https://web.archive.org/web/20191223234330/http:/www.who.int/medicines/ebola-treatment/blueprint_phe_data-share-results/en/ (zuletzt abgerufen am 1.11.2022).

Wilsdon, J. 2017. *Next-generation metrics, responsible metrics and evaluation for open science*. Publication office of the European Union. https://data.europa.eu/doi/10.2777/337729 (zuletzt abgerufen am 1.11.2022).

Wouters, P. 2020. *Indicator Frameworks for Fostering Open Knowledge Practices in Science and Scholarship*. Publication office of the European Union. https://data.europa.eu/doi/10.2777/445286 (zuletzt abgerufen am 1.11.2022).

Yarbrough, D.B, L.M. Shulha, R.K. Hopson, & F.A. Caruthers. 2010. *The Program Evaluation Standards: A guide for evaluators and evaluation users*. Thousand Oaks: Corwin Press.

Yates, B., & M. Marra. 2016. Social return on investment (SROI). Problems, solutions... and is SROI a good investment? *Evaluation and Program Planning* 64:136–144. https://doi.org/10.1016/j.evalprogplan.2016.11.009.

Zierdt, M. 1997. Umweltmonitoring mit natürlichen Indikatoren. Pflanzen – Boden – Wasser – Luft. Berlin: Springer.

Zuboff, S. 2018. *Das Zeitalter des Überwachungskapitalismus,* Frankfurt/New York: Campus.

Printed in the United States
by Baker & Taylor Publisher Services